化学工业出版社"十四五"普通高等教育规划教材

 高等院校智能制造人才培养系列教材

人工智能技术与应用

（案例版）

仪登利　主编　　霍凤伟　梅红岩　李传奇　副主编

U0376772

Artificial Intelligence
Technology and Applications
(Case Version)

化学工业出版社

·北京·

内容简介

为了适应人工智能技术的快速发展，实现智能制造应用型人才的培养，本书以案例方式呈现人工智能技术及其应用。本书分为人工智能技术基础篇和人工智能应用案例分析篇。人工智能技术基础篇主要介绍人工智能的起源与发展等基本内容，知识表示及知识图谱、搜索及推理等基本技术；人工智能应用案例分析篇从智能工业机器人、智能语音机器人、智能汽车、智能医疗机器人、智能农业机器人、智能服务机器人等人工智能在各领域应用的典型案例入手，分析其应用场景中使用的机器学习、深度学习、神经网络、自然语言处理等人工智能技术，使读者更轻松快速地掌握人工智能技术与应用。

本书可作为高等院校智能制造工程、智能科学与技术、机械电子工程、机器人工程、人工智能等专业的教材，也可供相关工程技术人员和其他自学者参考。

图书在版编目（CIP）数据

人工智能技术与应用 ：案例版 / 仪登利主编 ；霍凤伟，梅红岩，李传奇副主编. -- 北京：化学工业出版社，2024. 10. --（高等院校智能制造人才培养系列教材）. -- ISBN 978-7-122-46404-0

Ⅰ. TP18

中国国家版本馆 CIP 数据核字第 2024QM6295 号

责任编辑：张海丽　　　　　　　　　　　文字编辑：张　琳
责任校对：宋　玮　　　　　　　　　　　装帧设计：韩　飞

出版发行：化学工业出版社（北京市东城区青年湖南街 13 号　邮政编码 100011）
印　　刷：三河市航远印刷有限公司
装　　订：三河市宇新装订厂
787mm×1092mm　1/16　印张 18½　字数 444 千字　2025 年 1 月北京第 1 版第 1 次印刷

购书咨询：010-64518888　　　　　　　　售后服务：010-64518899
网　　址：http://www.cip.com.cn
凡购买本书，如有缺损质量问题，本社销售中心负责调换。

定　　价：59.00 元　　　　　　　　　　　　　　　　　　版权所有　违者必究

高等院校智能制造人才培养系列教材
建设委员会

序

　　党的二十大报告指出，要建设现代化产业体系，坚持把发展经济的着力点放在实体经济上，推进新型工业化，加快建设制造强国、质量强国、航天强国、交通强国、网络强国、数字中国。实施产业基础再造工程和重大技术装备攻关工程，支持专精特新企业发展，推动制造业高端化、智能化、绿色化发展。推动战略性新兴产业融合集群发展，构建新一代信息技术、人工智能、生物技术、新能源、新材料、高端装备、绿色环保等一批新的增长引擎。其中，制造强国、高端装备等重点工作都与智能制造相关，可以说，智能制造是我国从制造大国转向制造强国、构建中国制造业全球优势的主要路径。

　　制造业是一个国家的立国之本、强国之基；历来是世界各主要工业国高度重视和发展的重要领域。改革开放以来，我国综合国力得到稳步提升，到 2011 年中国工业总产值全球第一，分别是美国、德国、日本的 120%、346% 和 235%。党的十八大以来，我国进入了新时代，发展的格局更为宏大，"一带一路"倡议和制造强国战略使我国工业正在实现从大到强的转变。我国不但建立了全球最为齐全的工业体系，而且在许多重大装备领域取得突破，特别是在三代核电、特高压输电、特大型水电站、大型炼化工、油气长输管线、大型矿山采掘与炼矿综采重点工程建设项目、重大成套装备、高端装备、航空航天等领域取得了丰硕成果，补齐了短板，打破了国外垄断，解决了许多"卡脖子"难题，为推动重大技术装备高质量发展，实现我国高水平科技自立自强奠定了坚实基础。进入新时代的十年，制造业增加值从 2012 年的 16.98 万亿元增加到 2021 年的 31.4 万亿元，占全球比重从 20% 左右提高到近 30%；500 种主要工业产品中，我国有四成以上产量位居世界第一；建成全球规模最大、技术领先的网络基础设施……一个个亮眼的数据，一项项提气的成就，勾勒出十年间大国制造的非凡足迹，标志着我国迎来从"制造大国""网络大国"向"制造强国""网络强国"的历史性跨越。

　　最早提出智能制造概念的是美国人 P.K.Wright，他在其 1988 年出版的专著 *Manufacturing Intelligence*（《制造智能》）中，把智能制造定义为"通过集成知识工程、制造软件系统、机器人视觉和机器人控制来对制造技工们的技能与专家知识进行建模，以使智能机器能够在没有人工干预的情况下进行小批量生产"。当然，因为智能制造仍处在发展阶段，各种定义层出不穷，国内外有不同专家给出了不同的定义，但智能机器、智能传感、智能算法、智能设计、解决制造过程中不确定问题的智能方法、智能维护是智能制造的核心关键词。

从人才培养的角度而言，实现智能制造还任重道远，人才紧缺的局面很难在短时间内扭转，相关高校师资力量也不足。据不完全统计，近五年来，全国有 300 多所高校开办了智能制造专业，其中既有双一流高校，也有许多地方院校和民办高校，人才培养定位、课程体系、教材建设、实践环节都面临一系列问题，严重制约着我国智能制造业未来的长远发展。在此情况下，如何培养出适应不同行业、不同岗位要求的智能制造专业人才，是许多开设该专业的高校面临的首要难题。

智能制造的特点决定了其人才培养模式区别于其他传统工科：首先，智能制造是跨专业的，其所涉及的知识几乎与所有工科门类有关；其次，智能制造是跨行业的，其核心技术不仅覆盖所有制造行业，也适用于某些非制造行业。因此，智能制造人才培养既要考虑本校专业特色，又不能脱离社会对智能制造人才的需求，既要遵循教育的基本规律，又要创新教育体系和教学方法。在课程设置中要充分考虑以下因素：

- 考虑不同类型学校的定位和特色；
- 考虑学生已有知识基础和结构；
- 考虑适应某些行业需求，如流程制造、离散制造、混合制造等；
- 考虑适应不同生产模式，如多品种小批量生产、大批量生产等；
- 考虑让学生了解智能制造相关前沿技术；
- 考虑兼顾应用型、技能型、研究型岗位需求等。

改革开放 40 多年来，我国的高等教育突飞猛进，高等教育的毛入学率从 1978 年的 1.55%提高到 2021 年的 57.8%，进入了普及化教育阶段，这就意味着高等教育担负的历史使命、受教育的对象都发生了深刻的变化。面对地方应用型高校生源差异化大的现状，因材施教，做好智能制造应用型人才培养，满足高校智能制造应用型人才培养的教材需求就是本系列教材的使命和定位。

要解决好这个问题，首先要有一个好的定位，有一个明确的认识，这套教材定位于智能制造应用型人才培养需求，就是要解决应用型人才培养的知识体系如何构造，智能制造应用型人才的课程内容如何搭建。我们知道，应用型高校学生培养的主要目的是为应用型学科专业的学生打牢一定的理论功底，为培养德才兼备、五育并举的应用型人才服务，因此在课程体系、基础课程、专业教育、实践能力培养上与传统综合性大学和"双一流"学校比较应有不同的侧重，应更着眼于学生的实用性需求，应满足社会对应用技术人才的需求，满足社会实际生产和社会实际发展的需求，更要考虑这些学校学生的实际，也就是要面向社会发展需求，为社会各行各业培养"适销对路"的专业人才。因此，在人才培养的过程中，对实践环节的要求更高，要非常注重理论和实践相结合。据此，在应用型人才培养模式的构建上，从培养方案、课程体系、教学内容、教学方式、教材建设上都应注重应用型人才培养的规律，这正是我们编写这套智能制造相关专业教材的目的。

这套教材的突出特色有以下几点：

① 定位于应用型。这套教材不仅有适应智能制造应用型人才培养的专业主干课程和选修课程教

材，还有基于机械类专业向智能制造转型的专业基础课教材，专业基础课教材的编写中以应用为导向，突出理论的应用价值。在编写中引入现代教学方法和手段，结合教学软件和工业仿真软件，使理论教学更为生动化、具象化，努力实现理论课程通向专业教学的桥梁作用。例如，在制图课程中较多地使用工业界成熟设计软件，使学生掌握比较扎实的软件设计能力；在工程力学教学中引入有限元软件，实现设计计算的有限元化；在机械设计中引入模块化设计的概念；在控制工程中引入 MATLAB 仿真和计算机编程内容，实现基础教学内容的更新和对专业教育的支撑，凸显应用型人才培养模式的特点。

② 专业教材突出实用性、模块化、柔性化。智能制造技术是利用先进的制造技术，以及数字化、网络化、智能化等知识和控制理论来解决制造过程中不确定和非固定模式的问题，使得制造过程具有智能的技术，它的特点是综合性和知识内涵的丰富性以及知识本身的创新性。因此，在教材建设上与以前传统的知识技术技能模式应有大的区别，更应注重对学生理念、意识、认知、思维方式和系统解决问题能力的培养。同时考虑到各行业、各地和各校发展阶段和实际办学水平的不同，希望这套教材尽可能为各校合理选择教学内容提供一个模块化、积木式结构，并在实际编写中尽量提供项目化案例，以便学校根据具体情况做柔性化选择。

③ 本系列教材注重数字资源建设，更多地采用多媒体的互动方式，如配套课件、教学视频、测试题等，使教材呈现形式多样化，数字内容更为丰富。

由于编写时间紧张，智能制造技术日新月异，编写人员专业水平有限，书中难免有不当之处，敬请读者及时批评指正。

高等院校智能制造人才培养系列教材建设委员会

前 言

　　人工智能是当前全球最热门的话题之一，是 21 世纪引领世界未来科技领域发展和生活方式转变的风向标。人工智能技术正在改变传统的制造业，从蒸汽机的发明引爆第一次工业革命以来，制造业已经历机械化、电气自动化和数字化三个阶段，正进入以智能化为代表的工业 4.0 发展阶段。2017 年，国务院发布《新一代人工智能发展规划》并首次将人工智能写入政府工作报告。2018 年，教育部发布《高等学校人工智能创新行动计划》，提出高校未来将形成"人工智能+X"的复合专业培养新模式，并引导高校不断提升人工智能领域科技创新、人才培养和服务国家需求能力，为我国人工智能发展提供战略支持。中国已发展成为制造大国，正在向制造强国迈进，制造业正在加速转型升级，我们要把握本轮制造业网络化、智能化发展机遇，充分认识其紧迫性和重要性。

　　随着人工智能、大数据、物联网、云计算等新兴科技的发展，全球制造业开始进入新一轮变革浪潮，对智能制造人才的需求也急剧增加。高校智能制造工程专业人才培养模式和知识体系的完善，急需智能制造系列教材来提供有效保障。《人工智能技术与应用（案例版）》面向应用型人才培养模式，根据企业人才需求，以迈进人工智能领域的学习路径为切入点，按照人工智能产业链条进行课程内容设计，从案例导入、应用理解、概念原理阐述到应用场景，顺序引导读者逐步深入理解人工智能技术与应用。本书切入日常生活与工作场景，利用高效的 Python 代码进行人工智能算法实现，让读者可从中学到一些核心的人工智能＋应用的开发技术，包括人脸识别、车牌号码识别、疾病预测、气象数据分析、情感分析等，使读者能够边学边用，通过案例加深对人工智能的应用和算法的理解。

　　本书的顺利撰写得到了辽宁工业大学杜鹏老师、冶金自动化研究设计院装备材料研究设计所边岩所长、沈阳新松机器人自动化股份有限公司徐涛经理、辽宁嘉华机器人有限公司张纯红董事长，以及营口理工学院白春聪、邹健老师，孙宏伟、迟爽、宋一平、许美静、林磊、汤侯雨、李星仪、王巍翰等同学的支持与帮助，在此一并表示感谢。

　　本书配有课件、习题参考答案、拓展阅读等资源，可扫描书中二维码获取。

由于作者水平有限，书中难免存在不足及疏漏之处，恳请读者给予指正，以便及时增补。

编　者

扫码获取本书资源

目 录

第一篇　人工智能技术基础

第二篇　人工智能应用案例分析

第4章　人工智能在制造业的应用　66

第 5 章　智能工业机器人　　90

第8章 智能医疗机器人

第 9 章　智能农业机器人　212

第一篇

人工智能
技术基础

人工智能技术与应用（案例版）

第1章

绪 论

本章思维导图

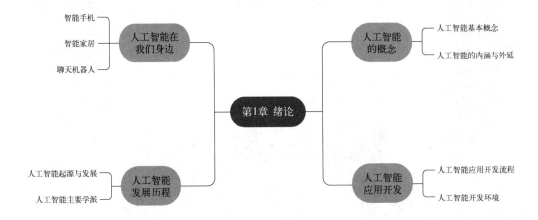

本章学习目标

（1）了解人工智能概念、起源与发展；
（2）熟悉人工智能在生活中的应用；
（3）掌握人工智能主要研究学派；
（4）了解人工智能开发环境和流程。

多年前李宁的广告语"一切皆有可能"给人们留下了深刻的印象，这种积极向上的态度对于许多人来说都是一种激励，使人们联想出"人生没有边界，一切皆有可能"。从古代的农耕文明，到工业革命的机器轰鸣，再到现代的信息技术革命，人类社会不断迈向更高阶段。时代发展，瞬息万变，就像20世纪50年代的工业革命一样，见证了数字计算的兴起，重塑了行业和社会规范。如今，我们身处智能时代，人工智能也扮演着类似的角色，正在掀起下一场工业革命。

人工智能浪潮已经席卷各个产业，正在对各行各业产生深远影响，推动着第四次工业革命的发展。人工智能的应用已经渗透到各个领域，包括医疗、金融、交通、农业等，带来了前所未有的机遇和挑战。在由先进农业机械进行收割的现代化农场、通过数据统计帮助运动员更好地训练、由机器人组成的无人汽车制造生产线、个性化服务的电商购物平台、快速定位疾病原因的基因检测技术等各个方面，我们都时时刻刻地享受着人工智能带给我们的便利。随着技术的不断进步和应用场景的不断拓展，人工智能将在更多领域发挥重要作用，推动社会的进步和发展。但另一方面，我们也面临人工智能带来的诸多问题：机器取代了许多流程化的、可复制的工作，以前流水线上的工人都失去了工作岗位；部分电商平台为了便利性导致用户个人隐私泄露，在大数据技术日新月异的情况下，平台可能比我们自己更加了解自己……人工智能的伦理问题与挑战也在逐渐凸显出来。隐私保护、就业市场变革、武器应用的道德疑虑以及责任追溯的困境，都是需要我们深入思考和解决的问题。在推动人工智能发展的同时，坚持伦理原则，确保人工智能的应用符合道德和法律的框架，为人工智能的持续健康发展创造良好的环境。

2017年7月，国务院印发《新一代人工智能发展规划》，提出了面向2030年我国新一代人工智能发展的指导思想、战略目标、重点任务和保障措施，明确了我国新一代人工智能发展的战略目标：到2020年，人工智能总体技术和应用与世界先进水平同步，人工智能产业成为新的重要经济增长点，人工智能技术应用成为改善民生的新途径；到2025年，人工智能基础理论实现重大突破，部分技术与应用达到世界领先水平，人工智能成为我国产业升级和经济转型的主要动力，智能社会建设取得积极进展；到2030年，人工智能理论、技术与应用总体达到世界领先水平，成为世界主要人工智能创新中心。2018年4月，教育部发布了《高等学校人工智能创新行动计划》，提出三大类18项重点任务，引导高校瞄准世界科技前沿，不断提高人工智能领域科技创新、人才培养和国际合作交流等能力，明确提出完善人工智能领域人才培养体系，重视人工智能与多学科专业教育的交叉融合，探索"人工智能+X"的人才培养模式。

为主动应对新一轮科技革命和产业变革，下好新一轮科技革命和产业变革的"先手棋"，2017年教育部启动了新工科建设，更加注重产业需求导向，注重跨界交叉融合，注重支撑引领，改造升级传统工科专业，发展新兴工科专业，主动布局未来战略必争领域人才培养。制造业是国家经济的命脉所系，《中国制造 2025》将智能制造作为主攻方向，促进制造业数字化、网络化、智能化、绿色化发展。未来是数据制造、互联制造、智能制造的时代，是"互联网+工业 4.0"的时代。我国传统制造业面临着转型升级和智能化变革的需求，迫切需要大批具有综合设计、优化能力的智能制造系统工程师，帮助企业进行结构性、系统性的调整优化，提供解决方案。为此教育部 2018 年特设立智能制造工程专业，立足新工科培养理念，为新时代制造业提供高级工程应用型人才。智能制造工程专业是综合应用自动控制、人工智能、机械、计算机等专业领域知识形成的前沿交叉学科专业，其集成了数字化设计与制造、智能装备、智能感知与检测、工业机器人、工业物联网、大数据、人工智能等制造智能化关键技术。以设计制造智能装备、故障诊断、维护维修、智能工厂系统管理等为培养目标，培养能够胜任智能制造系统分析、设计、集成、运营等多学科知识交叉融合的复合型工程技术人才和应用型工程技术人才。

在智能制造工程专业课程设置中"人工智能技术"起着非常重要的作用。随着科技的快速发展，人工智能技术已经成为智能制造领域的核心技术之一，对生产制造的自动化、智能化、柔性化等方面有着重要的影响。人工智能技术可以帮助实现自动化生产，可以优化生产计划和调度，还可以提高生产安全性和环保性。通过学习和掌握人工智能技术，智能制造工程专业的学生可以更好地适应未来智能制造领域的发展需求，提高自身的综合素质和实践能力。

本章主要讨论人工智能基本概念、发展历程、应用开发等，以建立起读者对人工智能的初步认识。

1.1　人工智能在我们身边

人工智能就是人们常说的 AI，是 artificial intelligence 的英文缩写。说起人工智能，许多人会觉得是个非常先进的东西，似乎都是在科幻片和实验室中看到它们，实际上人工智能已经悄悄地遍布于生活中的各个角落，智能手机、智能手表、智能家居等都有人工智能的应用。

1.1.1　智能手机

现在，我们可以在手机中看到各种各样的 AI 应用，包括语音助手、智能相机、智能搜索和自然语言处理等。语音助手是 AI 技术在智能手机中最常见的应用之一。它们可以识别用户的语音命令，执行各种任务，如播放音乐、查找信息、发送短信、提醒日程等。此外，现在的语音助手不仅可以听懂人们的语音指令，还可以根据语调、音量和速度等来判断情感状态，并据此提供更加智能化的回复和反馈。例如，如果说话的语气听起来有些疲惫，语音助手可能会建议机主放松一下，听一些音乐或者休息一下。各大科技巨头还在不断优化语音助手，譬如苹果的 Siri、谷歌的 Google Now、微软的 Contana。

人脸识别技术是智能手机中另一种常见的人工智能应用。许多智能手机配备了前置摄像头，可以实时地对用户的脸部进行识别。通过人脸识别，智能手机可以在解锁屏幕、支付购物、拍照等方面提供更高的安全性和便捷性，同时，人脸识别还可以用于照片管理，智能手机可以自动识别照片中的人物，并进行分类储存。手机刷脸解锁、支付宝刷脸支付、钉钉刷脸打卡这些人脸识别技术，集成了机器视觉、机器学习、模型理论、专家系统及视频图像处理等多种人工智能技术，是生物特征识别的最新应用。

如图 1-1，打开手机就会看到有很多这样的应用——看新闻的今日头条、滴滴打车、淘宝等，这些软件大数据和人工智能的算法会根据每个人的喜好进行个性化的推荐。还有在论文写作中经常使用的机器翻译，如谷歌翻译、必应翻译、有道翻译等。谷歌翻译可提供 63 种主要语言之间的即时翻译，可以提供所支持的任意两种语言之间的互译，包括字词、句子、文本和网页翻译。另外，它还可以帮助用户阅读搜索结果、网页、电子邮件、视频字幕以及其他信息。现今，智能手机可以不用机器翻译 APP，只要用户使用手机相机对着外语文字拍照，自动翻译功能会将拍摄的文字翻译成用户选择的目标语言，这使得用户在旅行或交流中无需使用翻译软件，大大提高了效率和便利性。

图 1-1　手机 APP（应用）图

智能照片也是智能手机的一大特色。如图 1-2 所示，右边的照片更白，脸型更好看，五官更立体，这是美容院常提供的磨皮、美白、瘦脸服务项目，然而这些项目在手机里是靠人工智能算法来实现的。智能照片识别还可以自动美化照片，优化光线和色彩，使照片效果更加出色，会使拍出来的照片更好看。随着智能手机市场用户日益增多，带有美容效果的手机相继推出，这一类手机统称为美颜手机。美颜手机内嵌人工智能算法，具备自动磨皮、美白、瘦脸、眼部增强及五官立体等功能。

图 1-2　美图秀秀修图前后对比

从另一角度看，将带有美肤美颜效果的手机推广到市场上，逐渐实现市场细分和个性化定制。近年来，美图发布新款的智能手机，主打定制美颜以及全身美型效果，可以定制和记忆使用者的专属美颜设定，即使在与朋友合影时也能辨识你的五官并进行预储存的美颜设定；在拍摄全身照片时，可以智能调整你的身材比例，包括头、腰、腿三个部位的比例实现美型。目前，华为手机的智能照片识别功能利用深度学习算法，能够自动识别照片中的人物、场景和物体。

1.1.2　智能家居

智能家居通过互联网将家用电子设备连接起来实现智能化管理，也就是让设备实现自动化、数据化、便捷化管理，并且有很好的人机交互体验。通过对家庭的各种电器进行数据的横向及纵向比较，进行能源利用、居家环境的优化，再结合互联网内容及增值服务，让生活变得更加舒适与方便。2023 年 4 月 4 日，QuestMobile 数据显示，截至 2023 年 2 月，智能家居 APP 月活用户规模为 2.65 亿。

常见的人工智能家居产品有扫地机器人、智能灯、智能空调、智能风扇、智能电饭煲、智能油烟机、智能电视、智能门锁等，很多智能产品悄然走进人们的生活，如图 1-3 所示。

图 1-3　智能家居

① 扫地机器人。随着人们生活水平的提高，人们希望在家的时候将更多的时间交给亲情与娱乐，而不是浪费在扫地这种简单繁琐的事情上，扫地机器人这种"聪明"的电器产品成为很多家庭的首选。它是 AI 技术在电器上的典型应用，一般采用"刷扫"将杂物先吸入垃圾收纳盒，然后自动完成吸尘、擦地等操作。除了扫地机器人，还有拖地机器人、擦玻璃机器人等，这些自动化的清洁设备可以根据预设时间或接收语音信息等进行清洁，减轻家务负担。

② 智能灯。智能灯是以控制、灯光效果、创作、分享、光与音乐互动、光提升健康和幸福为特点的新型智能设备。它不是传统灯具，而是智能设备的一种，除了智能灯体，还有智能控制设备。智能灯控制设备具备计算能力和网络连接能力，通过应用程序，功能可以不断扩展。生活中常有这样的经历：半夜起床时按一下开关，灯突然之间亮起来就会很刺眼，是很不好的体验。智能灯开关感应用户起床，在周围黑漆漆的时候灯只亮 10%或者 20%，这样就很人性化了。

③ 智能空调。传统的空调需要通过遥控器对它进行调温、控制风向、设置制冷/制热等操

作，智能空调将这些控制集中在手机 APP 上，更方便、人性化。有 AI 大脑的空调除了更易控制、功能强大外，它还能根据外界气候条件，按照预先设定的指标对温度、湿度、空气清洁度进行分析、判断，及时自动打开制冷、加热、去湿及空气净化等功能。

④ 智能风扇。风扇作为一种常见的降温设备，在炎热的夏天必不可少，对于很多消费者而言，最苦恼的莫过于需要走动去调节风力大小。而智能风扇具备自动感知温度调节风量的功能，同时具备连接 Wi-Fi 能力，用户可以在手机上用 APP 进行远程控制。

⑤ 智能电饭煲。智能电饭煲与普通电饭煲最大的区别在于普通电饭煲是利用磁钢受热失磁冷却后恢复磁性的原理，对锅底温度进行自动控制；智能电饭煲是利用微电脑芯片控制加热器件的温度，精准地对锅底温度进行自动控制，实时监测温度以灵活调节火力大小，自动完成煮食过程。智能电饭煲可以通过手机应用远程控制，预设烹饪时间和温度，让烹饪过程更加简单。

⑥ 智能油烟机。油烟机是一种净化厨房环境的厨房电器，它能将炉灶燃烧的废物和烹饪过程中产生的对人体有害的油烟迅速抽走，排出室外，减少污染、净化空气，传统油烟机在清洗方面非常费力。智能油烟机采用现代工业自动控制技术、互联网技术与多媒体技术，能够自动感知工作环境空间状态、产品自身状态，能够自动控制及接收用户在住宅内或远程的控制指令；更高级的智能油烟机作为智能家电的组成部分，能够与住宅内其他家电和家居设施互联组成系统，实现智能家居功能。

⑦ 智能电视。电视是最常见的电器产品之一，AI 技术也促进了智能电视的发展。智能电视具有很多传统电视不具备的优势，连接网络后，能提供浏览器、全高清 3D 体感游戏、视频通话、家庭 KTV 及教育在线等多种功能，还支持专业和业余软件爱好者自主开发、共同分享实用功能软件。

⑧ 智能冰箱。智能冰箱可以识别冰箱内的食物种类和数量，自动生成购物清单或推荐食谱。部分智能冰箱还可以通过屏幕显示日历、新闻等信息。

除了上述的智能家电产品，现代智能家居中不可缺少的智能产品和设备还有智能安防系统、智能穿戴设备、智能陪伴产品等，使我们的生活更加便利和智能。

① 智能门锁。门锁最重要的是安全性，传统机械锁的安全性已经无法满足人们对"安全"的新需求。智能门锁是一种在用户安全性、识别、管理性方面更加智能化、简便化的锁具，目前采用指纹、虹膜识别技术的较多，在高端酒店、私人会所、少数银行等场所广泛应用。智能家居安防系统，如智能摄像头和传感器，可以检测入侵者、火灾或漏水等异常情况，并通过手机应用发送实时警报。

② 智能家庭健康管理设备。智能体重秤、智能血压计和智能睡眠监测器等智能家庭健康管理设备，可以帮助监测和分析家庭成员的健康状况。智能血压计、智能血糖仪，还有智能手表，都是生活中常见的智能家居产品。

③ 智能陪护机器人。现代人工作越来越繁忙，陪伴"老人"和"孩子"的时间越来越少，智能陪护机器人扮演着陪伴的角色。陪护机器人具有辅助老年人生活、安全监护、儿童教学、人机交互及多媒体娱乐等众多功能。随着技术的发展，陪护机器人的功能将不断拓展，如辅助孩子学习等，未来有着非常广阔的应用前景。

④ 智能音箱。当音箱拥有了 AI 技术，功能更加强大。除了音箱的基本功能外，还是一个上网的入口，如用音箱点歌、网购、了解天气等，还可以对智能家居设备进行控制，如打开窗

帘、设置冰箱温度、调节热水器温度等，如图1-4所示。

图 1-4　智能音箱

1.1.3　聊天机器人

聊天机器人和智能音箱虽然有相似之处，但它们并不是同一个概念。智能音箱是一种集成了语音识别、语音合成和人工智能技术的设备，可以通过语音交互的方式与用户进行沟通，完成一些简单的任务，比如播放音乐、查询天气、设定闹钟等。智能音箱通常需要与云端服务器进行通信，以便获取更复杂的信息或执行更高级的操作。聊天机器人则是一种模拟人类对话的程序，可以通过自然语言处理技术来理解和回应用户的文本或语音输入。聊天机器人可以用于各种场景，比如客服、教育、娱乐等。聊天机器人通常基于预先定义的规则和算法来生成回复，也可以使用机器学习和自然语言处理技术来提高对话的智能和流畅性。

"Eliza"和"Parry"是早期非常著名的聊天机器人，常见的聊天机器人有小度、小爱同学、天猫精灵等。小度聊天机器人是百度公司推出的智能对话助手，具备语音识别、自然语言处理和人机交互等功能。它可以回答用户提出的问题，进行语音交互，并提供天气预报、新闻资讯、音乐播放等多种服务。小度聊天机器人在百度生态系统中得到了广泛应用，为用户提供了便捷的信息查询和日常生活服务。天猫精灵是阿里巴巴旗下的聊天机器人品牌，也是中国版的ChatGPT之一。它通过语音识别和语音合成技术，能够理解用户的指令并提供相应的服务。天猫精灵可以与智能家居设备连接，实现语音控制家居设备的功能，同时还支持音乐播放、在线购物等多种场景。微软小冰是微软公司研发的智能对话助手，以人工智能和情感计算为基础，具备自然语言处理和图像识别等能力。微软小冰不仅能够进行对话交流，还能通过观察和分析用户的表情、语调等信息，主动给予情感支持和建议。它已经在多个领域得到应用，包括在线客服、情感咨询等。小爱同学是小米推出的智能语音助手，它基于AI语言模型，能够理解和回应用户的语音指令。小爱同学在智能家居控制、日常生活助手等方面发挥着重要作用，通过语音交互实现人机对话，并提供相应的服务和功能。用这些聊天机器人，我们可以问天气、听音乐、设定提醒等，实现随叫随到，它们在智能客服、虚拟助手、图像处理、智能家居等领域发挥着重要作用，为用户提供便捷、智能的交互体验。

谈到聊天机器人，让我们聊聊近两年火爆全世界的ChatGPT。ChatGPT全称为Chat Generative Pre-trained Transformer，是OpenAI研发的一款聊天机器人程序，于2022年11月30日发布。踩在巨人肩膀上的聊天机器人ChatGPT自公开以来就成了绝对破圈的热点，是史上用户增长最快的面向消费者的应用。和前辈微软小冰、苹果Siri不同，ChatGPT的智能程度超乎想象，不仅可以用来写代码、找 bug（程序错误）、写诗、写小说，还能完成过去被认为只能属于人类的创造性工作，比如图片再创作、邮件撰写、论文写作、视频脚本和文案创作、翻译、法律服务等。在学术界，ChatGPT 已经引发"混乱"。有加拿大研究生将其用于语言学专业的论文写作，结果成功瞒过教授获得了 B 等评价，教授甚至评论其撰写的论文背景介绍"相当于毕业论文水平"；在美国康奈尔大学学生实验室，ChatGPT 已经可以通过律师执业资格考试，这让学术界大为震惊。如图 1-5 所示，由 Midjourney 人工智能生成的画作《太空歌剧院》，获得了美国科罗纳州博览会艺术一等奖。ChatGPT 成为 2023 年最热门的话题，甚至在后续几年，ChatGPT 都将给整个科技行业，甚至给社会带来巨大变革。

图 1-5　Midjourney 人工智能生成的画作《太空歌剧院》

随着 ChatGPT 的火爆，关于 ChatGPT 等人工智能的相关争议和禁令也随之而来。多家学术期刊发表声明，完全禁止或严格限制使用 ChatGPT 等人工智能机器人撰写学术论文。2023 年 3 月 31 日，意大利个人数据保护局宣布，即日起禁止使用聊天机器人 ChatGPT，并限制开发这一平台的 OpenAI 公司处理意大利用户信息。日本文部科学省计划实施新的指导方针，指示小学、初中和高中禁止学生在考试中使用聊天生成预训练转换器（ChatGPT）等生成式人工智能软件。财联社 2023 年 12 月 7 日电，欧盟接近达成一项里程碑式法案，对 ChatGPT 和其他人工智能技术进行监管。

ChatGPT 的工作原理是利用自然语言处理（NLP）技术，使用语义理解和自然语言生成来实现对话系统。它基于 GPT-3（Generative Pre-trained Transformer-3）的聊天机器人开发框架，通过机器学习技术对大量的对话数据进行训练，能够根据输入的文字内容生成回复。

AI 应用广泛，从日常任务到科学研究都有涉及。然而，随着其发展也引发了伦理和社会问题，需要关注并寻求解决方案。未来，AI 将在更多领域发挥重要作用，但需注意其局限性，将其作为人类的辅助工具。同时，需要建立法律和道德规范，加强公众教育。

1.2　人工智能的概念

1.2.1　人工智能基本概念

了解了生活中的人工智能，那么人工智能有没有准确的定义呢？在最初达特茅斯会议的时候，麦肯锡认为人工智能就是让机器的行为看起来像人所表现出来的智能行为一样。古今中外许多哲学家、科学家一直在努力研究探讨智能的问题，至今也没有一个准确的完整的答案，以至于智能的产生、物质的本质、宇宙的起源、生命的本质，一起被列为自然界的四大奥秘。Midjourney 生成的对人类智能的描述如图 1-6 所示，具体包括以下 4 个方面。

图 1-6　人类智能描述（Midjourney 生成）

① 感知能力。通过视觉、听觉、触觉等感官活动，接收并理解文字和理解外界环境的能力。

② 推理与决策能力。即图像、声音、语言等各种外界信息，通过人脑的生理与心理活动及有关的信息处理过程，将感性知识抽象为理性知识，并能对事物运行的规律进行分析、判断和推理，这就是提出概念、建立方法、进行演绎和归纳推理、做出决策的能力。

③ 学习能力。即通过教育、训练和学习过程，更新和丰富拥有的知识和技能，这就是学习能力。

④ 适应能力。对不断变化的外界环境（如干扰、刺激等）能灵活地做出正确的反应的自适应能力。

根据对人脑已有的认知，结合智能的外在表现，人们从思维理论、认知阈值理论及进化理论等视角方面，给出比较直观的定义：智能是知识与智力的总和。知识是一切智能行为的基础，而智力是获取知识并应用知识求解问题的能力。了解了人类智能的含义，我们再看人工智能就比较好理解了。比如说，人工就是相对于自然事物的产生过程而言的，有人工湖、人工降雨、人工种植、人工繁育等等。从这个角度上来看，所谓的人工智能就是相对于自然的智能而言，是智能的人工制品。直观地理解，人工智能是通过机器来模拟人类智能的技术。从现代计算机能实现的智能内容来看，可以分为计算智能、感知智能和认知智能。计算智能是通过计算机实现了能存会算，这一点计算机已经远远超过人类。感知智能是通过计算机实现了能听会说、能看会认。随着深度学习的成功应用，图像识别和语音识别取得了很大的进步，在某些测试中达到甚至超过了人类水平，并且在很多场景下已经具备实用化能力。认知智能是通过计算机实现能理解和思考问题。人工智能就是使一台机器的反应方式像人一样，进行感知、认知、决策、执行的人工程序或系统。

比尔·盖茨曾说过，"语言理解是人工智能皇冠上的明珠"。微软公司副总裁沈向洋曾说过，"懂语言者得天下"。正因为智能没有一个准确的概念，所以我们对于人工智能的这个概念就没有一个最准确的定义。人工智能是一个含义很广的术语，在其发展过程中，具有不同学科背景的人工智能学者对它有着不同的理解，提出过很多观点，如符号主义观点、联结主义观点和行为主义观点等。综合各种人工智能观点，可以从"能力"和"学科"两方面对人工智能进行定义。从能力的角度看，人工智能是指人工的方法在机器（如计算机）上实现的智能；从学科的角度看，人工智能是一门研究如何构造智能机器或智能系统，使其能模拟、延伸和拓展人类智能的学科。

1.2.2 人工智能的内涵与外延

人工智能的概念没有一个最准确的定义，但是不妨碍我们去研究人工智能。人工智能的内涵与外延如图 1-7 所示。人们在定义人工智能的概念时用类人行为系统方法，将人工智能定义为：研究如何让计算机做现阶段人类才能做得更好的事情。

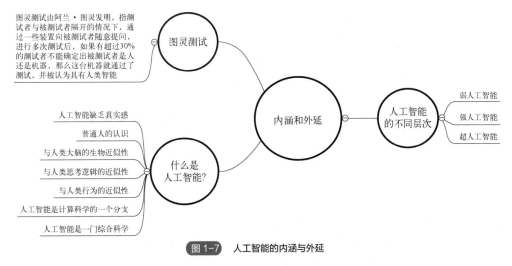

图 1-7　人工智能的内涵与外延

这种观点与图灵测试的观点很吻合。阿兰·图灵（Alan Turing）于 1950 年提出的一个关于判断机器是否能够思考、测试智能的方法的著名试验。测试的基本思想是，在一个对话式的情境中，如果一个机器能够以与人类无法区分的方式进行对话，并给予人类用户相似的体验，那么可以认为这个机器具备了人类智能。

如果一个人（代号 C）使用测试对象皆理解的语言去询问两个他不能看见的对象任意一串问题。对象一个是正常思维的人（代号 B）、一个是机器（代号 A）。如果经过若干询问以后，C 不能得出实质的区别来分辨 A 与 B 的不同，则此机器 A 通过图灵测试，如图 1-8 所示。

图灵测试起源于图灵设计的一个模拟游戏。这个模拟游戏貌似简单，然而其背后所蕴含的思想是极为深刻的。在《计算机器与智能》中，图灵首先从 7 个方面探讨了机器能否思考这个问题，包括智能计算机器的特点、机器智能的评判标准和智能计算机器的学

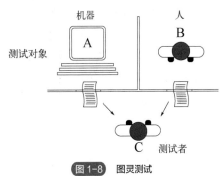

图 1-8　图灵测试

习能力等。作为一位严谨的思想家，图灵还设想了"图灵测试"可能遇到的 9 个方面的反对意见，包括神学方面、数学方面和心理学方面的反对意见，并且逐一进行了辩驳。然而，至今为

止，尚未有任何单个的机器或算法能够完全通过传统的图灵测试。

人工智能的核心要素包括机器学习、推理与决策、自然语言处理、计算机视觉和专家系统等技术。这些技术使得机器能够从大量数据中学习和推理，辅助人类进行决策，并与人类进行自然语言和视觉交互。人工智能的内涵包含了脑认知基础、机器感知与模式识别、自然语言处理与理解，还有知识工程这几个方面。

① 脑认知基础。脑认知基础就是阐明认知活动的脑机制，即人脑使用各层次构件，包括分子、细胞、神经回路、脑组织区实现记忆、计算、交互等认知活动，以及如何模拟这些认知活动。它包括认知心理学、神经生物学、不确定性认知、人工神经网络、统计学习、机器学习、深度学习等内容。

② 机器感知与模式识别。机器感知与模式识别是指研究脑的视知觉以及如何利用机器完成图形和图像的信息处理和识别任务，如物体识别、生物识别、情境识别等。在物体的几何识别、特征识别、语义识别中，在人的签名识别、人脸识别、指纹识别、虹膜识别、行为识别、情感识别中，目前都已经取得巨大成功。

③ 自然语言处理与理解。研究自然语言的语境、语用、语义和语构，大型词库、语料和文本的智能检索，语音和文字的计算机输入方法，词法、句法、语义和篇章的分析，机器文本和语音的生成、合成和识别，各种语言之间的机器翻译和同传等。

自然语言处理是人工智能技术最难的一个方向，它的发展决定了人工智能是否可以实现它应有的价值。自然语言是指人与人直接交流的语言，比如我们的中文、英文等。这是相对于人造语言来说的，人造语言如 C 语言、Java 语言等，是我们创造出来和机器进行交流的语言。我们要使机器智能化，就必须以自然语言去实现。然而自然语言常常存在有歧义、表达不清楚等问题，只有通过机器学习算法去运用自然语言本身特点，才能达到自然语言处理的效果。

④ 知识工程。知识工程研究如何用机器代替人，实现知识的表示、获取、推理、决策，包括机器定理证明、专家系统、机器博弈、数据挖掘和知识发现、不确定性推理、领域知识库，还有数字图书馆、维基百科、知识图谱等大型知识工程。

人工智能要想使机器具有人的智能，首先要研究人具有智能的物质基础，也就是人脑为什么会有智能，怎么去实现的。认知的基础包含了几个方面。第一方面为人脑使用的各个层次的构件，包括分子细胞、神经回路、脑组织等，它们如何进行计算交互认知活动，这里边包括了认知的心理学、神经的生物学、不确定性的认知、人工神经网络统计学习、机器学习、深度学习等内容。第二方面包括机器感知与模式识别，也就是说如何用机器完成图形的信息处理识别任务，包括生物识别、物体识别、虹膜识别、行为识别等。第三方面就是自然语言处理，通过机器学习算法，运用自然语言本身特点，达到自然语言处理的效果。知识工程用机器来代替人，来实现知识的获取、理解、决策，包括专家系统、机器博弈、数据挖掘等。

以上就是人工智能的内涵。内涵与外延是相对的，内涵是指一个概念所概括的思维对象本质特有的属性的总和；外延是指一个概念所概括的思维对象的数量或范围。因此人工智能概念的内涵是对人工智能定义所概括的思维对象本质特有的属性的总和，人工智能的外延是什么呢？外延是相对于内涵而言的，是机器人与智能系统、智能科学的应用技术，包括了工业机器人、农业机器人、服务机器人以及智能交通、智能制造、智慧医疗、智慧城市等。实际上还包含了人工智能在智能科技领域上的应用，比如在智能交通上的应用、在机器人领域上的应用等，这些都是它的外延。

　　另外，人工智能还包括了强人工智能、弱人工智能和超人工智能。目前我们所研究的范围都是在弱人工智能方向，弱人工智能有望向强人工智能和超人工智能方向发展。

　　① 弱人工智能。弱人工智能只专注于完成某个特别设定的任务，例如语音识别、图像识别和翻译。弱人工智能的目标是让计算机看起来会像人脑一样思考。在 20 世纪 50 年代至 70 年代之间，人工智能的研究主要集中在弱人工智能（weak AI）。这一阶段的人工智能系统已经取得了一些令人瞩目的成果，但仍然不能与人类的智能相媲美。

　　② 强人工智能。强人工智能包括学习、语言、认知、推理、创造和计划，使人工智能在非监督学习情况下处理前所未见的细节，并同时与人类开展交互式学习。强人工智能的目标是制造出会自己思考的智能机器。进入 21 世纪后，人工智能的发展进入了强人工智能（strong AI）的阶段。这种人工智能系统不仅可以执行特定任务，还能具备一定的智能和意识。近年来，深度学习和神经网络等技术的快速发展，为强人工智能的实现提供了新的机遇。

　　③ 超人工智能。超人工智能是指通过模拟人类的智慧，人工智能开始具备自主思维意识，形成新的智能群体，能够像人类一样独立地进行思考。

　　目前在现实生活中，人工智能大多数都是"弱人工智能"，虽然不能理解信息，但都是优秀的信息处理者。现在，人类已经掌握了弱人工智能。弱人工智能无处不在，人工智能革命是从弱人工智能开始，经过强人工智能，最终到达超人工智能的旅途。弱人工智能到强人工智能之路还需要很长的一段路要走，因为人脑是宇宙中最复杂的东西。人工智能是研究开发用于模拟、延伸、扩展人的智能的理论、方法、技术以及应用系统的一门新技术的科学，最终就是使一台机器能够像人一样进行感知、认知、决策、执行，具有人一样的智能。

1.3　人工智能发展历程

　　自从 20 世纪 50 年代被提出以来，人工智能已经走过了漫长的发展历程，经历了多次高潮和低谷，如图 1-9 所示。人工智能在理论、技术和应用方面都取得了重要突破，但是其进步并非线性的而是螺旋式上升的，在人工智能的发展历程中有很多精彩的故事。

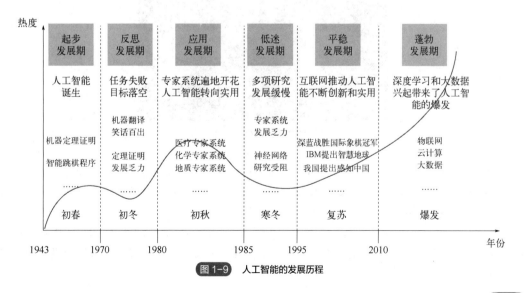

图 1-9　人工智能的发展历程

1.3.1 人工智能起源与发展

（1）人工智能的发展阶段

人工智能的起源可以追溯到 20 世纪 50 年代。当时，计算机科学家们开始关注如何实现机器智能，以模拟人类的思维过程和决策能力。总体来说，人工智能发展经历了以下几个阶段：

① 起步发展期：1943 年—20 世纪 60 年代。人工智能概念提出后，发展出了符号主义、联结主义（神经网络），相继取得了一批令人瞩目的研究成果，如机器定理证明、跳棋程序、人机对话等，掀起人工智能发展的第一个高潮。

1943 年，美国神经科学家麦卡洛克（McCulloch）和逻辑学家皮茨（Pitts）提出神经元的数学模型，这是现代人工智能学科的奠基石之一。

1950 年，阿兰·图灵（Alan Turing）提出"图灵测试"（测试机器是否能表现出与人无法区分的智能），让机器产生智能这一想法开始进入人们的视野。

1950 年，克劳德·香农（Claude Shannon）提出计算机博弈。

1956 年，达特茅斯会议（图 1-10）召开，是人工智能诞生的历史性聚会。会议是由达特茅斯大学数学家、计算机专家约翰·麦肯锡（John McKinsey），IBM 公司信息中心负责人罗切斯特（Rochester），哈佛大学数学家、神经学家明斯基（Minsky），贝尔实验室信息部研究员克劳德·香农（Claude Shannon）共同发起的，并邀请 IBM 公司的莫尔（Moore）和塞缪尔（Samuel）、麻省理工学院的塞尔弗里奇（Selfridge）和索罗蒙夫（Soromonf），以及兰德公司和卡内基工科大学的纽厄尔（Newell）和西蒙（Simon）共 10 人。这些科学家聚在一起，讨论用机器来模仿人类学习以及其他方面的智能。会议足足开了两个多月，虽然大家并没有达成普遍的共识，但正式采用了人工智能这个术语。从此人工智能这个词开始正式登上了历史的舞台，1956 年就定义成人工智能的元年。

图 1-10　达特茅斯会议照片

1957 年，弗兰克·罗森布拉特（Frank Rosenblatt）在一台 IBM-704 计算机上模拟实现了一种他发明的叫作"感知机"（perceptron）的神经网络模型。感知机可以被视为一种最简单形式的前馈式人工神经网络，是一种二分类的线性分类判别模型。

1958 年，大卫·考克斯（David Cox）提出了 logistic regression（逻辑回归）。LR 是类似于感知机结构的线性分类判别模型，主要不同在于神经元的激活函数，模型的目标为极大化正确分类概率。

1959 年，亚瑟·塞缪尔（Arthur Samuel）给机器学习提出了一个明确概念：Field of study that gives computers the ability to learn without being explicitly programmed（机器学习是研究如何让计算机不需要显式的程序也可以具备学习的能力）。

1961 年，伦纳德·乌尔（Leonard Uhr）和查尔斯·沃斯勒（Charles Vossler）发表了题目为 *A pattern recognition program that generates, evaluates and adjusts its own operators* 的模式识别论文，该文章描述了一种利用机器学习或自组织过程设计的模式识别程序的尝试。

1965 年，古德（Good）发表了一篇对人工智能未来可能对人类构成威胁的文章，可以算"AI 威胁论"的先驱。他认为机器的超级智能和无法避免的智能爆炸，最终将超出人类可控范畴。后来著名科学家霍金、发明家马斯克等对人工智能的恐怖预言跟古德半个世纪前的警告遥相呼应。

1966 年，麻省理工学院科学家约瑟夫·魏岑鲍姆（Joseph Weizenbaum）在 ACM 上发表了题为 *ELIZA-a computer program for the study of natural language communication between man and machine* 的文章，描述了 ELIZA 的程序如何使人与计算机在一定程度上进行自然语言对话成为可能，ELIZA 的实现技术是通过关键词匹配规则对输入进行分解，而后根据分解规则所对应的重组规则来生成回复。

1967 年，托马斯（Thomas）等人提出 K 最近邻算法（K-the nearest neighbor algorithm，KNN）。KNN 的核心思想，即给定一个训练数据集，对新的输入实例，在训练数据集中找到与该实例最邻近的 K 个实例，以这 K 个实例的最多数所属类别作为新实例的类别。

1968 年，爱德华·费根鲍姆（Edward Feigenbaum）提出专家系统 DENDRAL，并对知识库给出了初步的定义，这也孕育了后来的第二次人工智能浪潮。该系统具有非常丰富的化学知识，可根据质谱数据帮助化学家推断分子结构。

专家系统（expert systems）是 AI 的一个重要分支，同自然语言理解、机器人学并列为 AI 的三大研究方向。它的定义是使用人类专家推理的计算机模型来处理现实世界中需要专家作出解释的复杂问题，并得出与专家相同的结论，可视作"知识库（knowledge base）"和"推理机（inference machine）"的结合。

1969 年，"符号主义"代表人物马文·明斯基（Marvin Minsky）的著作《感知器》提出对 XOR（异或）线性不可分的问题：单层感知器无法划分 XOR 原数据，解决这问题需要引入更高维非线性网络（MLP，至少需要两层），但多层网络并无有效的训练算法。这些论点给神经网络研究以沉重的打击，神经网络的研究走向长达 10 年的低潮时期。

② 反思发展期：20 世纪 70 年代。人工智能的发展过程中，我们常绕不开的就是人与机器的比赛。主要是以棋类的比赛居多，在棋类比赛中还是以围棋比赛居多，因为围棋的下法有很多种，类型能够达到 10761，所以相对来说是非常有难度的。也是在人与机器在进行比赛的过程，人工智能逐渐得到的发展。在这长达 10 年的时间里，计算机被广泛应用于数学和自然语言领域，用来求解代数几何和英语问题。很多研究者看到了机器向人工智能发展的信心，甚至当时有很多学者认为，20 年之内机器能够完全完成人能够做到的一切，这一时期也叫计算驱动的时期。

20 世纪 70 年代，人工智能迎来了第一次低谷，人工智能进入了一段痛苦而艰难的岁月，科研人员在对人工智能的研究中，由于对项目的难度预测不足，不仅导致了与美国国防高级研究计划署合作计划的失败，还让人工智能的前景蒙上了一层阴影。科学家们遇到了一些不可战胜的挑战，虽然很多难题理论上可以解决，看上去只是少量的规则和几个很少的棋子，但带来的计算量却大到惊人，实际上根本无法解决。计算力及理论等的匮乏使得不切实际的目标落空，人工智能的发展走入低谷。1973 年，针对美国和英国 AI 的研究报告，批评了 AI 在宏观目标上的失败，因此人工智能遭遇了长达 6 年的科研深渊，这是第一次低谷。

1974 年，哈佛大学保罗·沃伯斯（Paul Werbos）博士论文里，首次提出了通过误差的反向传播（BP）来训练人工神经网络，但在该时期未引起重视。

BP 算法的基本思想不是（如感知器那样）用误差本身去调整权重，而是用误差的导数（梯度）调整。通过误差的梯度做反向传播，更新模型权重，以下降学习的误差拟合学习目标，实现网络的万能近似功能。

1975 年，马文·明斯基（Marvin Minsky）在论文《知识表示的框架》（*A framework for representing knowledge*）中提出用于人工智能中的知识表示学习框架理论。

1976 年，兰德尔·戴维斯（Randall Davis）针对构建和维护的大规模的知识库，提出使用集成的面向对象模型可以提高知识库（KB）开发、维护和使用的完整性。

1976 年，斯坦福大学的爱德华·肖特利夫（Edward Shortliffe）等人完成了第一个用于血液感染病的诊断、治疗和咨询服务的医疗专家系统 MYCIN。

1976 年，斯坦福大学的博士勒纳特发表论文《数学中发现的人工智能方法——启发式搜索》，描述了一个名为"AM"的程序，在大量启发式规则的指导下开发新概念数学，最终重新发现了数百个常见的概念和定理。

1977 年，海斯·罗思（Hayes Roth）等人的基于逻辑的机器学习系统取得较大的进展，但只能学习单一概念，也未能投入实际应用。

1979 年，汉斯·贝利纳（Hans Berliner）打造的计算机程序战胜双陆棋世界冠军成为标志性事件。随后，基于行为的机器人学在罗德尼·布鲁克斯（Rodney Brooks）和萨顿（Sutton）等人的推动下快速发展，成为人工智能一个重要的发展分支。格瑞·特索罗（Gray Tesoro）等人打造的自我学习双陆棋程序又为后来的强化学习的发展奠定了基础。

③ 应用发展期：20 世纪 80 年代初—20 世纪 80 年代中。人工智能走入应用发展的新高潮。专家系统模拟人类专家的知识和经验解决特定领域的问题，实现了人工智能从理论研究走向实际应用、从一般推理策略探讨转向运用专门知识的重大突破。而机器学习（特别是神经网络）探索不同的学习策略和各种学习方法，在大量的实际应用中也开始慢慢复苏。

1980 年，在美国的卡内基梅隆大学（CMU）召开了第一届机器学习国际研讨会，标志着机器学习研究已在全世界兴起。

1980 年，德鲁·麦狄蒙（Drew McDermott）和乔恩·多伊尔（Jon Doyle）提出非单调逻辑，以及后期的机器人系统。

1980 年，卡内基梅隆大学为 DEC 公司开发了一个名为 XCON 的专家系统，每年为公司节省四千万美元，取得巨大成功。

1981 年，保罗（Paul）出版第一本机器人学课本 *Robot Manipulator: Mathematics, Programmings and Control*，标志着机器人学科走向成熟。

1982 年，大卫·马尔（David Marr）发表代表作《视觉计算理论》，提出计算机视觉的概念，并构建系统的视觉理论，对认知科学也产生了很深远的影响。

1982 年，约翰·霍普菲尔德（John Hopfield）发明了霍普菲尔德神经网络，这是 RNN（递归神经网络）的雏形。霍普菲尔德神经网络模型是一种单层反馈神经网络结构，主要可分为前馈神经网络、反馈神经网络及图网络，从输出到输入有反馈连接。它的出现振奋了神经网络领域，在人工智能之机器学习、联想记忆、模式识别、优化计算、VLSI（超大规模集成电路）和光学设备的并行实现等方面有着广泛应用。

1983 年，泰伦斯·塞诺夫斯基（Terrence Sejnowski）、杰弗里·辛顿（Jeffrey Hinton）等人发明了玻尔兹曼机（Boltzmann machine），也称为随机霍普菲尔德网络，它本质是一种无监督模型，用于对输入数据进行重构以提取数据特征做预测分析。

1985 年，朱迪亚·珀尔（Judia Pearl）提出贝叶斯网络（Bayesian network），他以倡导人工智能的概率方法和发展贝叶斯网络而闻名，还因发展了一种基于结构模型的因果和反事实推理理论而受到赞誉。贝叶斯网络是一种模拟人类推理过程中因果关系的不确定性的处理模型，如常见的朴素贝叶斯分类算法就是贝叶斯网络最基本的应用。

1986 年，罗德尼·布鲁克斯（Rodney Brooks）发表论文《移动机器人鲁棒分层控制系统》，标志着基于行为的机器人学科的创立，机器人学界开始把注意力投向实际工程主题。

1986 年，杰弗里·辛顿（Geoffrey Hinton）等人先后提出了多层感知器（MLP）与反向传播（BP）训练相结合的理念（该方法在当时计算力上还是有很多挑战，基本上都是和链式求导的梯度算法相关的），这也解决了单层感知器不能做非线性分类的问题，开启了神经网络新一轮的高潮。

1986 年，罗斯·昆兰（Ross Quinlan）提出 ID3 决策树算法。决策树模型可视为多个规则的组合，与神经网络黑盒模型截然不同的是，它拥有良好的模型解释性。

1989 年，George Cybenko 证明了"万能近似定理"（universal approximation theorem）。这就从根本上消除了明斯基（Minsky）对神经网络表达力的质疑。

1989 年，杨立昆（Yann LeCun）结合反向传播算法与权值共享的卷积神经层发明了卷积神经网络（convolutional neural network，CNN），并首次将卷积神经网络成功应用到美国邮局的手写字符识别系统中。卷积神经网络通常由输入层、卷积层、池化（pooling）层和全连接层组成。卷积层负责提取图像中的局部特征；池化层用来大幅降低参数量级（降维）；全连接层类似传统神经网络的部分，用来输出想要的结果。

④ 低迷发展期：20 世纪 80 年代中—90 年代中。随着人工智能的应用规模不断扩大，专家系统存在的应用领域狭窄、缺乏常识性知识、知识获取困难、推理方法单一、缺乏分布式功能、难以与现有数据库兼容等问题逐渐暴露出来，导致人工智能学科发展再次陷入低迷。

⑤ 平稳发展期：20 世纪 90 年代中—2010 年。互联网技术的迅速发展，加速了人工智能的创新研究，促使人工智能技术进一步走向实用化，人工智能相关的各个领域都取得长足进步。在 21 世纪初，由于专家系统的项目都需要编码太多的显式规则，这降低了效率并增加了成本，人工智能研究的重心从基于知识系统转向了机器学习方向。

1995 年，科尔特斯（Cortes）和瓦普尼克（Vapnik）提出联结主义经典的支持向量机（support vector machine，SVM），它在小样本、非线性及高维模式识别中表现出许多特有的优势，并能够推广应用到函数拟合等其他机器学习问题中。支持向量机可以视为在感知机基础上的改进，是建立在统计学习理论的 VC 维理论和结构风险最小原理基础上的广义线性分类器。SVM 与感知机主要差异在于：感知机目标是找到一个超平面将各样本尽可能分离正确（有无数个），SVM目标是找到一个超平面不仅将各样本尽可能分离正确，还要使各样本离超平面距离最远（只有一个最大边距超平面），SVM 的泛化能力更强；对于线性不可分的问题，不同于感知机的增加非线性隐藏层，SVM 利用核函数，本质上都是实现特征空间非线性变换，使其可以被线性分类。

1995 年，弗洛因德（Freund）和夏皮尔（Schapire）提出了 AdaBoost（Adaptive Boosting）算法。AdaBoost 采用的是 Boosting 集成学习方法：串行组合弱学习器以达到更好的泛化性能。另外一种重要集成方法是以随机森林为代表的 Bagging 并行组合的方法。以"偏差-方差分解"分析，Boosting 方法主要优化偏差，Bagging 主要优化方差。Adaboost 迭代算法的基本思想主要是通过调节的每一轮各训练样本的权重（错误分类的样本权重更高），串行训练出不同分类器，最终以各分类器的准确率作为其组合的权重，一起加权组合成强分类器。

1997 年，国际商业机器公司（简称 IBM）深蓝超级计算机战胜了国际象棋世界冠军卡斯帕罗夫。深蓝是基于暴力穷举实现国际象棋领域的智能，通过生成所有可能的走法，然后执行尽可能深的搜索，并不断对局面进行评估，尝试找出最佳走法。

1997 年，塞普·霍赫赖特（Sepp Hochreiter）和尤尔根·施密德胡贝尔（Jürgen Schmidhuber）提出了长短期记忆（LSTM）神经网络。LSTM 神经网络是一种复杂结构的循环神经网络，结构上引入了遗忘门、输入门及输出门：输入门决定当前时刻网络的输入数据有多少需要保存到单元状态；遗忘门决定上一时刻的单元状态有多少需要保留到当前时刻；输出门控制当前单元状态有多少需要输出到当前的输出值。这样的结构设计可以解决长序列训练过程中的梯度消失问题。

1998 年，万维网联盟的蒂姆·李（Tim Lee）提出语义网（semantic web）的概念。其核心思想是：通过给万维网上的文档（如 HTML）添加能够被计算机所理解的语义（meta data），从而使整个互联网成为一个基于语义链接的通用信息交换媒介。换言之，就是构建一个能够实现人与电脑无障碍沟通的智能网络。

2001 年，约翰·拉弗蒂（John Lafferty）首次提出条件随机场（conditional random field，CRF）模型。CRF 模型是基于贝叶斯理论框架的判别式概率图模型，给定条件随机场 $P(Y|X)$ 和输入序列 x，求条件概率最大的输出序列 $y*$。在许多自然语言处理任务中（如分词、命名实体识别等）表现尤为出色。

2001 年，布雷曼博士提出随机森林（random forest）。 随机森林是将多个有差异的弱学习器（决策树）Bagging 并行组合，通过建立多个拟合较好且有差异的模型去组合决策，以优化泛化性能的一种集成学习方法。多样差异性可减少对某些特征噪声的依赖，降低方差（过拟合），组合决策可消除些学习器间的偏差。

2003 年，大卫·布莱（David Blei）、吴安德（Andrew Ng）和迈克尔·乔丹（Michael Jordan）于 2003 年提出 LDA（latent Dirichlet allocation，潜在狄利克雷分配）。LDA 是一种无监督方法，用来推测文档的主题分布，将文档集中，每篇文档的主题以概率分布的形式给出，可以根据主题分布进行主题聚类或文本分类。

2003 年，Google 公布了 3 篇大数据奠基性论文，为大数据存储及分布式处理的核心问题提供了思路，提出非结构化文件分布式存储（GFS）、分布式计算（MapReduce）及结构化数据存储（BigTable），并奠定了现代大数据技术的理论基础。

2005 年，波士顿动力公司推出一款动力平衡四足机器狗，有较强的通用性，可适应较复杂的地形。

2006 年，算力+算法+数据三驾马车聚齐，人工智能的发展进入快车道。这一年，杰弗里·辛顿（Geoffrey Hinton）以及他的学生鲁斯兰·萨拉赫丁诺夫（Ruslan Salakhdinov）正式提出了深度学习（deeping learning）的概念，开启了深度学习在学术界和工业界的浪潮。2006 年也被称为深度学习元年，杰弗里·辛顿也因此被称为深度学习之父。

深度学习的概念源于人工神经网络的研究，它的本质是使用多个隐藏层网络结构，通过大量的向量计算，学习数据内在信息的高阶表示。

此后，迁移学习的概念被提出。迁移学习（transfer learning）通俗来讲，就是运用已有的知识（如训练好的网络权重）来学习新的知识以适应特定目标任务，核心是找到已有知识和新知识之间的相似性。

⑥ 蓬勃发展期：2011 年至今。随着大数据、云计算、互联网、物联网等信息技术的发展，泛在感知数据和图形处理器等计算平台推动以深度神经网络为代表的人工智能技术飞速发展，大幅跨越了科学与应用之间的技术鸿沟，诸如图像分类、语音识别、知识问答、人机对弈、无人驾驶等人工智能技术实现了重大的技术突破，迎来爆发式增长的新高潮。

2011 年，IBM Watson 问答机器人参与 Jeopardy 回答测验比赛，最终赢得了冠军。Waston 是一个集自然语言处理、知识表示、自动推理及机器学习等技术实现的电脑问答（Q&A）系统。

2012 年，杰弗里·辛顿和他的学生 Alex Krizhevsky 设计的 AlexNet 神经网络模型在 ImageNet 竞赛大获全胜，这是史上第一次有模型在 ImageNet 数据集表现如此出色，并引爆了神经网络的研究热情。AlexNet 是一个经典的 CNN 模型，在数据、算法及算力层面均有较大改进，创新地应用了 Data Augmentation、ReLU、Dropout 和 LRN 等方法，并使用 GPU（图形处理单元）加速网络训练。

2012 年，Google 正式发布知识图谱（Google knowledge graph），它是 Google 的一个从多种信息来源汇集的知识库，通过知识图谱来在普通的字串搜索上叠一层相互之间的关系，协助使用者更快找到所需的资料的同时，也可使以知识为基础的搜索更进一步，以提高 Google 搜索的质量。知识图谱是结构化的语义知识库，是符号主义思想的代表方法，用于以符号形式描述物理世界中的概念及其相互关系。其通用的组成单位是 RDF 三元组（实体-关系-实体），实体间通过关系相互联结，构成网状的知识结构。

2013 年，杜尔克·金马（Durk Kingma）和马克斯·威灵（Max Welling）在 ICLR 上以文章 *Auto-Encoding Variational Bayes* 提出变分自编码器（variational auto-encoder，VAE）。VAE 基本思路是将真实样本通过编码器网络变换成一个理想的数据分布，然后把数据分布再传递给解码器网络，构造出生成样本，模型训练学习的过程是使生成样本与真实样本足够接近。

2013 年，Google 的托马斯·米科洛夫（Tomas Mikolov）在文章 *Efficient Estimation of Word Representation in Vector Space* 中提出经典的 Word2Vec 模型用来学习单词分布式表示，因其简单高效引起了工业界和学术界极大的关注。Word2Vec 基本的思想是学习每个单词与邻近词的关系，从而将单词表示成低维稠密向量。通过这样的分布式表示可以学习到单词的语义信息，直观来看，语义相似的单词的距离相近。

2014 年，聊天程序"尤金·古斯特曼"（Eugene Goostman）在英国皇家学会举行的"2014 图灵测试"大会上，首次"通过"了图灵测试。

2014 年，本吉奥（Bengio）等人提出生成对抗网络（generative adversarial network，GAN），被誉为近年来最酷炫的神经网络。GAN 是基于强化学习（RL）思路设计的，由生成网络（generator，G）和判别网络（discriminator，D）两部分组成，生成网络构成一个映射函数 G：

$z→x$（输入噪声 z，输出生成的伪造数据 x），判别网络判别输入是来自真实数据还是生成网络生成的数据。在这样训练的博弈过程中，提高两个模型的生成能力和判别能力。

2015 年是人工智能突破之年。为纪念人工智能概念提出 60 周年，深度学习"三巨头"杨立昆、本吉奥和辛顿（他们于 2018 年共同获得了图灵奖）推出了深度学习的联合综述 *Deep learning*。文中指出，深度学习就是一种特征学习方法，把原始数据通过一些简单的但是非线性的模型转变成为更高层次及抽象的表达，能够强化输入数据的区分能力。通过足够多的转换的组合，非常复杂的函数也可以被学习。

2015 年，何凯明等人提出的残差网络（ResNet）在 ImageNet 大规模视觉识别竞赛中获得了图像分类和物体识别的优胜。主要贡献是发现了网络不恒等变换导致的"退化现象（degradation）"，并针对退化现象引入了"快捷连接（shortcut connection）"，缓解了在深度神经网络中增加深度带来的梯度消失问题。

2015 年，Google 开源 TensorFlow 框架。它是一个基于数据流编程（dataflow programming）的符号数学系统，被广泛应用于各类机器学习（machine learning）算法的编程实现，其前身是 Google 的神经网络算法库 DistBelief。

2015 年，马斯克等人共同创建 OpenAI。它是一个非营利的研究组织，使命是确保通用人工智能（即一种高度自主且在大多数具有经济价值的工作上超越人类的系统）为全人类带来福祉。其发布的热门产品有 OpenAI Gym、GPT 等。

2016 年，Google 提出联邦学习方法，它在多个持有本地数据样本的分散式边缘设备或服务器上训练算法，而不交换其数据样本。联邦学习保护隐私方面最重要的三大技术分别是差分隐私、同态加密和隐私保护集合交集，能够使多个参与者在不共享数据的情况下建立一个共同的、强大的机器学习模型，从而解决数据隐私、数据安全、数据访问权限和异构数据的访问等关键问题。

2016 年，AlphaGo 与围棋世界冠军、职业九段棋手李世石进行围棋人机大战，以 4∶1 的总比分获胜。AlphaGo 是一款围棋人工智能程序，其主要工作原理是"深度学习"，由以下四个主要部分组成：策略网络（policy network），给定当前局面，预测并采样下一步的走棋；快速走子（fast rollout），目标和策略网络一样，但在适当牺牲走棋质量的条件下，速度要比策略网络快 1000 倍；价值网络（value network），估算当前局面的胜率；蒙特卡罗树搜索（Monte Carlo tree search），估算每一种走法的胜率。

2017 年更新的 AlphaGo Zero，在此前版本的基础上，结合了强化学习进行了自我训练。它在下棋和游戏前完全不知道游戏规则，完全是通过自己的试验和摸索，洞悉棋局和游戏的规则，形成自己的决策。随着自我博弈的增加，神经网络逐渐调整，提升下法胜率。更为厉害的是，随着训练的深入，AlphaGo Zero 还独立发现了游戏规则，并走出了新策略，为围棋这项古老游戏带来了新的见解。

2017 年，中国香港的汉森机器人技术公司（Hanson Robotics）开发的类人机器人索菲亚，是历史上首个获得公民身份的机器人。索菲亚看起来就像人类女性，拥有橡胶皮肤，能够表现出超过 62 种自然的面部表情，其"大脑"中的算法能够理解语言、识别面部，并与人进行互动。

2018 年，Google 提出论文 *Pre-training of Deep Bidirectional Transformers for Language Understanding*，并发布 BERT（bidirectional encoder representation from Transformers）模型，成功在 11 项 NLP 任务中取得 state of the art 的结果。BERT 是一个预训练的语言表征模型，可在海量的语料上用无监督学习方法学习单词的动态特征表示。它基于 Transformer 注意力机制的模

型，对比 RNN 可以更加高效，能捕捉更长距离的依赖信息，且不再像以往一样采用传统的单向语言模型或者把两个单向语言模型进行浅层拼接的方法进行预训练，而是采用新的 MLM（掩码语言模型），以致能生成深度的双向语言表征。

2019 年，IBM 宣布推出 Q System One，它是世界上第一个专为科学和商业用途设计的集成通用近似量子计算系统。

2019 年，香港 Insilico Medicine 公司和多伦多大学的研究团队实现了重大实验突破，通过深度学习和生成模型相关的技术发现了几种候选药物，证明了 AI 发现分子策略的有效性，很大程度解决了传统新药开发中分子鉴定困难且耗时较多的问题。

2020 年，Google 与 Facebook 分别提出 SimCLR 与 MoCo 两个无监督学习算法，均能够在无标注数据上学习图像数据表征。两个算法背后的框架都是对比学习（contrastive learning），对比学习的核心训练信号是图片的"可区分性"。

2020 年，OpenAI 开发的文字生成（text generation）人工智能 GPT-3，具有 1750 亿个参数的自然语言深度学习模型，比以前的版本 GPT-2 高 100 倍。该模型经过了将近 0.5 万亿个单词的预训练，可以在多个 NLP 任务（答题、翻译、写文章）基准上达到最先进的性能。

2020 年，马斯克的脑机接口（brain-computer interface，BCI）公司 Neuralink 举行现场直播，展示了植入 Neuralink 设备的实验猪的脑部活动。

2020 年，Google 旗下 DeepMind 的 AlphaFold2 人工智能系统有力地解决了蛋白质结构预测的里程碑式问题。它在国际蛋白质结构预测竞赛（CASP）上击败了其余的参赛选手，精确预测了蛋白质的三维结构，准确性可与冷冻电子显微镜（cryo-EM）、核磁共振或 X 射线晶体学等实验技术相媲美。

2020 年，中国科学技术大学潘建伟等人成功构建 76 个光子的量子计算原型机"九章"，求解数学算法"高斯玻色取样"只需 200s，而目前世界最快的超级计算机要用 6 亿年。

2021 年，OpenAI 提出两个连接文本与图像的神经网络：DALL·E 和 CLIP。DALL·E 可以基于文本直接生成图像，CLIP 则能够完成图像与文本类别的匹配。

2021 年，德国 Eleuther 人工智能公司于 3 月下旬推出开源的文本 AI 模型 GPT-Neo。对比 GPT-3 的差异在于它是开源免费的。

2021 年，美国斯坦福大学的研究人员开发出一种用于打字的脑机接口（brain-computer interface，BCI），这套系统可以从运动皮层的神经活动中解码瘫痪患者想象中的手写动作，并利用递归神经网络（RNN）解码方法将这些手写动作实时转换为文本。相关研究结果发表在 2021 年 5 月 13 日的 *Nature* 期刊上，论文标题为 "High-performance brain-to-text communication via handwriting"。

2022 年 11 月 30 日，OpenAI 公司发布了 ChatGPT。截至 2023 年 2 月，这款新一代对话式人工智能便在全球范围狂揽 1 亿名用户，并成功从科技界破圈，成为历史上增长最快的消费者应用程序。

（2）我国人工智能的发展

20 世纪 70 年代末至 80 年代，知识工程和专家系统在欧美发达国家得到迅速发展，并取得重大的经济效益。当时中国相关研究处于艰难起步阶段。1978 年 3 月，全国科学大会在北京召开。吴文俊提出的利用机器证明与发现几何定理的新方法——几何定理机器证明，获得 1978

年全国科学大会重大科技成果奖。

20 世纪 80 年代初期，钱学森等主张开展人工智能研究，中国的人工智能研究进一步活跃起来。

1981 年 9 月，中国人工智能学会（CAAI）在长沙成立。1984 年召开了全国智能计算机及其系统学术讨论会，1985 年又召开了全国首届第五代计算机学术研讨·1986 年起把智能计算机系统、智能机器人和智能信息处理等重大项目列入国家高技术研究发展计划（863 计划）。

1986 年，清华大学校务委员会经过三次讨论后，决定同意在清华大学出版社出版《人工智能及其应用》著作。

1989 年，首次召开了中国人工智能联合会议（CJCAI），至 2004 年共召开了 8 次。此外，还曾经联合召开过 6 届中国机器人学联合会议。

1993 年起，把智能控制和智能自动化等项目列入国家科技攀登计划。

2006 年，中国人工智能学会主办了首届中国象棋计算机博弈锦标赛暨首届中国象棋人机大战，彰显了中国人工智能科技的长足进步，也向公众进行了一次深刻的人工智能基本知识普及教育。

2009 年，中国人工智能学会牵头组织，向国家学位委员会和教育部提出设置"智能科学与技术"学位授权一级学科的建议。

技术发展离不开政府支持，我国将人工智能列入国家战略。人工智能自 2016 年起进入国家战略地位，国家相关支持政策进入爆发期。

2016 年 3 月，国务院发布《国民经济和社会发展第十三个五年规划纲要（草案）》，人工智能概念进入"十三五"重大工程。

2016 年 5 月，国家发展改革委、科技部、工业和信息化部、中央网信办发布《"互联网+"人工智能三年行动实施方案》。

2017 年 3 月，在十二届全国人大五次会议，"人工智能"首次被写入政府工作报告。

2017 年 7 月，国务院发布《新一代人工智能发展规划》。

2018 年 1 月 18 日，"2018 人工智能标准化论坛"发布了《人工智能标准化白皮书（2018版）》。2018 年 9 月 17 日，世界人工智能大会在上海开幕。

（3）人工智能的三要素

"人工智能是我们作为人类正在研究的最重要的技术之一。它对人类文明的影响将比火或电更深刻。"2020 年 1 月，谷歌公司首席执行官桑达尔·皮查伊在瑞士达沃斯世界经济论坛上接受采访时如是说。人工智能 60 多年的技术发展，可以归根为算法、算力及数据层面的发展。数据、算力及算法是人工智能的三个核心要素，如图 1-11 所示。

数据即是知识原料，是人工智能发展的基础。图像识别、视频监控等都需要庞大的数据支撑，数据是推动人工智能落地发展的核心基础。人工智能的大规模应用需要利用海量数据对模型进行训练，没有高质量的数据集就没有人工智能的大规模应用。标准数据集可以作为验证或构

图 1-11　人工智能三要素

建更优良解决办法的良好起点，构建人工智能系统时，通常最困难的工作就是数据收集和标注。

算法是人工智能发展的框架，算法框架能够极大地提高人工智能学习效率。算法是驱动人工智能创新发展的重要引擎。作为人工智能的核心逻辑，算法是产生人工智能的直接工具，算法的突破是推动人工智能发展的核心要素。

算力是支撑人工智能高速发展的关键要素。AI（人工智能）算力包括 AI 芯片、智算中心、AI 云中心等，为人工智能技术和产业发展提供了强有力的算力支撑。如何提升算力成为各国研究的重点。

得益于算法、算力、数据三大要素的支撑以及应用场景的牵引，人工智能已成功由技术理论阶段迈入产业应用阶段，不断向工业、农业、医疗、金融等各领域渗透，重塑传统行业模式，衍生新的业态，赋能产业转型升级。这三个要素缺一不可，相互促进、相互支撑，都是智能技术创造价值和取得成功的必备条件。

1.3.2　人工智能主要学派

在人工智能的发展过程中，不同时代、学科背景的人对于人工智能的理解及其实现方法有着不同的思想主张，并由此衍生了不同的学派，影响较大的学派及其代表方法如表 1-1 所示。其中，三大主流派别分别是联结主义、符号主义和行为主义学派。目前，这三大学派正在由早期的激烈争论和分立研究逐步走向取长补短和综合研究。

表 1-1　人工智能主要学派及方法

人工智能学派	主要思想	代表方法
联结主义	利用数学模型来研究人类认知的方法，用神经元的连接机制实现人工智能	神经网络、SVM 等
符号主义	通过对有意义的表示符号进行推导计算，并将学习视为逆向演绎，主张用显式的公理和逻辑体系搭建人工智能系统	专家系统、知识图谱、决策树等
演化主义	对生物进化进行模拟，使用遗传算法和遗传编程	遗传算法等
贝叶斯主义	使用概率规则及其依赖关系进行推理	朴素贝叶斯等
行为主义	以控制论及感知-动作型控制系统原理模拟行为以复现人类智能	强化学习等

① 联结主义。联结主义又称为仿生学派或生理学派，其原理主要为神经网络及神经网络间的连接机制与学习算法。其奠基人是明斯基，基本原理是模拟人类的神经网络，通过建立大量的简单神经元连接来模拟人类的思维过程。联结主义最著名的代表是深度学习，通过训练大量的神经网络模型来进行模式识别、自然语言处理等任务。

联结主义的代表性成果是 1943 年由生理学家麦卡洛克（McCulloch）和数理逻辑学家皮茨（Pitts）创立的脑模型，即 M-P 模型，开创了用电子装置模仿人脑结构和功能的新途径。20 世纪 50 年代末，感知机（perceptron）的出现，使得联结主义出现第一次热潮。随后的 20 年内，感知机技术得到广泛应用，越来越多的人开始认可感知机，并加大了联结主义学派下人工智能的研究力度。

② 符号主义。符号主义是人工智能领域最早的学派，符号主义又称逻辑主义。其基本原理是人类的思维是基于符号的操作，奠基人是西蒙（Simon）。符号主义主张通过符号推理和逻辑演绎来模拟人类的智能，通过对有意义的表示符号进行推导计算，并将学习视为逆向演绎，主

张用显式的公理和逻辑体系搭建人工智能系统。如用决策树模型输入业务特征预测天气等。符号主义的一个重要应用是专家系统，这是一种基于知识的系统，能够提供专家级别的建议和决策。

举个例子理解符号主义。在符号主义看来，机器就是一个物理符号系统，而人就是物理符号系统上加一点意识。当人看到一辆自行车，人的大脑自然地将所看到的一些事物定义成某些符号，如车座、车把、车胎、车架（图 1-12）。因此可以将这些符号输入计算机，计算机自然也可以得到一个结论，因此计算机自然可以模拟人的智能，这就是所谓的人工智能符号主义。

图 1-12　符号主义对自行车的认知

③ 行为主义。行为主义，又称为进化主义或控制论学派，其原理为控制论及感知-动作型控制系统，其奠基人是维纳。行为主义采用的是行为模拟方法，认为智能行为是通过与环境的交互而习得的。行为主义主张通过模拟和实现简单的行为来积累成为更复杂的智能行为。行为主义的贡献是机器人控制系统，机器人技术是行为主义的典型应用，通过模拟和学习人类的行为，机器人可以实现自主导航、物体识别等功能。

人工智能的各个学派各有特点。三大学派实际是从不同的侧面研究了人类的智能与人脑的思维模式的对应关系，分别从不同的角度模拟和实现人类的智能。符号主义注重人类的逻辑思维和推理能力，联结主义关注人类的神经网络和感知能力，而行为主义则强调通过与环境的交互习得智能行为。三大学派长期共存，相互合作，取长补短，并逐步走向融合和集成，共同为人工智能发展作出贡献。

根据机器智能水平的高低，可以从三个层次即计算智能、感知智能和认知智能方面理解人工智能。计算智能即快速计算、记忆和存储能力，目前，以快速计算、存储为目标的计算智能已经基本实现。感知智能，即视觉、听觉和触觉等感知能力，当下十分热门的语音识别、语音合成、图像识别即感知智能。近几年，在深度学习推动下，以视觉、听觉等识别技术为目标的感知智能也取得不错的成效。认知智能则为理解、解释的能力。所以，人工智能的真正突破口是认知智能。然而，相比于计算智能和感知智能，认知智能的实现难度较大。举个例子，小猫可以"识别"主人，它所用到的感知能力一般动物都具备，而认知智能则是人类独有的能力。人工智能的研究目标之一，就是希望机器具备认知智能，能够像人一样"思考"。

1.4　人工智能应用开发

从智能语音助手到自动驾驶汽车，人工智能的应用范围越来越广泛，已经渗透到我们生活的各个方面。当前，对人工智能巨大的需求与依赖已在企业中不断延伸，甚至扩散至整个经济体系。创建出全新的、超越想象的商业模式，将带来贯穿整个经济的溢出效应。要将人工智能应用到实际项目中并进行开发，以提效增速为核心特征，推动经济形态不断发生演变，从而带动社会经济实体的生命力，仍然是一个挑战。

1.4.1 人工智能应用开发流程

在一个生产系统中应用人工智能技术并非易事，从挖掘行业属性、算法的研发到应用的部署，需要解决大量的技术问题。人工智能应用开发过程大体分为数据收集和准备、算法选择和模型构建、数据训练和评估、模型部署和应用、优化改进几个阶段，如图 1-13 所示。

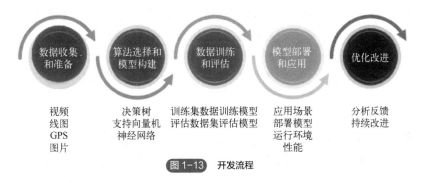

图 1-13 开发流程

在进行人工智能应用开发之前，首先需要明确要解决的问题。例如，项目是一个面部识别系统，还是一个自然语言处理的应用。了解问题的具体要求和目标，将有助于确定应用开发的方向和所需的技术。

① 数据收集和准备。对于人工智能应用开发而言，数据是至关重要的。收集和准备足够的数据是训练模型的基础，可以通过爬取网页数据、使用公开数据集或者与用户进行互动来收集数据。同时，还需要对数据进行清理和预处理，以确保数据的质量和一致性。

② 算法选择和模型构建。选择适当的算法对于人工智能应用的开发至关重要。根据问题的性质和数据的特点，可以选择常见的机器学习算法，如决策树、支持向量机或者神经网络等。根据所选算法，构建相应的模型。这一步骤需要根据经验和实践进行调试和优化，以获得最佳的模型性能。

③ 数据训练和评估。在模型构建之后，需要使用已准备的数据对模型进行训练。使用训练集对模型进行反复训练，直到模型能够达到预定的性能标准。然后，使用评估数据集对模型进行验证。评估模型的性能，可以使用各种指标，如准确率、召回率和 F1 值等。根据评估结果，如果模型性能不满足需求，可以返回前一步进行算法和模型的调整。

④ 模型部署和应用。当模型训练和评估完成后，可以进行模型的部署和应用。根据具体的需求和应用场景，可以选择将模型集成到一个软件系统中，或者开发一个独立的应用程序。在部署过程中，还需要考虑模型的性能、稳定性和安全性。

⑤ 优化改进。人工智能应用开发并不是一次性的工作，模型部署和应用起来后，仍然需要对其进行持续优化和改进。通过收集和分析用户的反馈和数据，可以识别模型的不足之处，并进行相应的改进。此外，随着技术的发展和新的数据的出现，还可以考虑采用更高级或者更有效的算法。

人工智能应用的开发是一项复杂而长期的过程。它需要掌握一定的编程和数据处理技能，并具备良好的分析和解决问题的能力。然而，随着人工智能技术的不断发展，出现越来越多的工具和平台，使得人工智能应用的开发变得更加简化和高效。无论是初学者还是专业开发者，都可以通过学习和实践，掌握人工智能应用开发的基本原理和技术。

1.4.2 人工智能开发环境

（1）编程语言

可用于项目开发的编程语言有很多，如 Lisp、Prolog、C++、Java 和 Python，可用于开发 AI 的应用程序。其中，Python 编程语言受到广泛欢迎。Python 是一种兼具简单易用和专业严谨的通用组合语言，俗称"胶水语言"，让初级编程者也能够很容易入门学习，它把各种基本程序元件拼装在一起，协调运作，使 AI 领域的基础编程语言有强大的 API（应用程序接口）和可用于 AI、数据科学和机器学习的库。Python 编程语言广受欢迎的原因主要有以下三点：

① 面向对象方式简单化。Python 既支持面向过程的编程，也支持面向对象的编程。在"面向对象"的语言中程序是由数据和功能组合而成的对象构建起来的。与其他主要的程序语言相比，Python 以一种非常强大而又简单的方式实现面向对象编程。简单的语法和更少的编码使 Python 非常受欢迎。

② 提供了多种框架。使用 Python 的一个主要优点是它内置了库，Python 有几乎所有种类的 AI 项目库，例如，机器学习 PyBrain、数值计算 NumPy 和数据库管理 PyMySQL 等多种框架。

③ 多样性。Python 是一种开源的编程语言，可用于广泛的编程任务，如小型 shell 脚本到企业 web（网络）应用程序。Python 相比任何其他语言允许做更多的事情，这使得它在社区中广泛流行。

如今在 AI 领域，许多 AI 技术都用 Python 语言来实现，从关注度较高的无人驾驶，到已经普及的人脸识别和指纹识别，背后的技术都离不开 Python 语言。曾经战胜柯洁的 AlphaGo，其中大部分程序是用 Python 编写的。开源框架、开源算法库、开源模型代码的存在，大大提高了 AI 开发者们使用 AI 技术的效率。

（2）模型框架

人工智能常用的模型框架有 TensorFlow、PyTorch、MXNet、Caffe、CNTK、Keras 等，如图 1-14 所示。

图 1-14　常用的模型框架

① TensorFlow。TensorFlow 是 Google 开源的一个深度学习框架，它具有高度的灵活性和可扩展性，是一个使用数据流图进行数值计算的开源软件，能够支持多种机器学习算法和深度学习模型。它提供了丰富的工具和库，能够快速构建和训练模型，并实现高效的模型推理和部署，

支持分布式计算和深度神经网络的构建。

TensorFlow 的强大之处有以下几个方面：

a. 计算图模型。TensorFlow 使用称为定向图的数据流图来表达计算模型。这使得它对于开发人员非常直观，开发人员可以使用内置工具轻松地可视化神经网络层内的运行情况，并以交互方式调节参数和配置，从而完善他们的神经网络模型。

b. 简单的 API。Python 开发人员可以使用 TensorFlow 的原始、低级的 API（或核心 API）来开发自己的模型，也可以使用高级 API 库来开发内置模型。TensorFlow 有许多内置库和分布式库，而且可以叠加一个高级深度学习框架（如 Keras）来充当高级 API。

c. 分布式处理结构。Google Brain 在其自定义的 ASIC TPU（专用集成电路张量处理器）上针对分布式处理从头重新设计了 TensorFlow，使得 TensorFlow 可以在多个 NVIDIA GPU 核心上运行。

d. 架构灵活。TensorFlow 拥有模块化、可扩展、灵活的设计。开发人员只需更改少量代码，就能轻松地在 CPU（中央处理器）、GPU 或 TPU 之间移植模型。

② PyTorch。PyTorch 是 Facebook 开源的一个深度学习框架，它具有简单易用的 API 和强大的动态计算图功能，能够快速构建和训练深度学习模型，使得模型的构建和调试更加方便。PyTorch 还支持多种硬件平台和分布式训练，可以实现高效的模型训练和部署。同时，PyTorch 还具有强大的社区支持和活跃的开发者社区，可以帮助开发者解决各种问题。

PyTorch 的优点有：

a. 简洁。PyTorch 的设计追求最少的封装，尽量避免重复造轮子。PyTorch 的源码只有 TensorFlow 的十分之一左右，更少的抽象、更直观的设计使得 PyTorch 的源码十分易于阅读。

b. 速度。PyTorch 的灵活性不以速度为代价，在许多评测中，PyTorch 的速度表现胜过 TensorFlow 和 Keras 等框架。

c. 易用。PyTorch 是所有的框架中面向对象设计的最优雅的一个。PyTorch 的面向对象的接口设计来源于 Torch，而 Torch 的接口设计以灵活易用而著称。

d. 生态丰富。PyTorch 提供了完整的文档、循序渐进的指南，此外，相关社区还在逐渐壮大。

③ MXNet。MXNet 是亚马逊开发的一个基于 Python 和 C++的深度学习框架，它具有高度的灵活性和可扩展性，能够支持多种深度学习模型和算法。MXNet 具有简单易用的 API 和高效的计算库，支持动态计算图和分布式计算，能够实现快速的模型训练和推理。同时，MXNet 还支持多种编程语言和分布式训练，可以满足不同开发者的需求。

④ Caffe。Caffe 是一个基于 C++开发的深度学习框架，专注于卷积神经网络和计算机视觉任务。它具有高效的计算能力和快速的模型训练能力，能够支持多种深度学习模型和算法。Caffe 具有简单易用的 API 和高效的计算库，能够非常轻松地构建用于图像分类的卷积神经网络，实现快速的模型训练和推理。同时，Caffe 还具有强大的社区支持和丰富的模型库，可以帮助开发者快速搭建自己的深度学习应用。

Caffe 的优势有：

a. 简单，上手快。它的模型是以文本形式展现而非代码形式。Caffe 给出了模型的定义、最优化设置以及预训练的权重，方便立即上手。

b. 速度快。Caffe 能够运行最棒的模型与海量的数据，在 K40 上处理一张图片只需要 1.17ms。

c. 模块化。模块化使得 Caffe 更方便地扩展到新的任务和设置上。

d. 开放性。Caffe 的代码和参考模型都是开源的。

⑤ CNTK。CNTK 是一个提高模块化和维护分离计算网络，提供学习算法和模型描述的库，可以同时利用多台服务器，速度比 TensorFlow 快，主要使用 C++作为编程语言。

⑥ Keras。Keras 是一个高级神经网络 API，提供了一种简单易用的方式来构建和训练深度学习模型。Keras 可以在多个深度学习框架上运行，包括 TensorFlow、Theano 和 CNTK。Keras 具有简洁的 API 和易于使用的工具库，能够快速构建和训练各种深度学习模型，包括卷积神经网络、循环神经网络和自编码器等。同时，Keras 还支持多种编程语言，包括 Python 和 R 等，可以满足不同开发者的需求。

Keras 的主要优点有：简易和快速的原型设计；具有高度模块化、极简和可扩充特性；支持 CNN 和 RNN，或二者的结合；无缝 CPU 和 GPU 切换。

⑦ PaddlePaddle。PaddlePaddle（飞桨）是百度公司提出的深度学习框架。2016 年飞桨正式开源，是国内首个全面开源开放、技术领先、功能完备的产业级深度学习平台，是主流深度学习框架中一款完全国产化的产品，与 Google TensorFlow、Facebook Pytorch 齐名。近年来，深度学习在很多机器学习领域都有着非常出色的表现，在图像识别、语音识别、自然语言处理、机器人、网络广告投放、医学自动诊断和金融等领域有着广泛应用。

飞桨以百度多年的深度学习技术研究和业务应用为基础，集深度学习核心框架、基础模型库、端到端开发套件、工具组件和服务平台于一体，为用户提供了多样化的配套服务产品，助力深度学习技术的应用落地，如图 1-15 所示。图的上半部分是从开发、训练到部署的全流程工具，下半部分是预训练模型、各领域的开发套件和模型库等模型资源。面对繁多的应用场景，深度学习框架有助于建模者节省大量而繁琐的外围工作，更聚焦业务场景和模型设计本身，目前飞桨已广泛应用于医疗、金融、工业、农业、服务业等领域。

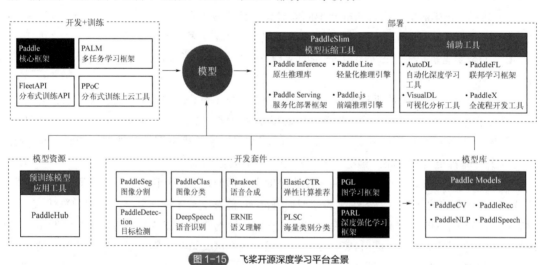

图 1-15　飞桨开源深度学习平台全景

以上是一些常见的 AI 技术框架，每个框架都有其特点和适用场景，根据具体的需求和项目要求可以选择合适的框架进行开发。选择一个合适的 AI 框架，可以帮助开发者快速搭建自己的 AI 应用，提高开发效率和应用的稳定性、可扩展性。

本章小结

> 智能的四个方面：感知能力、推理与决策能力、学习能力、适应能力。
>
> 人工智能：英文 artificial intelligence，缩写 AI。
>
> 人工智能：用人工的方法在机器上实现智能，使一台机器的反应方式像人一样，进行感知、认知、决策、执行的人工程序或系统。
>
> 人工智能元年：1956 年。
>
> 人工智能技术：通过机器来模拟人类智能的技术。
>
> 人工智能的主要学派：符号主义、联结主义和行为主义等。
>
> 人工智能包括：强人工智能、弱人工智能和超人工智能。
>
> 人工智能应用开发：数据收集和准备、算法选择和模型构建、数据训练和评估、模型部署和应用、优化改进。

 思考题

（1）举例你身边的人工智能。

（2）简述人工智能的三次浪潮。

（3）简述图灵测试。

扫码查看参考答案

 习题

（1）人工智能三大流派的演化正确的是（　　　）。

  A．符号主义→知识表示→机器人　　B．联结主义→控制论→深度学习

  C．行为主义→控制论→机器人　　　　D．符号主义→神经网络→知识图谱

（2）参加达特茅斯会议的认知学专家是（　　　）。

  A．明斯基　　　　B．西蒙　　　　　C．香农　　　　D．纽厄尔

（3）计算机博弈的提出者是（　　　）。

  A．明斯基　　　　B．西蒙　　　　　C．香农　　　　D．纽厄尔

（4）（　　　）是《感知器》的作者和"符号主义"的代表人物。

  A．明斯基　　　　B．西蒙　　　　　C．塞缪尔　　　D．纽厄尔

第2章

知识表示与知识图谱

本章思维导图

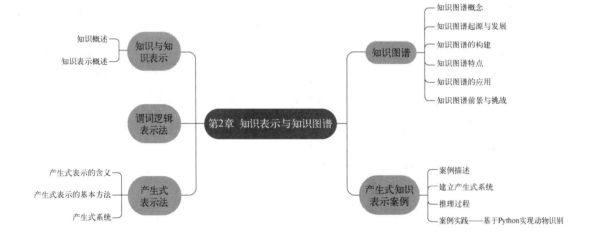

本章学习目标

（1）了解知识、知识表示、知识图谱的概念；
（2）掌握产生式系统工作原理；
（3）熟悉知识图谱应用和开发流程。

知识是人们在改造客观世界的实践中积累起来的认识和经验，知识是技能的基础。人类的智能活动主要是获得并运用知识，随着人类社会的不断发展，越来越多的信息需要人们去学习研究、整理和理解。然而，知识的范围之广、形式之多，使得我们不得不依靠计算机技术来帮助我们去管理和利用这些知识。因此，知识需要用适当的模式表示出来，才能存储到计算机中并能够被运用。知识表示和知识图谱是人工智能研究中的重要的课题。

2.1 知识与知识表示

2.1.1 知识概述

（1）知识的基本概念

知识是什么？知识是一个常见的词语，但要给出其严格定义却并非易事，还有待于对它的进一步研究和认识。到目前为止，知识还没有统一的定义，对其解释众说纷纭。人们所涉及的知识是十分广泛的，有的属多数人所熟悉的，有的知识是有关专家才掌握的专门领域知识。对于"知识"难以给出明确的定义，只能从不同侧面加以理解。美国的爱德华·费根鲍姆（Edward Feigenbaum）认为知识是经过削减、塑造、解释和转换的信息。简单地说，知识是经过加工的信息。也有学者认为知识是由特定领域的描述、关系和过程组成的。Hayes-Roth 认为知识是事实、信念和启发式规则。

知识是人们在长期的生活及社会实践中积累起来的对客观世界的认识与经验，人们把实践中获得的信息关联在一起，就获得了知识。一般来说，把有关信息关联在一起所形成的信息结构称为知识。例如，把"大雁向南飞"与"冬天就要来临了"这两个信息关联在一起，得到了一条"如果大雁向南飞，则冬天就要来临了"的知识。

知识反映了客观世界中事物间的关系，不同事物或者相同事物间的不同关系形成了不同的知识。"雪是白色的"是一条知识，它反映了雪与颜色之间的关系，在人工智能中，这种知识称为事实，如图 2-1 所示。"如果头疼且流鼻涕，则可能是患了感冒"，反映了头疼、流鼻涕与感冒之间的一种因果关系，在人工智能中，这种知识称为规则，如图 2-2 所示。

（2）知识的特征

一般来说，知识具有以下特性：

图 2-1　事实的知识

图 2-2　规则的知识

① 知识的相对正确性。知识是人们对客观世界认识的结晶，并且受到长期检验。因此在一定条件和环境下，知识一般是正确的、可信任的。这里的一定条件和环境是必不可少的，是知识正确性的前提。例如，牛顿力学在一定的条件下才是正确的。再如，1+1=2，这是一条妇孺皆知的正确知识，但它也只是在十进制运算中才是正确的。如果是二进制运算，它就不正确了。

② 知识的不确定性。知识并不总是只有"真"与"假"这两种状态，而是在"真""假"之间存在很多中间状态，知识的这一特性称为不确定性。由于现实世界的复杂性，信息可能是精确的，也可能是不精确的，模糊的关联可能是确定的，也可能是不确定的。比如，虽然冬天一般都刮西北风，但天气具有随机性，有时也会刮东南风。造成知识具有不确定的原因是多方面的，主要由随机性、模糊性、经验性及不完全性等方面引起的。

③ 可表示性与可利用性。知识是可用适当形式表示出来的。现今，人们利用语言、文字、图形、神经网络等方式进行知识表示、存储并传播。本章研究的主要内容之一就是知识表示。知识当然也可被利用，我们时时都在利用它解决各种问题。

（3）知识的分类

知识的类型常有以下几种划分方法：

① 按知识的适用范围。知识可分为常识性知识和领域性知识。常识性知识是指通用通识的知识，即人们普遍知道的、适用于所有领域的知识。领域性知识是指面向某个具体领域的专业性知识，这些知识只有该领域的专业人员才能够掌握和运用它，如领域专家的经验等。

② 按知识的作用效果。知识可分为陈述性知识、过程性知识和控制性知识。其中，陈述性知识是关于世界的事实性知识，主要回答"是什么""为什么"等问题；过程性知识是描述在问题求解过程所需要的操作、算法或行为等规律性的知识，主要回答"怎么做"的问题；控制性知识是关于如何使用前两种知识去学习和解决问题的知识。

③ 按知识的确定性。按知识的确定性把知识分为确定性知识和不确定知识。确定性知识是可以指出其值为"真"或"假"的知识，是精确性知识；不确定性知识指具有"不确定"特性的知识，它是不精确、不完全及模糊性知识的总称。

2.1.2　知识表示概述

知识表示是把知识符号化传送给计算机。通过知识的有效表示，使人工智能程序能利用这些知识做出决策、制订计划、识别状况、分析事件以及获取结论等。知识表示不仅是人工智能的重要研究内容，而且已经形成了一个独立的子领域，叫知识工程。

（1）知识表示的含义

知识表示就是将人类知识形式转化或者模型化，实际上是对知识的一种描述，或者说一种约定，变成一种计算机可以接受的用于描述知识的数据结构。对知识的表示过程就是把知识编码成某种数据结构的过程。

知识表示是研究用机器表示知识的可行性、有效性的一般方法，是一种数据结构与控制结构的统一体，既考虑知识的存储，又考虑知识的使用。知识表示可看成一组描述事物的约定，以把人类知识表示成机器能处理的数据结构。

（2）知识表示的分类

知识表示粗略地分为两类：符号表示法和连接机制表示法。

符号表示法是用各种包含具体含义的符号，以各种不同的方式和次序组织起来表示知识的一类方法，主要用来表示逻辑性知识。本书所要讨论的各种知识表示方法多属于这一类。

连接机制表示法是用神经网络技术表示知识的一种方法，它把各种物理对象以不同的方式和次序连接起来，并在其间相互传递及加工各种包含具体意义的信息，以此来表示相关的概念及知识。它特别适合于表示各种形象性知识。

知识表示方法大多是在进行某项具体研究时提出的。各种知识表示方法都有一定的针对性和局限性，应用时需根据实际情况做适当的改变，有时还需要把几种表示方法结合起来。在建立一个具体的智能系统时，究竟采用哪种知识表示方法，目前还没有统一的标准，也不存在一个万能的知识表示方法。本书着重介绍一阶谓词逻辑、产生式表示法等。

（3）知识表示的要求

一个恰当的知识表示可以使复杂的问题迎刃而解。一般而言，对知识表示有如下要求：

① 充分性：能够将问题求解所需的知识正确有效地表达出来。

② 可理解性：所表达知识简单、明了、易于理解。

③ 可利用性：能够有效地利用所表达的知识。

④ 可扩充性：能够方便、灵活地对所表达的知识进行维护和扩充。

2.2　谓词逻辑表示法

谓词逻辑表示法是一种基于数理逻辑的知识表示方式。谓词逻辑知识表示所需要的逻辑基础主要包括命题、谓词、连词、量词、谓词公式等。

谓词逻辑表达法可用 P(x)表示。谓词可分为谓词名(P)和个体(x)两部分。其中，个体是命题中的主语，用来表示某个独立存在的事物或者某个抽象的概念；谓词名是命题的谓语，用来表示个体的性质、状态或个体之间的关系等。

例 2-1　命题"王宏是学生"。

谓词表示为 STUDENT(Wang Hong)。

其中，Wang Hong 是个体，代表王宏；STUDENT 是谓词名，说明王宏是学生这一特征。通常，谓词名用大写英文字母表示，个体用小写英文字母表示。

例 2-2 命题"5>3"。

谓词表示为 GREATER(5,3)。

若命题"x>3"。

则谓词表示为 GREATER(x，3)。式中，x 是变元。

例 2-3 命题"王宏的父亲是教师"。谓词表示为 TEACHER(father(Wang Hong))。其中，father(Wang Hong)是一个函数，表示命题中的定语关系。

在谓词 P（x_1, x_2, …, x_n）中，如果 x_i（i=1, 2, …, n）都是个体常量、变元或函数，称它为一阶谓词。如果某个 x_i 本身又是一个一阶谓词，则称它为二阶谓词。

命题通常有真、假两种情况。当命题的意义为真时，则称该命题的真值为真，记为 T；反之，则称该命题的真值为假，记为 F。在命题逻辑中，命题通常用大写的英文字母来表示。没有真假意义的感叹句、疑问句等都不是命题。例如，"今天好冷啊！"和"今天的温度有多少摄氏度？"都不是命题。

在谓词逻辑表示时，还常用到连词和量词。一阶谓词逻辑有 5 个连词和 2 个量词。由于命题逻辑可看成谓词逻辑的一种特殊形式，因此谓词逻辑中的 5 个连词也适用于命题逻辑，但 2 个量词仅适用于谓词逻辑。连词是用来连接简单命题，并由简单命题构成复合命题的逻辑运算符号。具体含义如表 2-1 所示。

表 2-1 逻辑符号含义

符号	名称	描述	谓词表示
¬	否定/非	表示否定位于它后面的命题	命题"我不喜欢红色"可表示为¬LIKE(I,red)
∧	合取	表示它连接的两个命题具有"与"关系	命题"老李是一位校长也是一名教师"可表示为 SCHOOLMASTER(Li)∧TEACHER(Li)
∨	析取	表示它连接的两个命题具有"或"关系	命题"李斯在读书或写字"可表示为 READING(LiSi,book)∨WRITING(LiSi,words)
→	蕴含/条件	P→表示"P 蕴含"，即表示"如果 P，则"。其中，P 称为条件的前件，之后的内容称为条件的后件	命题"如果明天天气晴朗，则我会去室外玩耍"可表示为 WEATHER(tomorrow,sunny)→PLAY(I,outdoor)
↔	等价/双条件	P↔表示"P 当且仅当"	命题"小王会吃这个冰激凌,当且仅当冰激凌是香草口味"可表示为 EATS(Wang, icecream)↔TASTE(icecream,vanilla)

例 2-4 用谓词逻辑表示知识"所有教师都有自己的学生"。

解： 首先定义谓词：TEACHER(x)：表示 x 是教师。

STUDENT(y)：表示 y 是学生。

TEACHES(x,y)：表示 x 是 y 的老师。

此时，该知识可用谓词表示为：

∀x∃y(TEACHER(x)→TEACHES(x,y)∧STUDENT(y))

该谓词公式可读为：对所有 x，如果 x 是个教师，那么一定存在一个个体 y，y 是一个学生，且 x 是 y 的老师。

谓词逻辑表示法主要有明确、自然、灵活、易理解等优点。它接近于自然语言的形式语言系统，接近于人们对问题的直观理解，易于被人们理解、接受。只有"真"和"假"，因此可精确表示知识，并可保证经演绎推理所得结论的精确性。另外，在添加、删除、修改知识时也比较容易进行。但其也存在知识表示能力差、知识库管理困难、系统效率低等缺陷。

2.3 产生式表示法

2.3.1 产生式表示的含义

产生式这一术语是 1943 年由美国数学家波斯特（Post）首次提出并使用。1972 年，纽厄尔（Newell）和西蒙（Simon）在研究人类的认知模型中开发了基于规则的产生式系统。目前，产生式表示法已成为人工智能中应用最多的一种知识表示模式，尤其是在专家系统方面，许多成功的专家系统都采用产生式表示法。产生式表示法可以容易地描述事实和规则。

事实可看成断言一个语言变量的值或断言多个语言变量之间关系的陈述句。例如，陈述句"雪是白的"，其中"雪"是语言变量，"白的"是语言变量的值。再如，陈述句"王峰热爱祖国"，其中，"王峰"和"祖国"是两个语言变量，"热爱"是语言变量之间的关系。这种表示方法，在机器内部可以用一个表来实现。

规则描述的是事物间的因果关系，其含义是"如果……，则……"。在经典的"动物识别系统"中，利用产生式规则表示为：IF 动物有羽毛 THEN 动物是鸟。其前提条件是"动物有羽毛"，结论是"动物是鸟"，其含义是"如果动物有羽毛，则动物是鸟"。例如，人类经过多年的观察发现，每当大雨即将来临的时候，就会看到成群结队的蚂蚁在搬家，如图 2-3 所示。于是就把"蚂蚁搬家"和"大雨将至"这两个信息关联在一起，得到了相应的知识，即如果蚂蚁搬家，则大雨将至。

图 2-3　蚂蚁搬家产生式规则

2.3.2 产生式表示的基本方法

产生式通常用于表示具有因果关系的知识，其基本形式为

$$P \rightarrow Q$$

或者

$$\text{If } P \text{ Then } Q$$

式中，P 为产生式的前提或条件，用于指出该产生式是否可用的条件；Q 为一组结论或动作，用于指出该产生式的前提条件被满足时，应该得出的结论或应该执行的操作。P 和 Q 都可

以是一个或一组数学表达式或自然语言。

从上面的论述可以看出，产生式的基本形式和谓词逻辑中的蕴含式具有相同的形式，但还有所区别。产生式表示法是一种比较好的表示法，容易描述事实、规则以及它们的不确定性度量，目前应用广泛。它适合表示事实性知识和规则性知识，在表示知识时，还可以根据知识是确定性的还是不确定性的分别进行表示。

产生式表示法的主要优点如下：

① 自然性。产生式表示法用"如果……，则……"的形式表示知识，这种表示形式与人类的判断性知识基本一致，既直观、自然，又便于进行推理。

② 模块性。每条产生式规则都是一个独立的知识单元，描述了前提与结论之间的一种静态关系，其正确性可以独立地得到保证；各产生式规则之间不存在相互调用关系，这就大大增加了规则的模块性。

③ 有效性。产生式表示除用来表示确定性知识外，稍做变形就可用来表示不确定性知识。

2.3.3　产生式系统

通常人们把利用产生式表示法所进行的推理称为产生式推理，把由此所产生的系统称为产生式系统。产生式系统通常由规则库、综合数据库和推理机这几个基本部分组成，它们之间的关系如图2-4所示。

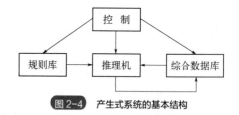

图2-4　产生式系统的基本结构

规则库是用于描述相应领域内过程性知识的产生式集合，对知识进行合理的组织与管理，提高问题求解效率。

综合数据库包含事实库、上下文、黑板等，用于存放问题求解过程中的各种信息的数据结构，包括初始状态、原始证据、中间结论、最终结论，其内容在推理过程中是动态、不断变化的。

推理机又叫控制系统，是由一组程序组成，负责整个产生式系统的运行，实现对问题的求解。控制系统要做以下几项工作：

① 从规则库中选择与综合数据库中的已知事实进行匹配。

② 匹配成功的规则可能不止一条，进行冲突消解。

③ 执行某一规则时，如果其右部是一个或多个结论，则把这些结论加入到综合数据库中；如果其右部是一个或多个操作，则执行这些操作。

④ 对于不确定性知识，在执行每一条规则时还要按一定的算法计算结论的不确定性。

⑤ 检查综合数据库中是否包含了最终结论，决定是否停止系统的运行。

2.4　知识图谱

2.4.1　知识图谱概念

在互联网时代，搜索引擎是人们在线获取信息和知识的重要工具。当用户输入一个查询词，搜索引擎会返回它认为与这个查询词最相关的网页。从诞生之日起，搜索引擎就是这样的模式，直到 2012 年 5 月，搜索引擎巨头 Google 在它的搜索页面中首次引入"知识图谱"。

利用知识图谱，用户除了得到搜索网页链接外，还将看到与查询词有关的更加智能化的答案。当用户输入"Marie Curie"（玛丽·居里，即居里夫人）这个查询词，Google 会在右侧提供居里夫人的详细信息，如个人简介、出生地点、生卒年月等，甚至还包括一些与居里夫人有关的历史人物，例如爱因斯坦、皮埃尔·居里（居里夫人的丈夫）等，如图 2-5 所示。

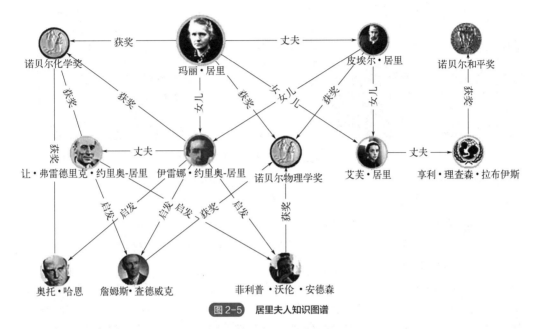

图 2-5　居里夫人知识图谱

知识图谱从形式上，它是一个用图数据结构表示的知识载体，描述客观世界的事物及其关系，其中节点代表客观世界的事物，边代表事物之间的关系。通过这样的方式，让使用者更加便捷地发现新知识。正是从这时开始，知识图谱成为一个火热的名字，受到学术界和产业界的广泛关注。

狭义地讲，知识图谱是由 Google 公司首先提出，被互联网公司用来从语义角度组织网络数据，从而提供智能搜索服务的大型知识库。广义上说，知识图谱用知识体系和实例数据两个层面的内容来统一表示一个完整的知识系统。展开来讲，知识描述、实例数据，还有相关的配套标准、技术工具以及应用系统，构成了广义的知识图谱。

知识图谱（knowledge graph）以结构化的形式描述客观世界中概念、实体及其之间的关系，将互联网的信息表达成更接近人类认知世界的形式，提供了一种更好地组织、管理和理解互联网海量信息的能力。

知识图谱是认知的组织体系。通过图 2-5 的知识图谱，可以发现居里夫人和安德森存在着关系链，其关联的核心是诺贝尔物理学奖。人物网络图就是一种知识图谱，以可视化方式显示知识之间的相互联系。通过知识图谱实现隐式、深层关系的推理，将成为智能的主要体现之一。

2.4.2　知识图谱起源与发展

知识图谱起源于符号主义，知识图谱技术属于知识工程的一部分。1977 年，图灵奖获得者、美国斯坦福大学荣誉退休教授费根鲍姆（Feigenbaum）最早提出了"知识工程"的概念，他认为："知识中蕴藏着力量"，通过实验和研究，费根鲍姆证明了实现智能行为的主要手段在于知识，在多数实际应用中是特定领域的知识。这对于人工智能技术以及相关研究的发展产生了巨大的影响，自"知识工程"概念的提出，很多研究者开始投入到知识工程、专家系统的相关研究当中。

回顾知识工程多年来的发展历程，我们可以将知识工程分成五个标志性的阶段：前知识工程时期、专家系统时期、万维网 1.0 时期、群体智能时期以及知识图谱时期，如图 2-6 所示。

图 2-6　知识工程发展历程

① 1950—1970 时期：知识工程诞生前期（前知识工程时期）。

这一阶段主要有两个方法：符号主义和联结主义。符号主义认为物理符号系统是智能行为的充要条件，联结主义则认为大脑（神经元及其连接机制）是一切智能活动的基础。

这一时期的知识表示方法主要有逻辑知识表示、产生式规则、语义网络等。

② 1970—1990 时期：专家系统时期。

由于通用问题求解强调利用人的求解问题的能力建立智能系统，但是忽略了知识对智能的支持，使人工智能难以在实际应用中发挥作用。从 20 世纪 70 年代开始，人工智能开始转向建立基于知识的系统，通过"知识库+推理机"实现机器智能。

这一时期知识表示方法有新的演进，包括框架和脚本等，20 世纪 80 年代后期出现了很多专家系统的开发平台，可以帮助将专家的领域知识转变成计算机可以处理的知识。

③ 1990—2000 时期：万维网 1.0 时期。

在 1990 年到 2000 年期间，出现了很多人工构建大规模知识库，包括广泛应用的英文 WordNet、采用一阶谓词逻辑知识表示的 Cyc 常识知识库，以及中文的 HowNet。

Web 1.0 万维网的产生为人们提供了一个开放平台，使用 HTML 定义文本的内容，通过超链接把文本连接起来，使得大众可以共享信息。W3C 提出的可扩展标记语言 XML，实现对互联网文档内容的结构通过定义标签进行标记，为互联网环境下大规模知识表示和共享奠定了基础。

语义 Web 经历了 Web1.0、Web2.0 及 Web3.0 三个阶段。

Web1.0 是以编辑为特征，网站提供给用户的内容是网站编辑进行编辑处理后的内容。这个过程是网站到用户的单向行为，Web1.0 时代的代表站点为新浪、搜狐及网易三大门户，强调的是文档互联。

Web2.0 是在 Web1.0 的基础上发展起来的，采用 ASP/PHP/Java 等动态网页技术结合数据库，主要用于宣传、应用、交互及集成，在互联网及特定局域网应用，如企业局域网、行业城域网等。典型代表有博客中国、亿友交友、联络家等互联网常见的应用，包括新闻网站论坛、博客、社区及空间等。内网主要是各种管理系统，如人事管理、财务管理、档案管理及学籍管理等，强调的是数据互联。

Web3.0 是以主动性、数字最大化、多维化等为特征的，以服务为内容的第三代互联网系统，目前只是概念，强调的是个性网页。

④ 2000—2006 时期：群体智能时期。

万维网的出现，使得知识从封闭知识走向开放知识，从集中构建知识成为分布群体智能知识。原来专家系统是系统内部定义的知识，现在可以实现知识源之间相互链接，可以通过关联来产生更多的知识而非完全由固定人生产。

这个过程中出现了群体智能，最典型的代表就是维基百科，实际上是用户去建立知识，体现了互联网大众用户对知识的贡献，成为今天大规模结构化知识图谱的重要基础。

⑤ 2006 年至今：知识图谱时期。

"知识就是力量"，将万维网内容转化为能够为智能应用提供动力的机器可理解和计算的知识是这一时期的目标。从 2006 年开始，大规模维基百科类丰富结构知识资源的出现和网络规模信息提取方法的进步，使得大规模知识获取方法取得了巨大进展。

当前自动构建的知识库已成为语义搜索、大数据分析、智能推荐和数据集成的强大资产，在大型行业和领域中正在得到广泛使用。典型的例子是 Google 收购 Freebase 后在 2012 年推出的知识图谱（knowledge graph），Facebook 的图谱搜索，Microsoft Satori 以及商业、金融、生命科学等领域特定的知识库。

也有人认为知识图谱起源于 20 世纪 50 年代，发展至今可大致分为三个阶段。

第一阶段（1950 年—1977 年）是知识图谱的启蒙期。这一时期文献索引的符号逻辑被提出，并逐渐成为研究当代科学发展脉络的常用方法。

第二阶段（1977 年—2012 年）是知识图谱的成长期。这一阶段语义网络得到快速发展，知识本体的研究成为计算机科学的重要领域，在此期间出现了例如 WordNet、Cyc、Hownet 等大规模的人工知识库，使得知识更易于在计算机之间和计算机与人之间进行交换流通。

第三阶段（2012 年至今）是知识图谱的繁荣期。2012 年，Google 公司率先提出知识图谱（knowledge graph，KG）概念，通过知识图谱技术，改善了搜索引擎性能，增强了用户搜索体验，同时也拉开了现代知识图谱的篇章。

总之，随着大数据时代的到来，数据量呈现井喷式增长，知识图谱也从学术圈朝着适合现代化企业的广义大规模知识图谱转变。在人工智能技术的蓬勃发展下，底层图数据库存储、算力规模化部署等知识图谱关键技术难点得到一定程度解决。在搜索引擎领域之外，知识图谱技术已成为电商、医疗、金融、能源等领域的热点技术，解决行业生产环节中的核心痛点。

2.4.3　知识图谱的构建

（1）知识图谱的基本结构

知识图谱本质上是一种语义网络，基本的逻辑结构分为模式层和数据层。模式层在数据层之上，为知识图谱的核心，存储的是经过提炼的知识类数据模型，包括实体、关系、属性等层次结构。数据层主要由事实数据信息组成，即现实世界的真实信息，通常以"实体-关系-实体"或"实体-属性-属性值"三元组作为基本表达方式。

知识图谱由节点（point）和边（edge）组成。每个节点表示一个实体，实体可以指客观世界中的人、事、物或是抽象的概念，如一个人、一本书等。边可以是实体的属性，如姓名、书名或是实体之间的关系，如朋友、配偶。每条边表示一种关系，关系可以表达不同实体间的联系。举例来说，"足球球员梅西"，足球球员、梅西都是实体，"梅西是巴塞罗那的球员"，是实体与实体之间通过关系关联起来，梅西出生日期为 1987 年 6 月 24 日是实体自带的属性。

本质上，知识图谱可以理解为以图结构存储的语义网络。

（2）知识图谱构建

知识图谱构建流程如图 2-7 所示。其中，虚线框内的部分为知识图谱的构建过程，同时也是知识建立和更新的主要流程。首先需要确定可用数据源，如结构化数据、机器可读的开放本体或辞典、开放链接数据和开放知识库、行业知识库和行业垂直网站、在线百科（维基、互动、百度）和文本等数据。从原始数据中提取出知识要素，即一堆实体关系，并将其存入知识库的模式层和数据层。然后，有效地采集数据，如开放链接数据采集、百科采集、文本信息采集（网络爬虫与主题爬虫）等。

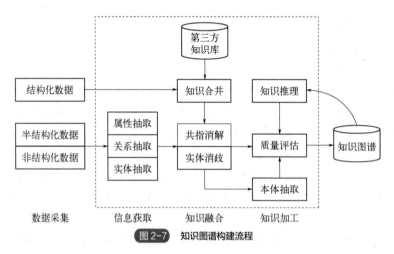

图 2-7　知识图谱构建流程

构建知识图谱是一个迭代更新的过程，根据知识获取的逻辑，每一轮迭代包含数据采集、信息获取、知识融合、知识加工四个阶段。

知识图谱的构建方法主要有两种：自底向上和自顶向下。其中，自顶向下构建是指借助百科类网站等结构化数据源，从高质量数据中提取本体和模式信息，加入到知识库里。而自底向上构建，则是借助一定的技术手段，从公开采集的数据中提取出资源模式，选择其中置信度较高的信息，加入到知识库中。

开放域知识图谱的本体构建通常用自底向上的方法，自动地从知识图谱中抽取概念、概念层次和概念之间的关系。

领域知识图谱多采用自顶向下的方法来构建本体。一方面，相对于开放域知识图谱，领域知识图谱涉及的概念和范围都是固定或者可控的；另一方面，对于领域知识图谱，要求其满足较高的精度。自顶向下是先为知识图谱定义好本体与数据模式，再将实体加入到知识库。该构建方式需要利用一些现有的结构化知识库作为其基础知识库。

知识图谱的构建通常可以分为以下几个步骤：

① 问题定义与领域分析。在构建知识图谱之前，我们需要明确所建模的问题和领域范围。进行充分的问题定义和领域分析，有助于确定所需要采集和整理的知识和数据。

② 数据采集与清洗。在构建知识图谱的过程中，需要从不同的数据源中采集数据。可以使用网络爬虫技术、数据 API 或者数据集等方式进行数据的获取。获取的数据需要进行清洗和预处理，包括去重、去噪、格式规范化等。

③ 实体识别与属性抽取。在清洗和预处理的基础上，需要进行实体识别和属性抽取。通过自然语言处理和信息抽取等技术，将文本数据中的实体和实体属性进行提取和标注。

④ 关系抽取与链接。在知识图谱中，实体之间的关系是非常重要的。通过语义分析和关系抽取等技术，可以从文本数据中提取实体之间的关系信息，并进行关系的建模和链接。

⑤ 知识表示与存储。构建好的知识图谱需要进行知识表示和存储。可以使用图数据库等工具和技术，将知识图谱以图的形式进行存储，方便后续的查询和应用。

2.4.4　知识图谱特点

相比传统知识表示方法，知识图谱的优势显现在以下方面：

① 关系的表达能力强。传统数据库通常通过表格、字段等方式进行读取，而知识图谱关系的层级及表达方式多种并且基于图论和概率图模型，可以处理复杂多样的关联分析，满足企业各种角色关系的管理需要。

② 像人类思考一样去做分析。基于知识图谱的交互探索式分析，可以模拟人的思考过程去发现、求证及推理，可以自动完成全部过程，不需要专业人员的协助。

③ 知识学习。利用交互式机器学习技术，支持根据推理、纠错及标注等交互动作的学习功能，不断沉淀知识逻辑和模型，提高系统智能性，将知识沉淀在企业内部，降低对经验的依赖。

④ 高速反馈。图式的数据存储方式，相比传统存储方式，数据调取速度更快，图库可计算超过百万的实体的属性分布，可实现秒级返回结果，真正实现人机互动的实时响应，让用户可以做到即时决策。

2.4.5　知识图谱的应用

知识图谱在人工智能应用中的重要价值日益突显。基于海量互联网资源，百度构建了超大规模的通用知识图谱，并在智能搜索、智能推荐、智能交互等多项产品中实现了广泛应用，如图 2-8 所示。

① 语义搜索。知识图谱首先是 Google 在 2012 年提出来的，用于改善搜索质量，所以提起知识图谱的应用，第一个当属语义搜索。在语义搜索中，利用知识图谱可以实现信息直达，方便用户快速定位想要的信息。知识图谱应用的前提是已经构建好了知识图谱，也可以把它认为是一个知识库。当我们执行搜索的时候，就可以通过关键词提取以及知识库上的匹配直接获得最终的答案。这种搜索方式跟传统的搜索引擎是不一样的，一个传统的搜索引擎它返回的是网页，而不是最终的答案，所以就多了一层用户自己筛选并过滤信息的过程。

随着文本、语音、视觉等智能技术的不断深入，行业智能化诉求的提升，知识图谱在复杂知识表示、多模态语义理解、行业图谱构建和应用等方面都面临新的挑战。

② 智能推荐。在各种电商、信息流等产品中，推荐无疑是一个非常重要的部分，为了实现更精准的推荐，推荐系统往往会利用知识图谱。例如，阿里巴巴建立电商领域知识图谱，服务电商搜索、购买、售后等各个环节。

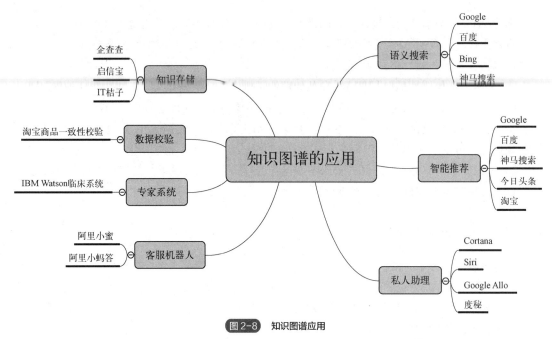

图 2-8　知识图谱应用

③ 问答交互。利用知识图谱整合海量知识，然后通过交互把知识返回给用户，提升知识的获取效率。近几年问答对话受到广泛的关注，特别是在知识图谱助力下，使得问答对话取得了长足发展。由于对话可以视为多轮问答，因此仅以问答简言。知识图谱问答根据用户问题的语义直接在知识图谱上查找、推理，把知识图谱作为先验知识融入问答中，获得相匹配的答案。一个典型的代表是 IBM 沃森 2011 年参加美国电视智力竞赛，在节目中击败人类选手。

④ 公安情报分析。通过融合企业和个人银行资金交易明细、通话、出行、住宿、工商、税务等信息，构建初步的"资金账户-人-公司"关联知识图谱。同时从案件描述、笔录等非结构化文本中抽取人（受害人、嫌疑人、报案人）、事、物、组织、卡号、时间、地点等信息，链接并补充到原有的知识图谱中形成一个完整的证据链，辅助公安刑侦、经侦、银行进行案件线索侦查和挖掘同伙。

⑤ 反欺诈情报分析。通过融合来自不同数据源的信息构成知识图谱，同时引入领域专家建立业务专家规则。我们通过数据不一致性检测，利用绘制出的知识图谱可以识别潜在的欺诈风险。

知识图谱使智能助手（如 Siri、Alexa、Google Assistant）更好地理解用户的指令和问题，提供更智能的回应。知识图谱帮助构建社交网络中的用户关系、兴趣爱好等，提供更有价值的社交体验和推荐。知识图谱在处理公共安全领域的海量数据，以及政务领域的复杂信息关系时发挥了重要作用。

总的来说，知识图谱是一种强大的知识表示和管理模型，可以为各种领域的知识应用提供有力的支持和帮助。随着人工智能和大数据等技术的不断进步和发展，相信知识图谱的应用将会越来越广泛，为人们的生活和工作带来更多的智能化和便利性。

在智能制造领域，知识图谱用于设计研发、质量与可靠性工程、设备管理与 BOM（物料清单）管理、供应链管理、售后服务等。

工业装配知识图谱属于行业知识图谱，具有较高的专业性。装配相关数据的来源分为 3 种：结构化的装配本体数据、半结构化的装配异常错误数据、非结构化的装配设计规则数据。

知识图谱在工业装配领域的应用可以在机械设计方面进行效率以及质量上的提升，具体表现在以下优势：

①　装配设计辅助决策。现代工业装配的设计多数通过计算机辅助技术来进行，设计过程依赖于设计人员的专业知识与设计经验。装配知识图谱的构建，可以在装配设计过程中根据知识库中存储的装配知识以及关联关系，给当前装配设计予以辅助推荐和决策，减少设计人员的强依赖性，提高设计效率。

②　装配设计异常警告。装配在设计过程中常常会出现设计细节的问题，通过装配知识图谱，可以根据当前设计零件存储的关联关系知识，预判出当前操作是否有可能发生异常，从而给设计人员以提示，在一定程度上避免了装配设计缺陷，提升了装配的设计质量。

目前知识图谱在金融、医疗、互联网以及电商领域都得到了广泛的应用，在制造业和工业领域还处在初探阶段，必大有可为。

2.4.6　知识图谱前景与挑战

知识图谱应用十分广泛，目前的研究方向可以大致分为四类：知识表征学习、知识获取、时序知识图谱和应用。在未来的一段时间内，知识图谱将是大数据智能的前沿研究问题，有很多重要的开放性问题亟待学术界和产业界协力解决。未来知识图谱研究有以下几个重要挑战。

①　知识类型与表示。知识图谱主要采用三元组的形式来表示知识，这种方法可以较好地表示很多事实性知识。然而，人类知识类型多样，面对很多复杂知识，三元组就束手无策了。例如，人们的购物记录信息、新闻事件等，包含大量实体及其之间的复杂关系，更不用说人类大量的涉及主观感受、主观情感和模糊的知识了。有很多学者针对不同场景设计不同的知识表示方法。知识表示是知识图谱构建与应用的基础，如何合理设计表示方案，更好地涵盖人类不同类型的知识，是知识图谱的重要研究问题。

②　知识获取。如何从互联网大数据萃取知识，是构建知识图谱的重要问题。目前已经提出各种知识获取方案，并已经成功抽取大量有用的知识，但在抽取知识的准确率、覆盖率和效率等方面，都仍不如人意，有极大的提升空间。

③　知识融合。来自不同数据的知识可能存在大量噪声和冗余，或者使用了不同的语言。如何将这些知识有机融合起来，建立更大规模的知识图谱，是实现大数据智能的必由之路。

④　知识应用。目前大规模知识图谱的应用场景和方式还比较有限，如何有效实现知识图谱的应用，利用知识图谱实现深度知识推理，提高大规模知识图谱计算效率，需要人们不断锐意发掘用户需求，探索更重要的应用场景，提出新的应用算法。这既需要丰富的知识图谱技术积累，也需要对人类需求的敏锐感知，找到合适的应用之道。

知识的获取和构建是一个复杂而耗时的过程，需要从多个数据源中抽取和整合信息。知识的表示和存储需要解决效率和可扩展性的问题。知识的更新和维护需要建立起有效的机制和流程，保证知识的及时性和准确性。此外，知识图谱的隐私和安全问题也需要重视和解决。

2.5　产生式知识表示案例

2.5.1　案例描述

设计产生式动物识别系统，该系统能够识别虎、金钱豹、斑马、长颈鹿、鸵鸟、企鹅、信天翁等 7 种动物，如图 2-9 所示。

图 2-9　识别的七种动物

2.5.2　建立产生式系统

　　根据进化理论和形态特征，动物可分为鸟类、爬行动物、两栖动物和鱼类等。项目中的 7 种动物有的属于鸟类，有的属于爬行动物，种类多样，因此要制订相应的规则来识别不同的动物种类。

　　虽然系统是用来识别 7 种动物，但并不是简单地设计 7 条规则，而是设计多条规则。首先对动物进行比较粗的分类，比如哺乳动物、鸟类等。然后在此分类的基础上增加条件，缩小分类范围，最后给出识别 7 种动物的 15 条规则，如表 2-2 所示。这样做有两个优点：一个是当已知的事实不完全时，虽然不能推出最终结论，但可以得到分类结论；第二个优点是当需要增加对其他动物的识别时，可以很容易进行扩展。

表 2-2　规则库

规则	推理过程
R1	IF 该动物产奶 THEN 该动物是哺乳动物
R2	IF 该动物有毛发 THEN 该动物是哺乳动物
R3	IF 该动物有羽毛 THEN 该动物是鸟
R4	IF 该动物会飞 AND 会下蛋 THEN 该动物是鸟
R5	IF 该动物吃肉 THEN 该动物是食肉动物
R6	IF 该动物有犬齿 AND 有爪 AND 眼盯前方，THEN 该动物是食肉动物
R7	IF 该动物是哺乳动物 AND 有蹄 THEN 该动物是有蹄类动物
R8	IF 该动物是哺乳动物 AND 是反刍动物 THEN 该动物是有蹄类动物

规则	推理过程
R9	IF 该动物是哺乳动物 AND 是食肉动物 AND 是黄褐色 AND 身上有暗斑点 THEN 该动物是金钱豹
R10	IF 该动物是哺乳动物 AND 是食肉动物 AND 是黄褐色 AND 身上有黑色条纹 THEN 该动物是虎
R11	IF 该动物是有蹄类动物 AND 有长脖子 AND 有长腿 AND 身上有暗斑点 THEN 该动物是长颈鹿
R12	IF 该动物是有蹄类动物 AND 身上有黑色条纹 THEN 该动物是斑马
R13	IF 动物是鸟 AND 有长脖子 AND 有长腿 AND 不会飞 AND 有黑白二色 THEN 该动物是鸵鸟
R14	IF 该动物是鸟 AND 会游泳 AND 不会飞 AND 有黑白二色 THEN 该动物是企鹅
R15	IF 该动物是鸟 AND 善飞 THEN 该动物是信天翁

2.5.3　推理过程

假设将下列事实存放在综合数据库中，该动物身上有暗斑点、长脖子、长腿、产奶、有蹄，这些信息即是动物识别系统中推理机构的工作条件，机构根据这些初始事实，在规则库中依次匹配产生式规则的前提。具体过程为，从规则库中取出 R1，检查其前提是否可与综合数据库中的已知事实匹配。R1 为产奶，综合数据库中存在，则意味匹配成功。通过产奶推理出哺乳动物，因此，将"哺乳动物"放入综合数据库。若规则库与事实不符合，意味匹配失败，则 R1 不能被用于推理。然后取 R2 进行同样的工作。匹配成功则 R2 被执行，匹配不成功，该规则不可用。以此类推，最终识别出是哪个动物。本例中，分别用 R3、R4、R5、R6 与综合数据库中的已知事实进行匹配，均不成功。R7 匹配成功，执行。则此时综合数据库为：该动物身上有暗斑点，长脖子，长腿，产奶，有蹄，哺乳动物，有蹄类动物。再进行规则库匹配，到 R11 匹配成功，并推出"该动物是长颈鹿"。

2.5.4　案例实践——基于 Python 实现动物识别

（1）软件环境

Python 版本：Python3 及以上；运行环境：PyChaRm。

（2）程序节选

利用 Python 编制程序，如图 2-10 至图 2-13 所示。

```python
1   # 动物识别系统
2   # 自定义函数，判断有无重复元素
3   def judge_repeat(value, list=[]):
4       for i in range(0, len(list)):
5           if (list[i] == value):
6               return 1
7           else:
8               if (i != len(list) - 1):
9                   continue
10              else:
11                  return 0
```

图 2-10　程序 1

```
87
88   dict_before = {'1': '产奶', '2': '有毛发', '3': '有羽毛', '4': '会飞', '5': '会下蛋', '6': '吃肉', '7': '有犬齿',
89                  '8': '有爪', '9': '眼盯前方', '10': '有蹄', '11': '反刍', '12': '黄褐色', '13': '有斑点', '14': '有黑色条纹',
90                  '15': '长脖', '16': '长腿', '17': '不会飞', '18': '会游泳', '19': '黑白二色', '20': '善飞', '21': '哺乳类',
91                  '22': '鸟类', '23': '食肉类', '24': '蹄类', '25': '金钱豹', '26': '虎', '27': '长颈鹿', '28': '斑马',
92                  '29': '鸵鸟', '30': '企鹅', '31': '信天翁'}
93   print("""请输入对应条件数字
94   *********************************************************
95   *1：产奶   2：有毛发   3：有羽毛   4：会飞   5：会下蛋        *
96   *6：吃肉   7：有犬齿   8：有爪   9：眼盯前方   10：有蹄        *
97   *11：反刍   12：黄褐色   13：有斑点   14：有黑色条纹   15：长脖 *
98   *16：长腿   17：不会飞   18：会游泳   19：黑白二色   20：善飞   *
99   *21：哺乳类   22：鸟类   23：食肉类   24：蹄类                 *
100  *********************************************************
101  ******************当输入数字0时！程序结束*****************
102  """)
103  # 综合数据库
```

图 2-11　程序 2

```
103      # 综合数据库
104      list_real = []
105      while (1):
106          # 循环输入前提条件所对应的字典中的键
107          num_real = input("请输入: ")
108          list_real.append(num_real)
109          if (num_real == '0'):
110              break
111      print("\n")
112      print("前提条件为: ")
113      # 输出前提条件
```

图 2-12　程序 3

```
114      for i in range(0, len(list_real) - 1):
115          print(dict_before[list_real[i]], end=" ")
116      print("\n")
117      print("推理过程如下: ")
118      # 遍历综合数据库list_real中的前提条件
119      for i in list_real:
120          if i == '1':
121              if judge_repeat('21', list_real) == 0:
122                  list_real.append('21')
123                  print("产奶->哺乳类")
124          elif i == '2':
125              if judge_repeat('21', list_real) == 0:
126                  list_real.append('21')
127                  print("有毛发->哺乳类")
```

图 2-13　程序 4

在 PyChaRm 集成开发环境下运行程序文件，运行界面如图 2-14 所示。

图 2-14　运行界面

运行结果图 2-15 所示。

请输入：22   请输入：23
请输入：17   请输入：12
请输入：15   请输入：21
请输入：16   请输入：13
请输入：0   请输入：0

前提条件为：   前提条件为：
鸟类 不会飞 长脖 长腿   食肉类 黄褐色 哺乳类 有斑点

推理过程如下：   推理过程如下：
不会飞，长脖，长腿，鸟类->鸵鸟   黄褐色，有斑点，哺乳类，食肉类->金钱豹

所识别的动物为鸵鸟   所识别的动物为金钱豹

图2-15 重新输入显示结果

本章小结

知识：人们在实践中积累的认识和经验，是技能的基础。

知识表示：是将知识转换为计算机可以处理的数据结构的过程。

知识的分类：常识性知识和领域性知识，陈述性知识、过程性知识和控制性知识，以及确定性知识和不确定性知识。

知识的特征：相对正确性、不确定性、可表示性与可利用性等特征。

谓词逻辑表示法：是一种基于数理逻辑的知识表示方式，使用命题、谓词、连词、量词等逻辑基础来表达知识。

产生式系统：由规则库、综合数据库和推理机组成，用于进行产生式推理。

知识图谱：是一种用图数据结构表示的知识载体，描述事物及其关系。

知识图谱的构建方式：自底向上和自顶向下两种。

思考题

（1）什么是知识图谱？

（2）知识图谱有哪些应用领域？

（3）知识图谱是如何构建的？

习题

（1）什么是知识表示？（   ）

  A．是编程语言   B．是数据格式处理

  C．是数据结构设计   D．用易于计算机处理的方式来描述人脑的知识

（2）以下哪个不是产生式表示法的优点？（   ）

扫码查看参考答案

A．模块性   B．自然性

C．清晰性   D．有效性

（3）知识图谱可以看作一种（　　　）的知识表示方法，在很多领域被广泛应用。

A．具体化   B．非结构化

C．半结构化   D．结构化

第 3 章

搜 索 与 推 理

本章思维导图

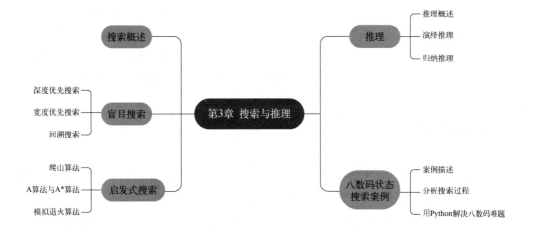

📚 **本章学习目标**

（1）了解搜索机推理的基本概念、基本方法；

（2）掌握回溯策略和启发式搜索策略的思路和过程；

（3）针对某些实际问题，能够用深度优先搜索原理描述其求解过程。

当我们到陌生的城市旅游时，常使用手机的 APP 进行搜索地点、路径导航等，也会搜索附近的美食、旅店等。当我们在面对一个新事物、新产品、新概念时，常使用搜索引擎工具进行查询、了解、学习。搜索技术在日常生活中的普遍应用和重要性是不言而喻的。但你是否想过，在你使用智能助手搜索附近的餐厅过程中，智能助手是如何从成千上万的选项中找到最符合你需求的那几家餐厅？它不仅能够快速搜索，而且还对你的喜好、地理位置，甚至是当时的餐饮潮流进行复杂的分析和判断。这背后就是搜索技术的功劳。

搜索是人工智能的核心组成部分，始终贯穿着人工智能领域的发展历程。搜索不仅是一种算法工具，更是一种解决问题的思维方式。在解决工程问题的过程中，难以用常规的数值计算、数据库应用等技术直接解决，因此，这类问题的求解依赖于问题本身的描述和应用领域相关知识的应用。按解决问题所需的领域特有知识的多少，问题求解系统可以划分为两大类：知识贫乏系统和知识丰富系统。前者必须依靠搜索技术去解决问题，后者则求助于推理技术。搜索是人工智能中的一个基本问题，并与推理密切相关。搜索策略的优劣，将直接影响到智能系统的性能与推理效率。

本章先介绍搜索的概念，然后介绍盲目搜索和启发式搜索基本原理等，接着介绍推理的概念，以演绎和归纳推理为例，介绍其基本原理，最后介绍八数码状态搜索应用案例。

3.1　搜索概述

美国人工智能专家尼尔森（Nilsson）把搜索列为人工智能研究的四个核心问题之一。搜索技术是利用计算机的高性能来有目的地穷举一个问题解空间的部分或所有的可能情况，从而求出问题解的一种方法。通常表现为系统设计或达到特定目的而寻找恰当或最优方案的方法。当缺乏关于系统参数的足够知识时，很难直接达到目的，诸如在博弈、定理证明、问题求解之类的情形。因此，搜索技术也是人工智能的一个重要内容。

对于给定的问题，智能系统的行为一般是找到能够达到所希望目标的动作序列，并使其所付出的代价最小、性能最好。搜索就是找到智能系统的动作序列的过程。在人工智能中，搜索问题一般包括两个重要的问题：

① 搜索什么？

② 在哪里搜索？

从早期的简单规则引擎到如今的复杂深度学习模型，搜索技术在 AI 的历史长河中扮演了至关重要的角色。搜索技术在 AI 中的应用可以追溯到 20 世纪 50 年代。最初，搜索被用于解决逻辑和数学问题，如象棋等游戏。这些早期的 AI 系统，如 IBM 的 Deep Blue，通过搜索算法评估可能的棋局走法，并选择最佳策略。如图 3-1 所示，Deep Blue 在 1997 年击败国际象棋世界冠军加里·卡斯帕罗夫（Garry Kasparov），这标志着搜索技术在解决复杂问题上的巨大潜力。

在棋类游戏如国际象棋或围棋中，AI 通过搜索算法评估成千上万种可能的棋局组合，来决定最佳的下一步棋。这里的搜索不仅是对当前棋盘状态的简单检索，而且涉及深度的策略规划和预测。AlphaGo 的胜利就是一个经典案例，它通过结合深度学习和蒙特卡罗树搜索技术，战胜了世界顶尖的围棋选手。

图 3-1　比赛中 AlphaGo 战胜人类

现在搜索技术渗透在各种人工智能系统中，在专家系统、自然语言理解、自动程序设计、模式识别、机器人学、信息检索和博弈等领域都广泛使用。可以说，没有一种人工智能系统应用不到搜索技术。搜索技术是自然语言处理（NLP）、计算机视觉、机器人技术等子领域的基础。在自然语言处理中，搜索技术帮助算法理解和生成语言，实现从简单的关键词检索到复杂的语境理解和对话生成。而在计算机视觉领域，搜索技术则用于从海量图像数据中识别和分类特定的对象或场景。

搜索技术在人工智能领域的发展和应用展现了多样性和复杂性，同时也与其他技术领域有着深度融合。搜索技术目前面临的主要挑战有以下几个方面：

① 处理大规模数据的挑战。随着数据量的不断增长，如何有效地处理和搜索大规模数据成为一个主要挑战。例如，在社交网络分析中，处理成千上万的用户生成内容，寻找有价值的信息，需要高效且智能的搜索算法。

② 隐私保护与安全性问题。在提高搜索效率和个性化的同时，保护用户隐私和数据安全是另一个重要挑战。特别是在医疗和金融领域，如何在不泄露敏感信息的前提下进行有效的搜索，是需要解决的关键问题。

③ 解决计算复杂性和能耗问题。随着搜索任务变得更加复杂，如何降低计算成本和能耗也成了一个挑战。在环保和可持续发展的大背景下，开发能效更高的搜索算法和硬件成为迫切需要。

3.2　盲目搜索

盲目搜索，也称无信息搜索。该搜索策略没有超出问题定义提供的状态之外的附加信息，所有能做的就是生成后继节点，并且区分一个目标状态或一个非目标状态。所有的搜索策略是由节点扩展的顺序加以区分。盲目搜索一般只适用于求解比较简单的问题，且需要大量的时间空间作为基础。典型的盲目搜索有深度优先搜索和宽度优先搜索。

3.2.1 深度优先搜索

深度优先搜索（DFS）是一个针对图和树的遍历算法，早在 19 世纪就被用于解决迷宫问题。深度优先搜索是一种一直向下的搜索策略，从初始节点开始，按生成规则生成下一级各子节点，检查是否出现目标节点；若未出现，则按"最晚生成的子节点优先扩展"的原则，用生成规则生成下一级的子节点，再检查是否出现目标节点。如此下去，沿着最晚生成的子节点分支，逐级"纵向"深入搜索。

如图 3-2 所示，二叉树的深度优先搜索过程为：用深度优先搜索方式遍历二叉树的所有节点，假设左支优先于右支，则从根节点 1 开始，节点的遍历顺序为 1、2、4、8、5、3、6、7、9。深度优先搜索在搜索到一个新的节点时，立即对该新节点进行遍历，因此遍历需要用先入后出的栈来实现，也可以通过与栈等价的递归来实现。对于树结构而言，由于总是对新节点调用遍历，因此看起来是向着"深"的方向前进。

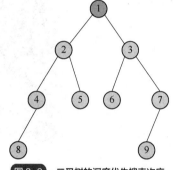

图 3-2　二叉树的深度优先搜索次序

深度优先搜索是一种在开发爬虫早期使用较多的方法。它的目的是要达到被搜索结构的叶节点（即那些不包含任何超链的 HTML 文件）。在一个 HTML 文件中，当一个超链被选择后，被链接的 HTML 文件将执行深度优先搜索，即在搜索其余的超链结果之前必须先完整地搜索单独的一条链。深度优先搜索沿着 HTML 文件上的超链走到不能再深入为止，然后返回到某一个 HTML 文件，再继续选择该 HTML 文件中的其他超链。当不再有其他超链可选择时，说明搜索已经结束。

深度优先搜索一般不能保证找到最优解。当深度限制不合理时，可能找不到解，可以将算法改为可变深度限制，即有界深度优先搜索。最坏情况时，搜索空间等同于穷举。如果目标节点不在搜索所进入的分支上，而该分支又是一个无穷分支，则得不到解，因此该算法是不完备的。

3.2.2 宽度优先搜索

宽度优先搜索（BFS）又称广度优先搜索，也是搜索算法的一种，它与深度优先搜索类似，从某个状态出发，搜索所有可以到达的状态。不同于深度优先搜索的是，广度优先搜索是一层层进行遍历的，因此需要用先入先出的队列而非先入后出的栈进行遍历。由于是按层次进行遍历，广度优先搜索是按照"广"的方向进行遍历的，也常常用来处理最短路径等问题。

如图 3-2 所示的二叉树结构，用广度优先搜索方式遍历二叉树的所有节点，假设左支优先于右支，则从根节点 1 开始，节点的遍历顺序为 1、2、3、4、5、6、7、8、9。

广度优先搜索其优点是，只要问题有解，则总可以得到解，而且是最短路径的解，因此该算法是完备的。其缺点是当目标节点距离初始节点较远时会产生许多无用的节点，搜索效率低。

深度优先搜索和广度优先搜索都是常用的图搜索算法，深度优先搜索和广度优先搜索都可以处理可达性问题，即从一个节点开始是否能达到另一个节点。以上两个例子都是在无向图的二叉树中进行的深度和广度优化搜索过程，有向图的深度优先搜索和广度优先搜索还需要考虑边的方向。深度优先搜索常用栈或递归的方式实现，广度优先搜索常用队列的方式实现。

3.2.3　回溯搜索

回溯搜索（回溯法）实际上是一个类似枚举的搜索尝试过程，主要是在搜索尝试过程中寻找问题的解。回溯法是一种选优搜索法，按选优条件向前搜索，以达到目标。但当探索到某一步时，发现原先选择并不优或达不到目标，就退回一步重新选择，满足回溯条件的某个状态的点称为"回溯点"。许多复杂的、规模较大的问题都可以使用回溯法，它有"通用解题方法"的美称，是一种系统地搜索问题的解的方法。

图 3-3 所示的是一个无向图，如果从 A 点发起深度优先搜索，则可能得到如下的一个访问过程：A→B→E（以下的访问次序并不是唯一的，第二个点既可以是 B 也可以是 C、D），按 A→B→E 搜索过程到达 E 处，发现没有路了，因此回溯到 A 点，访问过程为：A→C→F→H→G→D，最终回溯到 A。A 也没有未访问的相邻节点，本次搜索结束。在这个过程中，我们发现没有路时返回初始处，这种策略称为回溯。

按词语解释，回溯的意思是上溯，向上推导、向内推导，有追求根源或回想之意。比较形象来说可以用走迷宫做例子，大多数人使用回溯法，当走到一条死路，就往回退到前一个岔路，尝试另外一条，直到走出。

八皇后问题是回溯搜索的典型案例，是一个古老而著名的问题。如图 3-4 所示的国际象棋，如何能够在 8×8 的国际象棋棋盘上放置 8 个皇后，使其不能互相攻击，即任意两个皇后都不能处于同一行、同一列或同一斜线上，问有多少种摆法。

图 3-3　无向图的回溯搜索

图 3-4　八皇后求解

高斯认为有 76 种方案。1854 年在柏林的象棋杂志上不同的作者发表了 40 种不同的解，后来有人用图论的方法解出 92 种结果。如果经过±90°、±180°旋转，和对角线对称变换的摆法看成一类，共有 42 类。计算机发明后，有多种计算机语言编程可以解决此问题。八皇后问题如果用穷举法需要尝试 8^8=16777216 种情况。每一列放一个皇后，可以放在第 1 行、第 2 行、……、第 8 行。穷举的时候从所有皇后都放在第 1 行的方案开始，检验皇后之间是否会相互攻击。如果会，把列 H 的皇后挪一格，验证下一个方案。移到底就"进位"到列 G 的皇后挪一格，列 H 的皇后重新试过全部的 8 行。这种方法是非常低效率的，因为它并不是哪里有冲突就调整哪里，而是盲目地按既定顺序枚举所有的可能方案。

回溯法优于穷举法。将列 A 的皇后放在第一行以后，列 B 的皇后放在第一行已经发生冲突。这时候不必继续放列 C 的皇后，而是调整列 B 的皇后到第二行，继续冲突放第三行，不冲突了才开始进入列 C。如此可依次放下列 A 工 D 的皇后，将每个皇后往右边横向、斜向攻击的占位用叉标记，发现列 F 的皇后无处安身。这时回溯到列 E 的皇后，将其位置由第 4 行调整为第 8 行。进入列 F，发现皇后依然无处安身，再次回溯列 E。此时列 E 已经枚举完所有情况，回溯至列 D，将其由第 2 行移至第 7 行，再进入列 E 继续。按此算法流程最终找到解，成功在棋盘里放下了 8 个"和平共处"的皇后。继续找完全部的解共 92 个。

八皇后问题最早是由国际象棋棋手马克斯·贝瑟尔（Max Bezzel）于 1848 年提出。第一个解在 1850 年由弗朗兹·诺克（Franz Nauck）给出，并且将其推广为更一般的 n 皇后摆放问题：这时棋盘的大小变为 $n \times n$，而皇后个数也变成 n，当且仅当 $n = 1$ 或 $n \geq 4$ 时问题有解。

3.3 启发式搜索

启发式搜索（heuristically search）又称为有信息搜索（informed search），它是利用问题拥有的启发信息来引导搜索，达到减少搜索范围、降低问题复杂度的目的。简而言之，就是当搜索打出前几个字时，就会弹出一些你可能想要的东西了。

3.3.1 爬山算法

爬山算法（hill climbing algorithm）是一种简单直观的优化算法，适用于解决部分最优化问题。该算法从当前解的附近选择一个比当前解更优的解，然后更新当前解为新的解，并一直迭代直到达到山顶（最优解）或者无法再移动为止，如图 3-5 所示。

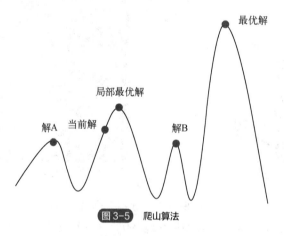

图 3-5　爬山算法

爬山算法属于启发式搜索，是寻找一个局部最优解的过程。爬山算法就像是在爬山一样，从当前的节点开始，和周围的邻居节点的值进行比较。如果当前节点是最大的那么返回当前节点，作为最大值（即山峰最高点）；反之就用最高的邻居节点来替换当前节点，从而实现向山峰的高处攀爬的目的。如此循环直到达到最高点。爬山算法的具体操作流程为以下步骤：

① 初始化：随机或者根据特定规则给定问题的初始解。

② 评估：计算当前解的质量，通常通过一个预先定义的评估函数来衡量。

③ 邻域搜索：在当前解的邻域中搜索，找出比当前解质量更好的解。

④ 选择：如果有更好的解，则移动到该解；否则，停止并返回当前解作为最终解。

⑤ 重复：重复步骤②～④，直到达到终止条件（如达到最大迭代次数、无法再改进）。

3.3.2　A 算法与 A*算法

A 算法是基于估价函数的一种加权启发式图搜索算法。其基本思想是设计一个与问题有关的估价函数 $f(n) = g(n) + h(n)$，然后按 $f(n)$ 值的大小排列待扩展状态的次序，每次选择 $f(n)$ 值最小的状态进行扩展。其中，$g(n)$ 表示从 s 到 n 点费用的估计，因为 n 为当前节点，搜索已达到 n 点，所以 $g(n)$ 可计算出；$h(n)$ 表示从 n 到 g 接近程度的估计，因为尚未找到解路径，所以 $h(n)$ 仅仅是估计值。

$g(n)$：从 s 到 n 的最短路径的耗散值；

$h(n)$：从 n 到 g 的最短路径的耗散值；

$f(n)=g(n)+h(n)$：从 s 经过 n 到 g 的最短路径的耗散值；

$g^*(n)$、$h^*(n)$、$f^*(n)$ 分别是 $g(n)$、$h(n)$、$f(n)$ 的估计值。

打个比方，从 n 走到目的地，那么 $h(n)$ 就是目测大概要走的距离，$h^*(n)$ 则是 n 到目的地的路径的最小估计代价。

特殊说明：

① 若令 $h(n)=0$，则 A 算法相当于宽度优先搜索，因为上一层节点的搜索费用一般比下一层的小。

② $g(n)=h(n)=0$，则相当于随机算法。

③ $g(n)=0$，则相当于最佳优先搜索算法。

④ 当要求 $h(n) \leqslant h^*(n)$ 时，就称这种 A 算法为 A*算法。

A 算法被广泛应用于路径优化领域。它的独特之处在于检查最短路径中每个可能的节点时引入了全局信息，对当前节点距终点的距离做出估计，并作为评价该节点处于最短路线上的可能性的量度。

A*算法则是对 A 算法进行了优化，让 $h(n) \leqslant h^*(n)$，对 $h(n)$ 进行了限制，是优化版的 A 算法。A*算法是由著名的人工智能学者尼尔森（Nilsson）提出的，它是目前最有影响的启发式图搜索算法，也称为最佳图搜索算法。

A*算法是一种加上一些约束条件的最佳优先算法。当状态空间较大时，希望能够求解出状态空间搜索的最短路径，即用最快的方法求解问题，A*算法正是基于这种思想。算法采用估价函数，对各个节点进行评估以确定最有可能到达目标的节点，即"最佳节点"，从而极大地简化了对状态空间的搜索过程，使其能快速求解出一条最佳路径。估价函数的合理性直接决定 A*算法的执行效率，合理的估价函数能极大提高算法效率。

目前 A*算法广泛应用于驾车路线最优设计，节点 n 到目标的最短路径的启发值 $h^*(n)$ 可由第 n 个节点的经纬度和目标点的经纬度通过距离计算得到。

3.3.3　模拟退火算法

模拟退火算法来源于固体退火原理，是一种基于概率的算法。如图 3-6 所示，左图物体处于非晶体状态。将固体加温至充分高（中图），再让其徐徐冷却，也就是退火（右图）。加温时，固体内部粒子随温升变为无序状，内能增大，而徐徐冷却时粒子渐趋有序，在每个温度都达到平衡态，最后在常温时达到基态，内能减为最小，此时物体以晶体形态呈现。

图3-6　物体以晶体形态呈现的过程

在热力学上，退火现象指物体逐渐降温的物理现象，温度越低，物体的能量状态会越低；达到足够低后，液体开始冷凝与结晶，在结晶状态时，系统的能量状态最低。大自然在缓慢降温（亦即退火）时，可"找到"最低能量状态：结晶。似乎大自然知道慢工出细活：缓缓降温，使得物体分子在每一温度时，能够有足够时间找到安顿位置，则逐渐地，到最后可得到最低能态，系统最安稳。

模拟退火（simulated annealing，SA）算法最早的思想是由梅特罗波利斯（Metropolis）等人于1953年提出的。1983年，柯克帕特里克（Kirkpatrick）等成功地将退火思想引入组合优化领域。它是基于 Monte-Carlo 迭代求解策略的一种随机寻优算法，其出发点是基于物理中固体物质的退火过程与一般组合优化问题之间的相似性。模拟退火算法从某一较高初温出发，伴随温度参数的不断下降，结合概率突跳特性在解空间中随机寻找目标函数的全局最优解，即在局部最优解能概率性地跳出并最终趋于全局最优。模拟退火算法是一种通用的优化算法，理论上算法具有概率的全局优化性能，目前已在工程中得到了广泛应用，诸如 VLSI、生产调度、控制工程、机器学习、神经网络、信号处理等领域。

模拟退火算法可分为如下四个步骤：

第一步是由一个产生函数从当前解产生一个位于解空间的新解。为便于后续的计算和接受，减少算法耗时，通常选择由当前新解经过简单变换即可产生新解的方法，如对构成新解的全部或部分元素进行置换、互换等，产生新解的变换方法决定了当前新解的邻域结构，因而对冷却进度表的选取有一定的影响。

第二步是计算与新解所对应的目标函数差。因为目标函数差仅由变换部分产生，所以目标函数差的计算最好按增量计算。事实表明，对大多数应用而言，这是计算目标函数差的最快方法。

第三步是判断新解是否被接受。判断的依据是一个接受准则，最常用的接受准则是 Metropolis 准则：若 $\Delta T < 0$ 则接受 S' 作为新的当前解 S，否则以概率 $\exp(-\Delta T/T)$ 接受 S' 作为新的当前解 S。

第四步是当新解被确定接受时，用新解代替当前解。这只需将当前解中对应于产生新解时的变换部分予以实现，同时修正目标函数值即可。此时，当前解实现了一次迭代。可在此基础上开始下一轮试验。而当新解被判定为舍弃时，则在原前解的基础上继续下一轮试验。

搜索是人工智能的一个基本问题，是推理不可分割的一部分。一个问题的求解过程其实就是搜索过程，搜索就是求解问题的一种方法。

3.4　推理

3.4.1　推理概述

（1）推理的基本概念

人们在对各种事物进行分析、综合并最后做出决策时，通常是从已知的事实出发，通过运用已掌握的知识，找出其中蕴含的事实，或归纳出新的事实，这一过程通常称为推理。

如图 3-7 所示，在医疗诊断专家系统中，专家的经验及医学常识以某种表示形式存储于知识库中。为患者诊治疾病时，推理机就是从存储在综合数据库中的患者症状及化验结果等初始证据出发，按某种搜索策略在知识库中搜寻可与之匹配的知识，推出某些中间结论，然后再以这些中间结论为证据，在知识库中搜索与之匹配的知识，推出进一步的中间结论，如此反复进行，直到得出最终结论，即患者的病因与治疗方案为止。

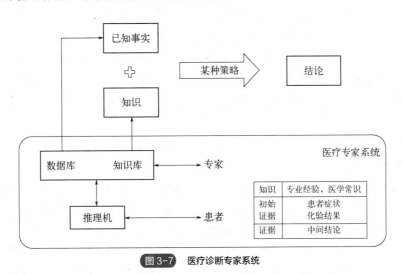

图 3-7　医疗诊断专家系统

在人工智能系统中，推理是由程序实现的，称为推理机。推理是从初始证据出发，按某种策略不断运用知识库中的已知知识，逐步推出结论的过程。已知事实和知识是构成推理的两个基本要素。已知事实又称为证据，用以指出推理的出发点及推理时应该使用的知识；而知识是使推理得以向前推进，并逐步达到最终目标的依据。

（2）推理的分类

人类的智能活动有多种思维方式。人工智能作为对人类智能的模拟，相应地也有多种推理方式。下面分别从不同的角度对它们进行分类。

① 按推出结论的过程分类。从推出结论的过程来划分，推理可分为演绎推理、归纳推理和默认推理。演绎推理是从全称判断推导出单称判断的过程。归纳推理是从足够多的事例中总结出一般性结论的推理过程，是一种从个别到一般的推理。默认推理又称为缺省推理，是指在条件不完备的情况下假设某些条件已经成立，然后进行推理。

② 按所用知识确定性分类。按推理时所用的知识来划分，推理可分为确定性推理和不确定性推理。确定性推理是指所用的知识与证据都是确定的，那么推出的结论也是确定的。如在推理中所用的知识都是精确的，即可以把知识表示成必然的因果关系，然后进行逻辑推理，推理的结论或者为真，或者为假，这种推理就称为确定性推理。不确定性推理是指所用的知识与证据不都是确定的，自然推出的结论也是不确定的。在人类知识中，有相当一部分属于人们的主观判断，是不精确的和含糊的。由这些知识归纳出来的推理规则往往是不确定的，基于不确定的推理规则进行推理，形成的结论也是不确定的，这种推理称为不确定性推理。

③ 按推理过程中的单调性分类。按推理过程中推出的结论是否越来越接近最终目标来划分，可分为单调推理和非单调推理。单调推理就是在推理过程中随着推理向前推进以及新知识的加入，推出的结论会越来越接近最终目标。非单调推理就是在推理过程中由于新知识的加入，不仅没有加强已推出的结论，反而要否定它，使推理退回到前面的某一步，然后重新开始。一般非单调推理是在知识不完全的情况下进行的，由于知识不完全，为使推理进行下去，就要先做某些假设，并在此假设的基础上进行推理。当后来由于新知识的加入发现原先的假设不正确时，就需要推翻该假设以及以此假设为基础的一切结论，再用新知识重新进行推理。

④ 按推理过程是否运用启发性知识分类。按推理中是否运用与问题有关的启发性知识可分为启发式推理、非启发式推理。如果在推理过程中，运用与问题有关的启发性知识，即解决问题的策略、技巧及经验，以加快推理过程，提高搜索效率，这种推理过程称为启发式推理。如果在推理过程中，不运用启发性知识，只按照一般的控制逻辑进行推理，这种推理称为非启发式推理。这种方法缺乏对求解问题的针对性，所以推理效率较低，容易出现"组合爆炸"问题。

（3）推理策略

根据推理方向的不同，可将推理策略分为正向推理、反向推理和正反向混合推理。

① 正向推理。正向推理（事实驱动推理）是由已知事实出发向结论方向的推理。基本思想是系统根据用户提供的初始事实，在知识库 KB 中搜索能与之匹配的规则即当前可用的规则，构成可适用的规则集 RS；然后按某种冲突解决策略从 RS 中选择一条规则进行推理，并将推出的结论作为中间结果加入数据库 DB 中作为下一步推理的事实；在此之后，再在知识库中选择可适用的知识进行推理；如此重复进行这一过程，直到得出最终结论或者知识库中没有可适用的知识为止。图 3-8 所示为正向推理流程图。

正向推理简单、易实现，但目的性不强，效率低，需要用启发性知识解除冲突并控制中间结果的选取，其中包括必要的回溯。由于不能反推，系统的解释功能受到影响。

② 反向推理。反向推理是以某个假设目标作为出发点的一种推理，又称为目标驱动推理或逆向推理。反向推理的基本思想是首先提出一个假设目标，然后由此出发，进一步寻找支持该假设的证据，若所需的证据都能找到，则该假设成立，推理成功；若无法找到支持该假设的所有证据，则说明此假设不成立，需要另作新的假设。

与正向推理相比，反向推理的主要优点是不必使用与目标无关的知识，目的性强，同时它还有利于向用户提供解释。反向推理的缺点是在选择初始目标时具有很大的盲目性，若假设不正确，就有可能要多次提出假设，影响了系统的效率。反向推理比较适合结论单一或直接提出结论要求证实的系统。图 3-9 所示为反向推理流程图。

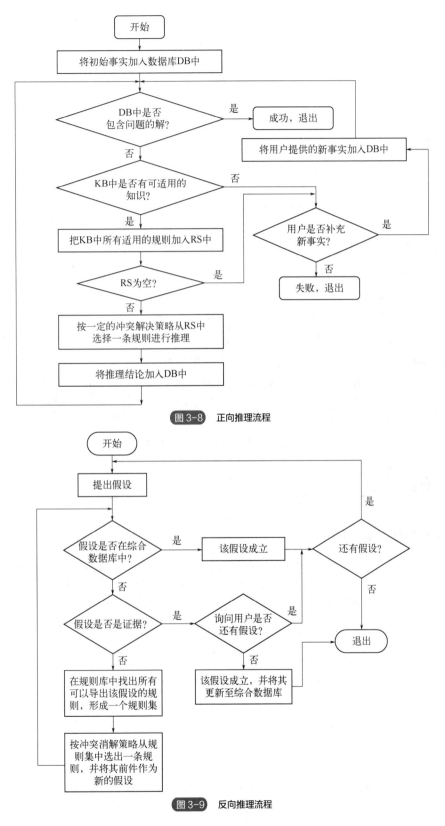

图 3-8 正向推理流程

图 3-9 反向推理流程

③ 正反向混合推理。正反向混合推理的一般过程是：先根据初始事实进行正向推理以帮助

提出假设，再用反向推理进一步寻找支持假设的证据，反复这个过程，直到得出结论为止。正反向混合推理集中了正向推理和反向推理的优点，但其控制策略相对复杂。

3.4.2 演绎推理

（1）概念

在教育工作中，依据一定的科学原理设计和进行教育与教学实验等，均离不开演绎推理。所谓演绎推理，就是从一般性的前提出发，通过推导即"演绎"，得出具体陈述或个别结论的过程。形式有三段论、假言推理和选言推理等。

（2）规则

三段论是演绎推理的一般模式，包含三个部分：大前提，即已知的一般原理；小前提，即所研究的特殊情况；结论，即根据一般原理，对特殊情况作出判断，如图 3-10 所示。

M—P (M是P)	（大前提）
S—M (S是M)	（小前提）
S—P (S是P)	（结论）

图 3-10　三段论基本组成

结论中的主项叫作小项，用"S"表示；结论中的谓项叫作大项，用"P"表示；两个前提中共有的项叫作中项，用"M"表示。在三段论中，含有大项的前提叫大前提，含有小项的前提叫小前提，三段论推理是根据两个前提所表明的中项 M 与大项 P 和小项 S 之间的关系，通过中项 M 的媒介作用，从而推导出确定小项 S 与大项 P 之间关系的结论。

例如：知识分子都是应该受到尊重的，人民教师都是知识分子，所以，人民教师都是应该受到尊重的。其中，"人民教师"为 S；"应该受到尊重"为 P；"知识分子"为 M。

3.4.3 归纳推理

（1）归纳推理的概念

平面内直角三角形内角和是 180°，锐角三角形内角和是 180°，钝角三角形内角和是 180°。直角三角形、锐角三角形和钝角三角形是全部的三角形，所以平面内的一切三角形内角和都是 180°，如图 3-11 所示。这个例子从直角三角形、锐角三角形和钝角三角形内角和分别都是 180° 这些个别性知识，推出了一切三角形内角和都是 180° 这样的一般性结论，就属于归纳推理。

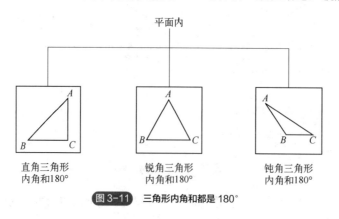

图 3-11　三角形内角和都是 180°

归纳推理属于逻辑学范畴，是一种由个别到一般的推理，由一定程度的关于个别事物的观点过渡到范围较大的观点，由特殊具体的事例推导出一般原理、原则。自然界和社会中的"一般"都存在于"个别"之中，即存在于具体的对象和现象之中，因此只有通过认识"个别"才能认识"一般"。

（2）归纳推理的规则

传统上根据所考察对象范围的不同，把归纳推理规定分为完全归纳推理和不完全归纳推理。完全归纳推理，在推理时考虑了相应事物的全部对象，并根据这些对象是否具有某种属性，从而推出这个事物是否具有这种属性。不完全归纳推理则仅仅考察了某类事物的部分对象。

我们可以用归纳角度来说明归纳规律中前提对结论的支持度，支持度小于50%的，则称该推理是归纳弱的；支持度小于100%但大于50%的，称为是归纳强的。归纳推理中只有完全归纳推理的前提对结论的支持度达到100%。从总体上说，不完全归纳推理的结论超出了前提的范围。因此可以说，归纳推理是一种扩展性推理。也就是说，归纳推理的前提同结论之间的联系不是必然的，即在其前提都真实的情况下，其结论依然可能是假的。归纳推理不存在线性关系，推理过程中涉及的事物之间的关系需要我们深入分析和概括才能得出共同点。这种过程不仅考验知识的厚度，还依靠我们对事物理解的深度。

3.5　八数码状态搜索案例

3.5.1　案例描述

在一个3×3九宫格内摆有八个棋子，每个棋子上标有1至8的某一数字，不同棋子上标的数字不相同。棋盘上还有一个空格，只能通过棋子向空格的移动来改变棋盘的布局。给出一个初始状态和一个目标状态，如图3-12所示，如何移动棋子才能从初始节点移动到目标节点，找到合法的走步序列。

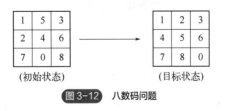

（初始状态）　　　　　（目标状态）

图 3-12　八数码问题

3.5.2　分析搜索过程

我们常用的状态空间搜索法有深度优先搜索和宽度优先搜索以及 A 算法或者 A*算法。宽度优先搜索是从初始层向下寻找，直到找到目标为止。这种搜索是逐层进行的，必须完成本层节点的所有搜索才能进入下一层搜索。而深度优先搜索是优先按照从左至右顺序查找完一个分支，再向右查找另一个分支，直至找到目标为止。这两种搜索方式都属于盲目搜索，没有根据当前棋盘的布局来动态地调整下一步搜索的策略。为此我们需要计算出两个矩阵的差异度，将处在两个矩阵相同的位置的元素进行比较，数字相符记为 0，不符记为 1，可以得到该矩阵的差异度为 5；第二种判断矩阵差异度的方法是计算元素移动到目标位置所需的最短步数，可得到差异度为 6。两种方法都会得到一个差异度值，相应的搜索时间都会随着深度的增加而增加，我们的目标是尽量减少搜索的时间，即减少搜索深度。启发式搜索中的 A 算法或者 A* 算法可以优化这一过程，记当前的搜索深度为 d，那么 d 越小越好。同时，我们又希望剩余搜索深度 g 越小越好，所以我们整体的目标就可以转化为 $d+g$ 越小越好。因此，对每一个状态都计算 $f=d+g$，选取 f 最小的那个节点，让它作为下次迭代的首选节点。同时，我们要先确保扩展当前层的状态，然后才能扩展下一层的状态。这种按层级扩展的方式确保我们能够找到最短路径。

每种算法都有不同场景的用武之地，下面以深度优先搜索算法为例解决八数码问题。

3.5.3　案例实践——使用 Python 解决八数码难题

Python 版本：Python3 及以上；运行环境：PyCharm。

利用 Python 语言进行程序编写，程序节选如图 3-13、图 3-14 所示。主程序调用 numpy 库，定义 f 如图 3-13 所示。

```
1   import numpy as np
2
3
4   class State:
5       def __init__(self, state, directionFlag=None, parent=None, f=0):
6           self.state = state
7           self.direction = ['up', 'down', 'right', 'left']
8           if directionFlag:
9               self.direction.remove(directionFlag)
10          self.parent = parent
11          self.f = f
12
13      def getDirection(self):
14          return self.direction
15
16      def setF(self, f):
17          self.f = f
18          return
```

图 3-13　程序节选 1

```
50      def nextStep(self):
51          if not self.direction:
52              return []
53          subStates = []
54          boarder = len(self.state) - 1
55          # 获取0点位置
56          x, y = self.getZeroPos()
57          # 向左
58          if 'left' in self.direction and y > 0:
59              s = self.state.copy()
60              tmp = s[x, y - 1]
61              s[x, y - 1] = s[x, y]
62              s[x, y] = tmp
63              news = State(s, directionFlag='right', parent=self)
64              news.setF(news.getFunctionValue())
65              subStates.append(news)
66          # 向上
```

图 3-14　程序节选 2

在 PyCharm 集成开发环境下运行程序文件，运行结果如图 3-15 所示。

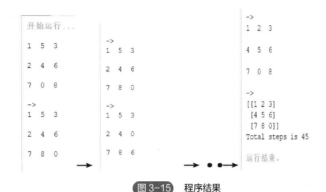

图 3-15 程序结果

本章小结

搜索：利用计算机性能穷举问题解空间的方法，用于找到问题解的动作序列。

推理：从已知事实出发，通过知识运用，找出蕴含事实或归纳新事实的过程。

盲目搜索：盲目搜索不依赖于问题域的额外信息，包括深度优先搜索和宽度优先搜索等。

启发式搜索：启发式搜索利用问题域的启发信息引导搜索过程，缩小搜索范围。

爬山算法：是一种局部最优解的搜索方法，通过迭代寻找更优解。

推理分类：演绎推理、归纳推理和默认推理，确定性推理和不确定性推理等。

推理策略：包括正向推理、反向推理和正反向混合推理。

思考题

（1）简述搜索算法在人工智能中的作用及其重要性。

（2）比较深度优先搜索和宽度优先搜索的优缺点。

（3）描述启发式搜索算法如何提高搜索效率。

习题

扫码查看参考答案

（1）适合用回溯法解决的问题是（　　　）。

　　A．走迷宫　　　B．八皇后问题　　　C．四色问题　　　D．鸡兔同笼问题

（2）回溯法是在问题的解空间中按（　　　）策略从根节点出发搜索的。

　　A．广度优先　　B．活节点优先　　　C．扩展节点优先　　D．深度优先

第二篇

人工智能
应用案例分析

人工智能技术与应用（案例版）

第4章

人工智能在制造业的应用

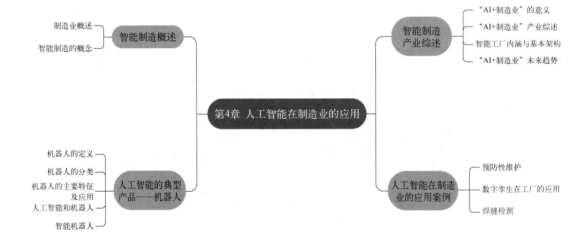

本章思维导图

本章学习目标

（1）了解智能制造的含义和意义；
（2）了解人工智能在制造业的典型应用；
（3）了解智能工厂的架构；
（4）熟悉机器人的定义、分类及应用。

近年来，随着科技的不断发展，我国智能制造领域突飞猛进。截至 2023 年底，我国已培育 421 家国家级智能制造示范工厂，如图 4-1 所示的智能工厂就是其中之一。2023 年，我国智能车载设备制造、智能无人飞行器制造的增加值分别增长 60.0%、20.5%。越来越多传统型工业制造企业开始加入智能工厂建设的行列，以此来推动工业制造业向数字化、网络化、智能化方向发展，从根本上变革制造业生产方式和资源组织模式，从而实现智能制造。目前，我国已经傲然跻身全球最大智能制造应用市场的前列。

图 4-1　智能工厂

走进智能工厂，随处可见人工智能技术在工厂的落地，人工智能的应用十分广泛。除了各种智能机器人的应用，机器视觉检测也是人工智能的重头戏之一。工人或机器人可以使用相机或传感器进行各种类型的检测，如产品质量检测、目标检测和识别、测量、颜色和纹理分析、位置和运动检测等，这可以避免传统的人工检测所带来的误差和不集中，更能确保产品的质量和安全。

随着人工智能技术在工业制造领域的深入应用，越来越多的制造行业开始发掘人工智能的巨大潜力，从农业到汽车工业，从医药到轻工制造，人工智能技术正日益渗透到各个行业，带来的自动化、智能化和高效化变革，不仅大幅提升了生产效率，更在质量控制、供应链优化等方面展现出巨大潜力。在农业领域，人工智能技术已经开始助力精准农业的实践。通过无人机、卫星遥感等技术手段，实现对农田的实时监控和数据收集，再结合机器学习算法，对土壤、气候等因素进行分析，为农民提供精准的种植建议。这不仅减少了化肥和农药的过量使用，还提高了农作物的产量和质量。汽车工业作为典型的重工业代表，对人工智能技术的应用更是深入骨髓。从自动驾驶技术的研发到智能生产线的构建，人工智能都扮演着关键角色。例如，通过深度学习技术，自动驾驶汽车能够实现对复杂交通环境的准确感知和快速响应，大大提高了行车的安全性。而在生产线上，通过智能调度和质量控制，可以确保每一辆汽车都达到最高的品质标准。服装和轻工制造行业同样受益于人工智能技术的普及。在服装设计环节，人工智能可以通过分析市场趋势和消费者喜好，为设计师提供创意灵感。而在生产过程中，通过智能设备和数据分析，可以实现精准的生产计划和物料管理，减少浪费并提高生产效率。人工智能将为工业制造带来更多的创新和变革。

本章先介绍智能制造的含义，然后介绍智能工厂相关技术及架构，接着讨论人工智能典型产品——机器人的含义、类型及应用，重点介绍智能机器人的基本原理，最后介绍人工智能在制造业的应用案例。

4.1　智能制造概述

随着人工智能技术的发展，人们的生产生活都在悄然发生变化。近几年常听说的"AI+"是什么呢？通俗来说，"AI+"就是"AI+各个行业"，但这并不是简单的两者相加，是让人工智能（AI）与传统行业、新型行业进行深度融合，创造新的发展生态。将"人工智能"作为当前行业科技化发展的核心特征并提取出来，与工业、商业、金融业等行业全面融合，推动经济形态不断发生演变，这被列入战略性新兴产业发展行动。

在工业制造领域，利用人工智能技术优化工业制造流程进行质检，实现智能制造。在金融领域，利用人工智能技术进行风险控制、投资决策、反欺诈等操作，提高金融服务的精准度和时效性。在医疗卫生领域，利用人工智能技术实现疾病预测、影像诊断、精准医疗和健康管理。随着老龄化社会的到来，"AI+健康与养老"等成为热点。

"AI+"的应用范围非常广泛，正在改变着传统产业，提高生产效率和服务质量的同时，也在推动各个行业的创新和发展，形成新的业态和产业。

4.1.1　制造业概述

（1）制造业概念

制造业是指机械工业时代利用某种资源，如物料、能源、设备、工具、资金、技术、信息和人力等，按照市场要求，通过制造过程，转化为可供人们使用和利用的大型工具、工业品与生活消费产品的行业。

制造业是产业链、供应链体系的重要构成，外部与农业、服务业等产业领域关联互动，内部涵盖了从原材料、中间产品到最终产品生产与流通的一系列环节。制造业是国民经济的主体，是立国之本、兴国之器、强国之基。

19世纪工业革命以来，全球制造业先后经历了由英国、美国转移到日本、德国，之后又由欧美国家和日本转移到"亚洲四小龙"，再转移到中国的发展历程。全球制造业围绕美、德、中、日、韩等制造业大国，通过与周边国家产业链供应链合作，形成了各具特色和优势的全球制造业"三大中心"。一是以美国为核心，辐射带动加拿大和墨西哥的北美制造业中心。作为世界上最发达的工业国家之一，美国2021年制造业增加值为2.5万亿美元，占GDP的比重为10.7%，占全球制造业增加值比重为15.3%，位居全球第二。二是以德国为核心，辐射带动法国、英国等老牌发达国家的欧洲制造业中心。这一制造业中心不仅是近代工业革命的发源地，制造业历史底蕴雄厚，同时也因为拥有数量众多的中小企业，为欧洲制造业的创新发展注入了充足活力。三是以中、日、韩为核心，辐射带动东南亚、南亚等国家的亚洲制造业中心。

2021 年，中国制造业增加值规模达 31.4 万亿元，占 GDP 比重达 27.4%。自 2010 年以来，中国制造业增加值已连续 12 年位居世界第一。2021 年，中国全国规模以上工业增加值增长9.6%，比 2020 年提高 6.8 个百分点，两年平均增长 6.2%。中国是联合国标准下工业门类最全、配套最为完整的国家，有 220 多种工业产品产量居世界第一位，电子电气设备等中高端产业在全球分工中的地位加速提升，制造业规模连续 13 年居世界首位，占全球比重已超 30%，是全球供应链世界工厂。

（2）制造业分类

根据在生产中使用的物质形态，制造业可划分为离散制造业和流程制造业。

流程制造业，又称为流程工业或过程工业，是指通过混合、分离、成型或化学反应使原料增值的行业，主要包括化工、冶金、石油、电力、橡胶、制药、食品、造纸、塑料、陶瓷等行业。如图 4-2 所示的石化行业，是典型的流程制造业。

图 4-2　流程制造业的石化行业

流程制造业中的企业又可细分为批制造流程企业、大量制造流程企业和连续制造流程企业。批制造流程企业比如制药和食品企业等，这种企业对原材料和产成品的批次控制要求十分严格，物料在库房和加工现场都有明确的批次标识并隔离存放，在企业生产加工的各个环节，都要同时制订物料号和批号，批号和物料号被用来共同确认产品。大量制造流程企业，比如冶金企业，生产规模庞大。连续制造流程企业，比如化工企业，生产在时间上、空间上连续进行，原材料连续投入、产品连续产出，中间无间断，除定期的设备检修及意外事故外，生产线不停工。连续流程制造一般只生产某一种或固定的几种产品，除非进行大型的工艺改进，否则不能改变产品的生产类型、工艺参数及原材料类型。

流程工业所包括的石油、化工、钢铁、有色、建材等基础原材料行业，是国民经济的支柱和基础产业，也是世界制造大国经济持续增长的重要支撑力量。经过数十年的发展，中国流程工业的生产工艺、装备及自动化水平都得到了大幅度提升，目前中国已成为世界上门类最齐全、规模最庞大的制造大国，且部分工业的装备水平与发达国家的装备相当，甚至更先进。

离散制造业，又称为离散工业，主要是通过改变原材料物理形状、组装成产品，使其增值。它主要包括机械加工、组装型行业，典型产品有汽车（图 4-3）、计算机、日用器具等。这类企业生产的产品相对较为复杂，产品品种和系列较多，过程控制更为复杂和多变。例如火箭、飞机、武器装备、船舶、电子设备、机床、汽车等制造企业，都属于离散制造型企业。如图 4-4 所示，制造车间（生产线）的主要活动，除了基本的加工/装配活动外，还涉及物料配送、质量管控、生产跟踪、设备维护等业务活动。离散工业也可再进一步划分为大批量生产和多品种小批量生产两种生产模式。据统计，我国机械制造业 95%左右的企业属于多品种小批量生产这种生产模式，而且客户需求多样化使得多品种小批量愈来愈成为离散制造业的主流模式，同时自动化技术的发展也使得这种模式在更多企业的实现成为可能。

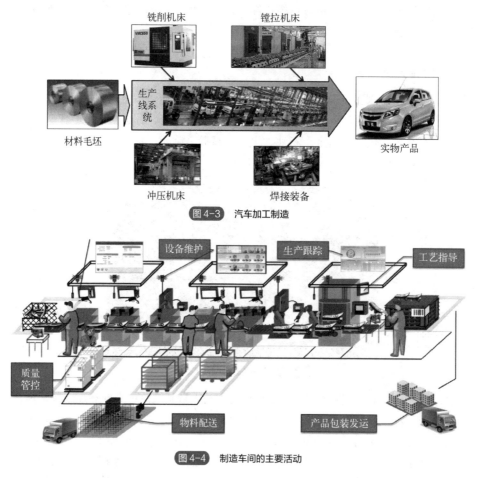

图 4-3　汽车加工制造

图 4-4　制造车间的主要活动

　　制造业直接体现了一个国家的生产力水平，是区别发展中国家和发达国家的重要因素，制造业在发达国家的国民经济中占有重要份额。统计表明，在工业化国家中约 70%的社会财富是制造业创造的，约 45%的国民经济收入也来自制造业，如美国 68%的社会财富就来自制造业。纵观世界各国的发展历程可以发现，如果一个国家的制造业发达，它的经济必然强大，国家的综合实力也得以提升。

4.1.2　智能制造概念

　　智能制造，源于人工智能的研究，包含智能制造技术和智能制造系统。智能制造是借助计算机收集、存储、模拟人类专家的制造智能，进行制造各环节的分析、判断、推理、构思和决策，取代或延伸制造环境中人的部分脑力劳动，实现制造过程、制造系统与制造装备的智能感知、智能学习、智能决策、智能控制与智能执行。

毫无疑问，智能化是制造自动化的发展方向。在制造过程的各个环节几乎都广泛应用人工智能技术。智能制造其实并没有一个十分官方的定义，每个国家对于智能制造的定义可能存在一定的区别。

美国的智能制造创新研究院对智能制造的定义是：智能制造是先进传感、仪器、监测、控制和过程优化的技术和实践的组合，它们将信息和通信技术与制造环境融合在一起，实现工厂和企业中能量、生产率、成本的实时管理。

德国"工业 4.0"的内涵就是数字化、智能化、人性化、绿色化，包含了智能制造的定义。产品的大批量生产已经不能满足客户个性化定制的需求，要想使单件小批量生产能够达到大批量生产同样的效率和成本，需要构建可以生产高精密、高质量、个性化智能产品的智能工厂。

中国关于智能制造定义为：基于新一代信息技术，贯穿设计、生产、管理、服务等制造活动各个环节，具有信息深度自感知、智慧优化自决策、精准控制自执行等功能的先进制造过程、系统与模式的总称。

国际金融危机后，世界各国不约而同地将制造业作为经济发展的重中之重，美、英、德、法等国家先后发布了"先进制造业国家战略""工业 4.0""英国工业 2050"和"新工业法国"计划，印度出台了"印度制造"，韩国制定了"未来增长动力落实计划"等。2015 年 5 月，国务院印发《中国制造 2025》，提出了"三步走"战略目标、九大战略任务、五大工程、十个重点领域。《中国制造 2025》是我国实施制造强国战略的第一个十年行动纲领。智能制造是全球制造业发展的大趋势。为巩固在全球制造业中的地位，抢占制造业发展的先机，主要发达国家积极发展智能制造，制定智能制造战略。

智能制造正在世界范围内兴起。它是制造技术发展，特别是制造信息技术发展的必然，是自动化和集成技术向纵深发展的结果。智能装备面向传统产业改造提升和战略性新兴产业发展需求，重点包括智能仪器仪表与控制系统、关键零部件及通用部件、智能专用装备等。它能实现各种制造过程自动化、智能化、精益化、绿色化，带动装备制造业整体技术水平的提升。

4.2　智能制造产业综述

4.2.1　"AI+制造业"的意义

"AI+制造业"的意义，这一问题可以理解为制造业为什么转型，或制造业对人工智能的需求。制造业的人工智能系统是一种由智能机器和人类专家共同组成的人机一体化智能系统，它在制造过程中能进行智能活动，诸如分析、推理、判断、构思和决策等。通过人与多种信息化、智能化技术的合作共事，去扩大、延伸和部分地取代人类专家在制造过程中的脑力劳动。它把制造自动化的概念更新，扩展到柔性化、智能化和高度集成化。毫无疑问，与智能技术的结合是制造业的发展方向，在制造过程的各个环节几乎都广泛应用各种智能技术，比如设计过程的智能化。将设计目标、材料、制造方法和成本限制的参数输入智能化设计软件中，用软件探索解决方案的所有可能的排列，并快速"生成"设计备选方案。利用机器学习来测试和学习，从而确定每次迭代中哪些方案是有效的。

人工智能应用到制造业的意义有如下几方面：

① 制造业为人工智能技术落地提供丰富的应用场景，促进新经济增长。

制造业是人工智能应用场景最具潜力的领域。有研究发现，人工智能的应用可为制造商降低最高 20%的加工成本，而这种减少最高有 70%源于更高的劳动生产率。到 2030 年，因人工智能的应用，全球将新增 15.7 万亿美元 GDP，中国占 7 万亿美元；到 2035 年，人工智能将推动劳动生产力提升 27%，推动制造业 GDP 达 27 万亿美元。

中国作为制造业大国，为人工智能提供了丰富的应用场景。2016 年，全球人工智能及相关技术的制造业应用市场约为 1.2 千亿美元，人工智能在中国制造业的市场规模有望在 2025 年超过 140 亿元人民币，如图 4-5 所示。

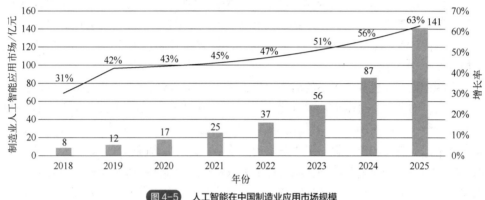

图 4-5　人工智能在中国制造业应用市场规模

中国制造业转型升级为中国人工智能发展提供广阔平台。一方面，低技术含量，尤其第二产业中常规处理、可编程任务的工作将首先被人工智能替代。中国制造业在转型升级的过程中，重复性、规则性、可编程性较高的工作内容将逐步由协同智能化工业机器人完成。另一方面，人工智能促进制造业研发、生产、运输、仓储服务等环节的智能化，与工业互联网叠加，创造出更多高质量的就业岗位，产生更多具有商业价值的新场景。

② 人工智能支持制造业产品、流程及商业模式创新，满足社会需求。

当前主流的制造业生产方式以流水线生产为标志，在这种模式下，企业竞争策略主要是产品多样化策略和成本控制策略。受限于标准化生产过程，消费者日益增长的个性化需求难以被精准满足。随着消费升级，制造业提高供给质量的必要性、迫切性不断增加。

在人工智能技术的引领下，刚性生产系统转向可重构的柔性生产系统，客户需求管理能力的重要性不断提升，制造业从以产品为中心转向以用户为核心。大规模生产转向规模化定制生产，数据要素的附加值提高，生产者主导的经济模式转向消费者主导的经济模式，满足消费者个性化需求成为企业的重要竞争策略，逐渐替代以往企业依靠规模经济来降低成本的竞争策略。

人工智能还将帮助中国制造业应对产业链外迁的风险。产业链外迁通常意味着企业搬离、就业流失、税收下降，以服装为代表的制造业比较优势开始下降，行业规模以下企业众多，被动加速产业转移，由此引发居民收入下降和农民工失业风险，这些风险需要积极应对。中国需要加大基础研发力度，发展高技术制造业，推进制造业服务化，以人工智能赋能产业数字化转型，使产业拥有自己护城河的同时，增加居民收入和拉动就业。

③ 抢占新工业革命"智"高点，重构国际分工。

在全球制造业的价值分配链中，中国并未占领技术研发、产品设计、高附加值服务等产业链上的高价值部分，而借助人工智能可以加速中国向产业价值链高端攀升。

生成式设计利用人工智能缩短设计周期，是目前比较受欢迎的产品研发设计方式。它根据既定目标和约束条件，利用算法探索各种可能的设计解决方案。在生产制造方面，人工智能可以为制造企业提供视觉检测、自动控制、智能化校准以及问题根源分析等解决方案。推动制造业装备创新，减少制造业自动化对美、德、日技术和设备的依赖。高附加值服务方面，人工智能可协助产业实现制造创新、管理创新和商业模式创新，推动制造业企业向集成服务商转变。

4.2.2　"AI+制造业"产业综述

人工智能经过 60 多年的演进，已发展成多学科高度交叉的复合型综合性学科，涵盖计算机视觉、自然语言理解、语音识别与生成、机器人学、认知科学等领域的研究。

人工智能与制造业融合，是指将人工智能技术应用到制造业，使制造业在数字化和网络化的基础上，实现机器的自动反馈和自主优化。从"AI+制造业"的视角理解，其产业结构包含三层，如图 4-6 所示。

图 4-6　"AI+制造业"产业结构

基础层是不可或缺的软硬件资源，包括人工智能芯片、工业机器人、工业物联网，提供人工智能技术在制造业应用所需的软硬件资源。

技术平台层是问题导向而非数据导向，包括公有制造云、制造业大数据、制造业人工智能算法，即基于数据和网络，开发设计人工智能算法。

应用层是让人工智能去做擅长的事情，利用人工智能技术在制造业生产和服务的各个环节创造价值。

智能制造是人工智能技术与制造技术的结合，其面向产品全生命周期，以新一代信息技术为基础，以制造系统为载体，在其关键环节或过程，具有一定自主性的感知、学习、分析、预测、决策、通信与协调控制能力，能动态地适应制造环境的变化，从而实现质量、成本及交货期等目标优化。制造系统从微观到宏观有不同的层次，如制造装备、制造单元、生产线、制造车间、制造工厂和制造生态系统。制造系统的构成包括产品、制造资源、各种过程活动以及运行与管理模式。

4.2.3 智能工厂内涵与基本架构

（1）智能工厂内涵

智能工厂在工业界和学术界得到了巨大的发展和深入探索。智能工厂的基本特征是将柔性自动化技术、物联网技术、人工智能和大数据技术等全面应用于产品设计、工艺设计、生产制造、工厂运营等各个阶段。

如图 4-7 所示，智能工厂是面向工厂层级的智能制造系统。通过物联网对工厂内部参与产品制造的设备、材料、环境等全要素的有机互联与泛在感知，结合大数据、云计算、虚拟制造等数字化和智能化技术，实现对生产过程的深度感知、智慧决策、精准控制等功能，达到对制造过程的高效、高质量管控一体化运营的目的。智能工厂是信息物理深度融合的生产系统，通过信息与物理一体化的设计与实现，制造系统构成可定义、可组合，制造流程可配置、可验证，在个性化生产任务和场景驱动下，自主重构生产过程，大幅降低生产系统的组织难度，提高制造效率及产品质量。智能工厂作为实现柔性化、自主化、个性化定制生产任务的核心技术，将显著提升企业制造水平和竞争力。

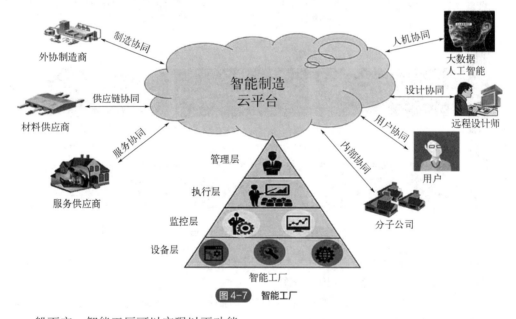

图 4-7　智能工厂

一般而言，智能工厂可以实现以下功能：

① 设备联网和设备管理。智能设备的应用也是建设智能工厂不可忽视的重要一环，设备联网和数据采集是企业建设工业互联网的基础，而发挥设备的效能则是智能工厂生产管理的基本要求。生产管理信息系统需设置设备管理系统，使设备释放出最高的产能，通过合理排产，减少设备等待时间。

② 数据的采集和管理。数据是智能工厂的血液，在智能工厂运转的过程中，会产生工艺、制造、仓储、物流、质量、人员等大量的业务数据，生产过程中需要及时采集产量、质量、能耗、设备状态等数据，并与订单、工序、人员进行关联，以实现生产过程的全程追溯。因此，

智能工厂的建设要建立起规范的数据采集与管理制度，保证数据的一致性与准确性。

③　生产质量管理。提高质量是企业永恒的主题，在智能工厂建设时，生产质量管理是核心的业务流程。质量控制在信息系统中需嵌入生产主流程，如检验、试验在生产订单中作为工序或工步来处理；质量控制的流程、表单、数据与生产订单相互关联、渗透。构建质量管理的基本工作路线：质量控制设置→检测→记录→评判→分析→持续改进。

④　发挥 MES（制造执行系统）功能。MES 是智能工厂落地的着力点，上接 ERP（企业资源计划），下接现场各类设备，旨在加强 MRP（物料需求计划）的执行功能，执行生产调度，实时反馈生产进度。

（2）智能工厂的基本架构

智能工厂的基本架构可通过如图 4-8 所示的三个维度进行描述。类似坐标系的三个空间维度，分别是功能维、结构维、范式维。

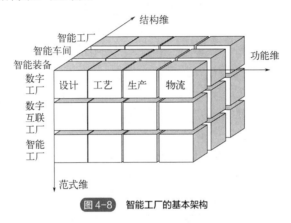

图 4-8　智能工厂的基本架构

①　功能维。功能维包括设计、工艺、生产和物流，完成产品从虚拟设计到物理实现的过程。

智能设计是通过大数据智能分析手段精确获取产品需求与设计定位，通过智能创成方法进行产品概念设计，通过智能仿真和优化策略实现产品高性能设计，并通过并行协同策略实现设计制造信息的有效反馈。智能设计保证了设计出精良的产品，快速完成产品的开发上市。

智能工艺包括：工厂虚拟仿真与优化，基于规则的工艺创成，工艺仿真分析与优化，基于信息物理系统（CPS）的工艺感知、预测与控制等。智能工艺保证了产品质量一致性，降低了制造成本。

智能生产是针对生产过程，通过智能技术手段，实现生产资源最优化配置、生产任务和物流实时优化调度、生产过程精细化管理和智慧科学管理决策。智能生产保证了设备的优化利用，从而提升了对市场的响应能力，摊薄了在每件产品上的设备折旧。智能生产保证了敏捷生产，做到"just in case"（以防万一），保证了生产线的充分柔性，使企业能快速响应市场的变化，以在竞争中取胜。

智能物流是通过物联网技术，实现物料的主动识别和物流全程可视化跟踪；通过智能仓储物流设施，实现物料自动配送与配套防错；通过智能协同优化技术，实现生产物流与计划的精准同步。另外，工具流等其他辅助流有时比物料流更为复杂，如金属加工工厂中，一个物料就可能需要上百种刀具。智能物流保证生产制造的"just in time"（准时生产），从而降低制品的资金消耗。

② 范式维。范式维是从数字工厂、数字互联工厂到智能工厂的演变，也代表了发展过程。数字化、网络化、智能化技术是实现制造业创新发展、转型升级的三项关键技术，对应到制造工厂层面，体现为从数字工厂、数字互联工厂到智能工厂的演变。

数字工厂是工业化与信息化融合的应用体现，它借助了信息化和数字化技术，通过集成、仿真、分析、控制等手段，为制造工厂的生产全过程提供全面管控的整体解决方案，它不限于虚拟工厂，更重要的是实际工厂的集成，其内涵包括产品工程、工厂设计与优化、车间装备建设及生产运作控制等。

数字互联工厂是指将物联网（IoT）技术全面应用于工厂运作的各个环节，实现工厂内部人、机、料、法、环、测的泛在感知和万物互联，互联的范围甚至可以延伸到供应链和客户环节。网络化使原来的数字化孤岛连为一体，并提供制造系统在工厂范围内实施智能化和全局优化的支撑环境；另外还可以获得制造过程更为全面的状态数据，使得数据驱动的决策支持与优化成为可能。

智能工厂是数字工厂、数字互联工厂的延伸和发展，通过将人工智能技术应用于产品设计、工艺、生产等过程，使得制造工厂在其关键环节或过程中能够体现出一定的智能化特征，即自主性的感知、学习、分析、预测、决策、通信与协调控制能力，能动态地适应制造环境的变化，从而实现提质增效、节能降本的目标。

③ 结构维。结构维是从智能装备、智能车间到智能工厂的进阶。在不同层次上体现智能，单个制造设备层面的智能是智能装备，生产线的智能是智能车间，工厂层面的智能是最高级的智能工厂。

智能装备作为最小的制造单元，通过"感知→分析→决策→执行与反馈"闭环过程，不断提升性能及其适应能力，实现高效、高品质及安全可靠的加工。

智能车间（生产线）由多台（条）智能装备（生产线）构成，除了基本的加工装配活动外，还涉及计划调度、物流配送、质量控制、生产跟踪、设备维护等业务活动。智能生产管控能力体现为"优化计划→智能感知→动态调度→协调→控制"闭环流程。

在智能车间制造生产的基础上，包括产品设计与工艺、工厂运营等业务活动，组成智能工厂。智能工厂是以打通企业生产经营全部流程为着眼点，实现从产品设计到销售，从设备控制到企业资源管理所有环节的信息快速交换、传递、存储、处理和无缝智能化集成。

4.2.4 "AI+制造业"未来趋势

智能化时代，AI已经成为工业领域的一股强大力量。从生产流程的优化到质量控制的提升，再到供应链管理的智能化，AI正日益渗透并改变着传统的工业模式。AI在生产过程中的应用，不仅可以实时监测设备状态和生产流程，还可以通过数据分析预测可能的故障，并提出优化方案，从而提高生产效率和降低成本。AI技术可以通过对大量数据的分析和模式识别，实现对产品质量的精准控制，降低次品率。AI在供应链管理中的应用可以帮助企业实现供需匹配、库存优化和运输路线规划等方面的智能决策，提高供应链的效率和灵活性。但也面临着以下挑战：

① 数据质量与安全性。工业领域的数据涉及机密性和敏感性较高的信息，因此数据的质量和安全性是 AI 应用面临的重要挑战之一。企业需要加强数据管理和安全保障措施，确保数据的准确性和保密性。

② 人才短缺。工业 AI 应用需要专业的人才进行开发和运营，但当前人才市场存在严重的

供需失衡，人才短缺成为制约工业 AI 发展的一个重要因素。因此，培养和吸引优秀的 AI 人才是工业企业亟须解决的问题之一。

③ 跨界整合与标准化。工业 AI 涉及多个领域的知识和技术，需要实现跨界整合和标准化，才能更好地实现应用场景的落地和推广。建立行业标准和规范，促进不同领域间的合作与交流，是推动工业 AI 发展的关键。

未来将朝着以下几方面发展：

① 边缘计算与实时响应。随着物联网技术的普及和发展，工业设备和传感器将会生成大量的数据。未来工业 AI 的发展方向之一是将计算能力推向设备端，实现边缘计算和实时响应，从而更好地满足工业生产的需求。

② 自适应学习与智能决策。未来工业 AI 系统将更加智能化和自适应，能够根据环境变化和需求变化进行学习和优化，实现智能决策和自主控制，这将进一步提高工业生产的灵活性和效率。

③ 智能制造与工业互联网。工业 AI 的发展将推动智能制造和工业互联网的发展，实现生产过程的数字化、智能化和互联网化，从而构建起更加高效、灵活和智能的工业生态系统。

4.3　人工智能的典型产品——机器人

机器人是人工智能的典型产品。一方面，机器人作为人工智能的一个典型应用，有着广泛的应用场景和技术基础。机器人的核心是计算机，其技术发展经历了从第一代机械手到第三代智能机器人的演变。这些机器人在实现人工智能功能的过程中，也得到了不断的发展和创新。另一方面，机器人还被视为人工智能的一种体现，因为它们是通过模拟人类的智能来执行各种任务的。

4.3.1　机器人的定义

看到这么多形形色色的机器人，你也许会问世界上第一台真正意义上的机器人是谁发明的呢？发明第一台机器人的正是享有"机器人之父"美誉的恩格尔伯格先生。1958 年，他建立了 Unimation 公司，并于 1959 年研制出了世界上第一台工业机器人。1983 年，恩格尔伯格和他的同事们毅然将 Unimation 公司卖给了西屋公司，并创建了 TRC 公司，开始研制服务机器人。第一个服务机器人产品是医院用的"护士助手"机器人，可以运送医疗器材和设备，为患者送饭、送病历、报表及信件，运送药品，运送试验样品及试验结果，在医院内部送邮件及包裹等。

国际上对机器人的概念已经逐渐趋近一致。一般来说，人们都可以接受这种说法，即机器人是靠自身动力和控制能力来实现各种功能的一种机器。国际标准化组织采纳了美国机器人协会给机器人下的定义："一种可编程和多功能的操作机，或是为了执行不同的任务而具有可用电脑改变和可编程动作的专门系统。"它能为人类带来许多方便之处。

4.3.2　机器人的分类

机器人的分类方法有很多，常见如下。

（1）按机器人的发展

按机器人的发展，将机器人分为第一代机器人、第二代机器人和第三代机器人。

第一代机器人是示教再现型机器人。这种机器人通过示教存储程序和信息，工作时把信息读取出来，然后发出指令，这样机器人可以重复地根据人当时示教的结果，再现出这种动作。例如，生产线上的汽车的点焊机器人，只要把这个点焊的过程示教完以后，它总是重复这样一种工作。在点到点（点位控制）中，常用手把手示教或示教盒示教，可降低成本，提高效率。

第二代机器人是感觉型机器人。这种机器人拥有类似人在某种方面的感觉，如力觉、触觉、滑觉、视觉、听觉等，它能够通过感觉来感受和识别工件的形状、大小、颜色。感觉型机器人解决了示教再现型机器人只重复动作，但难以控制动作质量，即对于外界的环境没有感知的缺陷。

20 世纪 90 年代以来发明了第三代机器人，即智能型机器人。这种机器人带有多种传感器，可以进行复杂的逻辑推理、判断及决策，在变化的内部状态与外部环境中，自主决定自身的行为。

（2）按机器人的控制方式

按照机器人的控制方式，将机器人分为以下几类：

① 操作型机器人：能自动控制，可重复编程，多功能，有几个自由度，可固定或运动，用于相关自动化系统中。

② 程控型机器人：按预先要求的顺序及条件，依次控制机器人的机械动作。

③ 示教再现型机器人：通过引导或其他方式，先教会机器人动作，输入工作程序，机器人则自动重复进行作业。

④ 数控型机器人：不必使机器人动作，通过数值、语言等对机器人进行示教，机器人根据示教后的信息进行作业。

⑤ 感觉控制型机器人：利用传感器获取的信息控制机器人的动作。

⑥ 适应控制型机器人：机器人能适应环境的变化，控制其自身的行动。

⑦ 学习控制型机器人：机器人能"体会"工作的经验，具有一定的学习功能，并将所"学"的经验用于工作中。

⑧ 智能机器人：以人工智能决定其行动的机器人，称为智能机器人。机器人具有感知和理解外部环境的能力，即使环境发生变化，也能够成功地完成任务，如火星探测车。

（3）按应用环境

国际上的机器人学者，从应用环境出发将机器人分为两类：制造环境下的工业机器人和非制造环境下的服务与仿人型机器人。

工业机器人是广泛用于工业领域的多关节机械手或多自由度的机器装置，具有一定的自动性，可依靠自身的动力能源和控制能力实现各种工业加工制造功能。

非制造业环境下的服务与仿人型机器人包括：服务机器人、水下机器人、娱乐机器人、军用机器人、农业机器人等。有些分支发展很快，有独立成体系的趋势，如服务机器人、水下机器人、军用机器人、微操作机器人等。

（4）按机器人的运动形式

按机器人的运动形式分类方式可分为以下几类：

① 直角坐标型机器人。直角坐标型机器人的外形轮廓与数控镗铣床或三坐标测量机相似，它主要用于生产设备的上下料，也可用于高精度的装卸和检测作业。

② 圆柱坐标型机器人。圆柱坐标型机器人操作臂的运动将形成一个圆柱表面，空间定位比较直观。操作臂收回后，其后端可能与工作空间内的其他物体相碰，移动关节不易防护。

③ 球（极）坐标型机器人。球（极）坐标型机器人占地面积小，工作空间较大，移动关节不易防护。

④ 平面双关节型机器人。平面双关节型机器人最适用于平面定位，而在垂直方向进行装配的作业。

⑤ 关节型机器人。关节型机器人运动学较复杂，运动学反解困难，确定末端件执行器的位姿不直观，进行控制时，计算量比较大。

（5）按照机器人的移动方式

按照机器人的移动方式来分类可分为轮式移动机器人、步行移动机器人（单腿式、双腿式和多腿式）、履带式移动机器人、爬行机器人、蠕动式机器人和游动式机器人等类型。

（6）按照机器人的作业空间

按照机器人的作业空间分类可分为陆地室内移动机器人、陆地室外移动机器人、水下机器人、无人机和空间机器人等。

4.3.3　机器人的主要特征及应用

（1）机器人的主要特征

通用性和适应性是机器人的两个最主要的特征。

通用性指的是某种执行不同功能和完成多样简单任务的实际能力。机器人的通用性取决于其几何特性和机械能力。通用性也意味着机器人具有可变的几何结构，即根据生产工作需要进行变更的几何结构。现有的大多数机器人都具有不同程度的通用性，包括机械手的机动性和控制系统的灵活性。

适应性是指机器人对环境的自适应能力。即所设计的机器人能够自我执行未经完全指定的任务，而不管任务执行过程中所发生的没有预计到的环境变化。这一能力要求机器人认识其环境，即具有人工知觉，具有运用传感器感测环境的能力、分析任务空间和执行操作规划的能力、自动指令模式能力。迄今为止，机器人知觉与人类对环境的解释能力相比仍然比较有限，这个领域仍是科学家和工程师们研究的重点内容。

（2）机器人的应用

机器人有着极其广泛的研究和应用领域，这些领域涉及众多课题，体现出广泛的学科交叉特点。机器人已在工业、农业、商业、旅游业、空中和海洋以及国防等领域获得越来越普遍的应用。此外，机器人已逐渐在医院、家庭和一些服务行业获得推广应用，发展十分迅速。

与传统的机器相比，工业机器人有两个主要优点：

① 生产过程的几乎完全自动化带来了较高质量的成品和更好的质量控制，并提高了对不断变化的用户需求的适应能力，从而提高产品在市场上的竞争能力。

② 生产设备的高度适应能力允许生产线从一种产品快速转换为另一种产品。例如，从生产一种型号的汽车转换为生产另一型号的汽车。当某个故障使生产设备上的一个零件不能运动时，该设备也具有适应故障的能力。

工业机器人如图 4-9 所示，主要用于汽车工业、机电工业、通用机械和工程机械工业、建筑业、金属加工、铸造以及其他重型工业和轻工业部门。机器人的工业应用分为材料加工、零件制造、产品检验和装配 4 个方面。材料加工往往是最简单的。零件制造包括锻造、点焊、捣碎和铸造等。产品检验包括显式检验和隐式检验两种。显式检验是在加工过程中或加工后检验产品表面的图像和几何形状、零件和尺寸的完整性；隐式检验是在加工中检验零件质量上或表面上的完整性。装配是最复杂的应用领域，因为它可能包含材料加工、在线检验，以及零件供给、配套、挤压和紧固等工序。工业机器人应用最广泛的领域是汽车及汽车零部件制造业。

图 4-9　生产线上的工业机器人

在农业领域，机器人已用于水果和蔬菜的嫁接、收获、检验与分类，以及剪羊毛和挤牛奶等。把自主移动（无人驾驶）机器人应用于农田耕种，包括播种、田间管理和收割等，是一个有潜在发展前景的产业机器人应用领域。有关农业机器人将在第 9 章中进行介绍。

随着科学与技术的发展，机器人的应用领域不断扩大。为探索恶劣或不适于人类工作的环境，产生了能在如海洋、太空、有毒或高温等恶劣环境中执行任务而无需人干预的自主机器人和由操作人员在远处控制的遥控机器人，如水下机器人、空间机器人、服务机器人和军用机器人等。

近年来由于海洋考察和开发的需要，水下机器人的应用在世界范围内日益广泛，发展速度之快出乎人们的意料，其应用领域包括水下工程、打捞救生、海洋工程和海洋科学考察等方面。2011 年 7 月 26 日，中国研制的深海载人潜水器"蛟龙号"（如图 4-10 所示），成功潜至海面以下 5188m，这标志着中国已经进入载人深潜技术的全球先进国家之列。2012 年 6 月 24 日，"蛟龙号"成功下潜至 7062m，这也意味着我国的深海载人潜水器成为世界上第 2 个下潜到 7000m 以下的国家，达到国际先进水平。2020 年 10 月，我国最新型的深水潜航器"奋斗者"号已成功下沉到海平面以下 10058m 的深度，标志着中国水下潜航器的发展进入了新的阶段，跻身国际海洋强国。

　　我国研发的月球车（巡视器）"玉兔号"，如图 4-11 所示，是一种典型的空间机器人。2013年 12 月 2 日，我国成功地将由着陆器和"玉兔号"月球车组成的"嫦娥三号"探测器送入轨道。12 月 15 日，"嫦娥三号"着陆器与巡视器分离，"玉兔号"巡视器顺利驶抵月球表面。"玉兔号"完成围绕"嫦娥三号"的旋转拍照，并传回照片，这标志着我国探月工程取得了阶段性的重大成果。2021 年 5 月 15 日，"天问一号"着陆巡视器成功着陆于火星乌托邦平原南部预选着陆区，中国首次火星探测任务取得圆满成功。2021 年 6 月 27 日，国家航天局发布了"天问一号"火星探测任务和巡视探测系列实拍影像，包括着陆巡视器开伞和下降过程、火星全局环境感知图像等。

图 4-10　"蛟龙号"载人潜水器

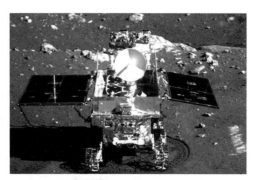

图 4-11　"玉兔号"月球车

　　服务机器人分类较广，包含清洁机器人、医用服务机器人、护理和康复机器人、家用机器人、消防机器人、监测和勘探机器人等。服务机器人技术发展呈现三大态势：一是服务机器人由简单机电一体化装备向生机电一体化和智能化等方向发展；二是服务机器人由单一作业向群体协同、远程学习和网络服务等方面发展；三是服务机器人由研制单一复杂系统向将其核心技术、核心模块嵌入先进制造相关系统中发展。有关服务机器人将在第 10 章中进行介绍。

4.3.4　人工智能和机器人

　　机器人是人工智能的典型产品，机器人的研究和人工智能的研究起源相同。现在，人工智能已经成为独立的学科，机器人研究是指制造仿人机器的研究。真正意义上的智能机器人必须具备人工智能领域所研究的各种智能。从这个意义上来看，人工智能研究包括在机器人研究之中。

　　真正意义的智能机器人系统应具备解决问题的能力、理解知觉信息的机能，能够适应外界条件和环境，根据人的指示进行必要的作业。过去，以重复进行既定作业的示教再现型机器人为主流，这类机器人已在生产现场中普及。而现在，具有学习和推理等高度智能的机器人的开发已经开始研究，今后将积极推进与知识相关的基础技术和图像理解等智能系统的研究开发，如何将各种重要技术综合应用于智能机器人系统是一个重要课题。

　　为了实现机器人智能化，必须把环境理解和作业规划的自动生成、验证、动作控制等技术综合起来，使现在的信息处理装置更具有高性能化和多功能化，进行新式计算机的开发等也是必要的。下面从人工智能研究的角度，列举为实现真正意义的智能机器人所需要的基础技术。

　　① 模式识别技术。模式识别就是取得除去实质和内容的各种现象的广义的"形"和从这些

现象取得有意义的信息。模式识别是人所共有的最基本的认知能力，由于人具有这种能力，所以人能迅速地识别复杂的信息，并加以处理。因此，模式识别的研究不仅对构造图像识别系统和声音理解系统或智能机器人系统来说是必要的基础研究，而且对工程上实现人工智能的整体研究来说，也是基本的重要的研究。

② 与知识相关的技术。人在进行理解、推理、判断等智能活动时，一定要灵活使用知识。可见要在工程系统上实现这种智能，处理知识是必不可少的。具体来说，这是一个如何获取知识、组织知识、利用知识的问题，这些问题的基础是知识如何表达。

把知识形式化就是知识的表达。它有利于把知识联系起来、加以积累、有效地加以利用。知识表达是工程上实现人的思维的一个最重要的课题。知识不仅要积累，而且还能恰当地加以利用才有意义，因此知识利用法的研究更为重要。通常，通过利用知识可获得新的知识。这就有必要基于已知的知识，进行演绎、归纳、类比等推理。

③ 与学习相关的技术。学习就是系统基于自身的经验，合乎目的地柔性地适应外界的条件和环境的过程。智能系统若具有学习机能，使用时间越长，系统的智能就越高，这种机能的工程价值也就越大。因此，如何使智能系统具有学习能力是重要的课题。

④ 问题求解技术。解决定理的证明和游戏等问题是人具有的一种智能。编程就是找出解题的步骤，并用计算机能理解的语言（编程语言）把步骤记述下来。智能系统是一种能根据外部给予的规格和条件自动地找到解题步骤，并进行处理的系统。可以认为，智能系统是以全自动编程技术为前提的。因此，自动编程的研究是为实现智能系统提供工具的研究。

⑤ 自然语言的处理技术。自然语言处理的研究是以语言学和心理学等关于人的语言的理解过程的研究成果为基础，把原来只能由人脑生成、理解的自然语言通过高度发达的计算机系统加以灵活处理的研究。自然语言处理的研究开发，对假名汉字变换、机械翻译、问答系统等的应用系统的实现，是不可缺少的基础研究，是一种对人的语言识别和理解的研究。

⑥ 人机接口技术。要构造机器人那样的实用的智能系统，人机接口技术的研究开发是极为重要的。技术和人协调地发展，开发出来的技术易使用、可靠性高是重要的。开发技术时，不应考虑适应于所处社会阶段的人的口味，而应考虑人机接口易被人熟悉、理解，可靠性高且智能化，这种考虑方法在推进技术开发中是重要的。

此外，人机接口构造与生理学和心理学等研究人的智能机理的各个学科和工程上应用其研究成果的开发研究是息息相关的。因此，为了构造更好的人机接口，有必要进行与人工智能相关的整体研究。智能机器人要能理解环境、适应环境、精确灵活地进行作业，高性能传感器的研究开发是必不可少的。再者，来自传感器的信息如何组合，从而更有效地加以灵活使用，即传感器的融合问题也是重要的课题。

综上，人工智能与机器人是两个不同的概念。人工智能指的是一种模拟人类智能的技术或系统，它可以模仿和执行人类的认知和决策过程。而机器人则是一种可以执行物理任务的机械设备。

但是，它们又有密切的联系。机器人中的人工智能技术，尤其包括机器学习、深度学习、自然语言处理和计算机视觉等，是使机器人具备自主决策和学习能力的关键。这些技术赋予机器人感知环境、理解信息和做出智能决策的能力，使机器人成为智能机器人，能够更好地适应复杂环境和处理复杂任务。然而，尽管人工智能技术在机器人领域取得了巨大的进步，但机器人仍然无法完全替代人类的独特能力。

4.3.5 智能机器人

（1）智能机器人的概念及特征

机器人按控制方式分类中以人工智能决定其行动的机器人，称为智能机器人。智能机器人之所以叫智能机器人，是因为它有相当发达的"大脑"。在"脑"中起作用的是中央处理器，这种计算机跟操作它的人有直接的联系。最主要的是，这样的计算机可以以目的为导向规划动作。

智能机器人具有感知功能与识别、判断及规划功能。因此，机器的智能分为两个层次：一是具有感觉、识别、理解和判断功能；二是具有总结经验和学习的功能。如图4-12所示，跳舞智能机器人就是具有上述功能的智能机器人。

在世界范围内还没有一个统一的智能机器人定义。大多数专家认为智能机器人至少要具备以下三个要素：

感觉要素，用来认识周围环境状态；

思考要素，根据感觉要素所得到的信息，思考出采用什么样的动作；

运动要素，对外界做出反应性动作。

感觉要素包括能感知视觉、距离等的非接触型传感器和能感知力、压觉、触觉等的接触型传感器。这些要素实质上就是相当于人的眼、鼻、耳等，它们的功能可以利用诸如摄像机、图像传感器、超声波传感器、激光器、导电橡胶、压电元件、气动元件、行程开关等机电元器件来实现。

对运动要素来说，智能机器人需要有一个无轨道型的移动机构，以适应诸如平地、台阶、墙壁、楼梯、坡道等不同的地理环境。它们的功能可以借助轮子、履带、支脚、吸盘、气垫等移动机构来完成。在运动过程中要对移动机构进行实时控制，这种控制不仅要包括位置控制，而且还要有力度控制、位置与力度混合控制、伸缩率控制等。

智能机器人的思考要素是三个要素中的关键，也是人们要赋予机器人必备的要素。思考要素包括判断、逻辑分析、理解等方面的智力活动。这些智力活动实质上是一个信息处理过程，而计算机则是完成这个处理过程的主要手段。

智能机器人不是从外形像人来定义的，而是具有上述三要素，能够具有感知、判断、规划功能，可以执行任务，如图4-13所示的智能巡检机器人。近些年，巡检机器人已经在我国的多个电站获得了十分广泛的应用。

图4-12 跳舞智能机器人

图4-13 智能巡检机器人

（2）智能机器人的应用

智能机器人随着用途不同，系统结构、功能千差万别。在深度学习、机器学习和计算机视觉等先进技术的支持下，智能机器人可以对各种不同的环境和任务进行快速适应和学习，这使得智能机器人的应用十分广泛。

随着技术的不断进步，智能机器人已经逐渐成了工业生产的重要助手。从简单的生产线上的机械臂到智能物流车等，智能机器人的应用范围逐渐拓展，其在工业制造领域的应用也越来越广泛，如智能机器人在工业装配、搬运、焊接生产线的应用及智能机器人在仓储物流上的应用。

在医疗领域，智能机器人可以用于手术和医疗保健等方面。智能机器人可以通过高精度的手臂和计算机辅助导航，实现更加高效和准确的手术，从而使手术的危险系数降低。在科学研究领域，智能机器人可以用于发现新的物理或化学原理，帮助科学家研究天文学中的大量数据，探究地球化学等领域的研究等。在这些领域，智能机器人的高效和准确性可以大大提高研究的速度和质量。

总之，随着智能机器人技术的不断进步，智能机器人在工业、物流、医疗和科研领域的应用将变得越来越广泛。在未来，智能机器人将持续发挥其技术优势，服务于人类创造更加美好、高效和安全的未来。

4.4　人工智能在制造业的应用案例

人工智能在制造业大有可为。在制造过程中，利用人工智能可实现智能计算，进行智能装配序列规划，利用机器视觉来探索产品中的缺陷，确保产品质量；密切了解客户，设计、制造和测试高智联定制的产品等；在制造供应链优化方面，人工智能与物联网结合，实时跟踪供应车辆，有助于更好地利用物流车队，从而优化总体生产计划；人工智能可以协助人们制订更明智的资产维护计划，从而优化整个资产的成本和质量；利用基于数据驱动的人工智能的库存分析方法，来降低库存成本，节约成本；发货和交货提前期不仅可以准确预测，而且还可以通过应用人工智能算法进行优化。人工智能正在改变制造业，本节节选部分人工智能在制造业的应用案例，加以说明。

4.4.1　预防性维修

在制造业，生产设备的可靠性和安全性决定了企业能否进行正常运作，产品质量的好坏与生产设备状态密切相关，因此，生产设备的维修和保养逐渐成为制造业企业关注的重点。我国工业企业设备维修体制发展至今已经历了四个时期：

第一时期是事后维修制。就是在设备发生故障之后才进行检修，这一时期经历了兼修时代（操作工又是维修工）和专修时代（有专业维修工）。其特点是设备坏了才修，不坏不修。

第二时期是定期维修。其修理间隔的确定主要根据经验和统计资料，但是它很难预防由于随机因素引起的偶发事故，同时也废弃了许多还可继续使用的零部件，而且增加了不必要的拆装次数，造成维修时间和费用的浪费。

第三时期是生产维修。生产维修由四部分组成：事后维修、预防维修、改善维修、维修预防。这一维修体制突出了维修策略的灵活性，吸收了后勤工程学的内容，提出了维修预防、提高设备可靠性设计水平以及无维修和少维修的设计思想，把设计制造与使用维修连成一体。

第四时期是视情形维修制，我国称为状态维修。这种体制着眼于每台设备的具体技术状况，一反定期维修的思想而采取定期检测，对设备异常运转情况的发展密切追踪监测，仅在必要时才进行修理。基于状态监测的状态维修起始于 20 世纪 70 年代初期，在流程制造的企业取得了显著效果，提高了设备利用率以及生产效率，对旋转的机械设备状态监测尤为有效。

在以状态维修为主要特征的第四历史时期，还存有综合工程学和全员生产维修以及"以利用率为中心的维修""可靠性维修""费用有效维修"等。尽管当今世界存在多种设备维修体制，但都有个共同特征，即注重企业的文化和人的主观能动性，突出技术性和经济性，把设备故障消灭在萌芽的状态之中。将这一共同特征体现得最全面的当属状态维修。

预防性维修主要是指在机械设备没有发生故障或尚未造成损坏的前提下即展开一系列维修的维修方式，通过对产品的系统性检查、设备测试和更换以防止功能故障发生，使其保持在规定状态。广义的预防性维修包括三种维修方式，分别是定期维修、状态维修和主动维修。定期维修是传统的预防性维修，状态维修则可在一定程度上称之为预防性维修。

设备经过一定时期的运用，各部件都会发生磨耗、变形或损坏，为了使设备在良好状态下稳定可靠地运行，延长使用期限，必须进行有计划的检修。预防性维修对设备磨损或撕裂等故障通过人工智能发出潜在故障的警告信号，甚至可以预见设备疲劳。另一方面，利用人工智能技术精确预测机械的剩余使用寿命，提高机械和资产的总体寿命，即寿命预测。通过预防性维修，可以减少设备停机时间，并保证持续生产能力，如图 4-14 所示。

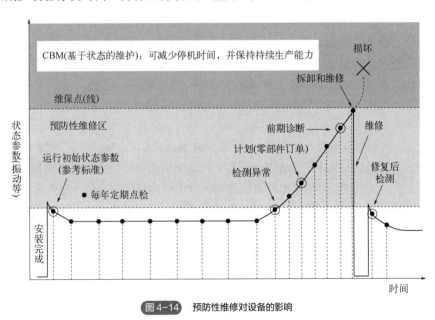

图 4-14　预防性维修对设备的影响

齿轮箱长时间运行而导致的老化，造成壳体孔磨损、轴承失效或其他磨损，导致齿轮啮合和齿轮间隙的变化，可能造成齿轮断齿或更严重损坏，最终产生设备停机的风险。以下案例是通过停机状态下的齿轮啮合检查发现问题，采用紧急维修方案顺利地在齿轮啮合故障初始阶段解决了问题，避免了一个严重的隐患。

问题：拆卸箱体后发现，壳体轴承已经磨损约 0.8mm，导致轴承倾斜和齿轮啮合不良。齿轮局部啮合，只有左侧齿轮有局部接触，如图 4-15 所示，方框中为局部啮合。

图 4-15　齿轮啮合故障预防性维修

紧急维修方案：空载状态下，手动调整齿轮啮合，在磨损的壳体轴承孔内加入临时垫片，调整齿面啮合至正常状态。

结果：解决齿轮啮合故障初始阶段问题，避免了一个严重的隐患，振动值降低 30%～50%。

预测性维修是人工智能在制造业的应用之一。工程师们虚拟地运行预先训练好的人工智能模型，积累数据，了解生产操作，这些模型可以利用机器学习来发现现场的因果模式并及时处理问题，防止实际生产中出现问题。

4.4.2　数字孪生在工厂的应用

人工智能正在通过使用数字孪生技术，实现更精确的制造工艺设计、流程设计、流程诊断和故障排除。数字孪生技术不仅是计算机辅助设计模型，而且是对实际零件、机床或正在加工的工件的精确虚拟复制。数字孪生可以对部件和该部件出现缺陷的情况下表现出的行为，进行精确的数字表示。由于部件都有各式各样的制造加工缺陷，因此，会不同程度地出现故障。例如，智能机床可以自动检测刀具磨损或故障，可以预测将要发生的故障，做出反应并加以解决。

数字孪生应用于制造流程设计中产生了"boxed factories（盒装工厂）"，"盒装工厂"流程如图 4-16 所示。当机器与人工智能设备一起交付时，制造商将端到端的工作流程打包，并为用户提供安装说明、知识参考、传感器检测操作和机器维护的分析方法以及无人监督的模型。用户通过训练创建一个盒装工厂系统，使用无监督的模型来寻找异常或错误，并能够将它们与传感器的正常反馈模式进行比较。盒装工厂系统允许用户查看今天生产的零件，将其与昨天生产的零件进行比较，确保质量保证措施正在得到实施，并分析生产线上每个流程的无损测试。这种反馈将帮助用户准确了解制造这些部件所用的参数，然后从传感器数据中查看什么地方存在缺陷。在工业 4.0 时代，人工智能可以应用于制造业的创新设计、工艺改进、设备磨损降低和能耗优化，机器变得越来越聪明，设备、成品和供应链以及其他业务之间的自动化也变得越来越一体化。

2017 年 11 月启动的耗资 1940 万美元的研究项目"数字学习工厂（digital learning factory）"，整个增材制造流程都采用数字孪生手段，通过重新配置设备、流程等满足不同用户要求，并对不同的硬件和软件进行测试。开发人员正在构建一个增材制造的"知识库"，以帮助人们利用技术和流程。目前，大型企业应用数字孪生技术较多，同时也从中获得了巨大的收益。

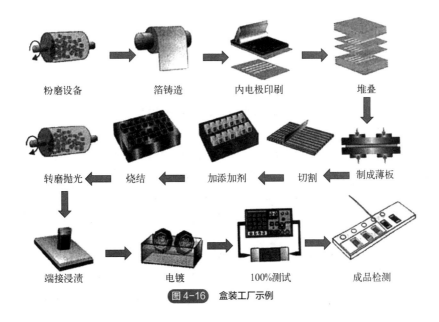

粉磨设备　　　　箔铸造　　　　内电极印刷　　　　堆叠

转磨抛光　　烧结　　　加添加剂　　　切割　　　制成薄板

端接浸渍　　　　　电镀　　　　100%测试　　　　成品检测

图 4-16　盒装工厂示例

4.4.3　焊缝检测

　　X 射线检测是用于工业件检查的常用手段，尤其是焊接件的焊缝检测。传统的胶片射线检测，不仅价格昂贵，而且费时费力。因此，研发计算机辅助焊缝检测系统，可提高缺陷检测的客观性、一致性和效率。计算机辅助焊缝检测系统需要有经验的工人根据监视器上显示的图片和视频判断焊缝质量。但在此过程中，由于人工解释过程可能是主观的，因此在焊缝评估中常出现评估不一致的情况；由于人的视觉疲劳，因此在移动的焊缝检测时常出现检测不准确等问题。为解决上述问题，研发了自动实时数字射线检测系统，如图 4-17 所示。

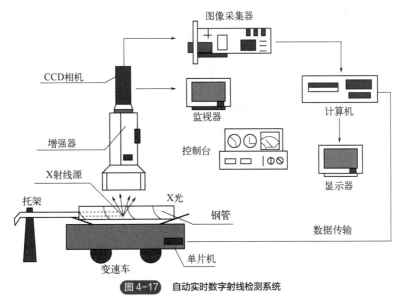

图像采集器

CCD相机

监视器

计算机

增强器

控制台

X射线源

显示器

托架　　　　　　X光

钢管

数据传输

变速车　　　单片机

图 4-17　自动实时数字射线检测系统

　　该系统主要完成焊缝中缺陷的识别和焊接缺陷分类任务。检测系统由转换部分、处理部分和串行通信部分组成。转换部分由一个 X 射线源、一个传输车辆（变速车）、一个增强器和一个 CCD（电荷耦合器件）相机组成。转换部分是通过增强器使 X 射线转换为可见光，然后 CCD

相机将光信号转换成电信号并发送给处理部分。处理部分由显示器、图像采集器、计算机组成。在这一部分中，电信号被采集并通过图像采集器转换为数字信号。将数字图像送入计算机，利用基于模糊识别理论的缺陷检测算法进行检测。结果将实时显示在显示器上，并存储在计算机中，以备将来的检查或测试。串行通信部分由单片机、旋转编码器、光隔离器模块组成，获取和传输位置信息。该系统利用旋转编码器将位移信号转换为脉冲信号，通过计算脉冲个数得到位移量，然后通过串行通信将位移信号传送给计算机进行缺陷的定位。

　　缺陷检测包括图像预处理和算法实现。在成功提取焊缝后，再进行识别缺陷区域。由于 X 射线成像具有固有的噪声特性，每个曝光时间每个像素可能只有几个光子。用多种方法可以很容易地检测出大的缺陷。但是，对于小的缺陷检测，缺陷像素和噪声脉冲之间区分困难，为了实现精确检测，采用区域方法进行视觉检测。利用对比度和方差，即由对象及其邻域之间的灰度差给出对比度，以判断缺陷类型。

　　射线检测在工业中得到广泛的应用。常用于检验产品内部结构，如精密铸件、集成电路、电子元器件、发光二极管元件、BGA（球阵列封装）、线路板、IC（集成电路）芯片类产品，表面贴装工艺中内部常见气泡空洞、异物裂纹、短路、断路、焊缝和接头处少焊或漏焊、焊接接头存在间隙等缺陷。

 本章小结

　　智能制造：智能制造是人工智能技术与制造技术结合的产物，面向产品全生命周期，实现自动化、智能化、精益化、绿色化生产。

　　智能工厂：智能工厂通过物联网、大数据、云计算等技术实现工厂内全要素的有机互联与泛在感知，达到高效、高质量管控。

　　机器人：机器人是具有一定自主性的多功能操作机，可编程，用于执行不同任务。

　　机器人组成要素：驱动、控制、执行机构和检测装置。

　　智能机器人功能：感知、分析、推理、判断、构思和决策等。

　　预防性维修：通过数据分析预测设备故障，减少停机时间。

　　预防性维修方式：定期维修、状态维修和主动维修。

　　工业 4.0 的核心技术：人工智能、物联网、大数据分析、云计算、智能机器人等。

 思考题

（1）简述制造业在国民经济中的地位。

（2）简述工业 4.0 的核心技术。

（3）简述机器人的组成。

 习题

扫码查看参考答案

（1）预防性维修有哪些方式？（　　　）。

　　A．定期维修　　B．状态维修　　C．主动维修　　D．被动维修

（2）设备维修体制发展至今已经历了四个时期，（   ）不是这四个时期的。

    A．定期维修   B．状态维修   C．生产维修   D．被动维修

（3）机器人一般由执行机构、（   ）装置、检测装置、（   ）系统和复杂机械等组成。

    A．驱动   B．控制   C．制动   D．行走

本章拓展阅读

第5章

智能工业机器人

本章思维导图

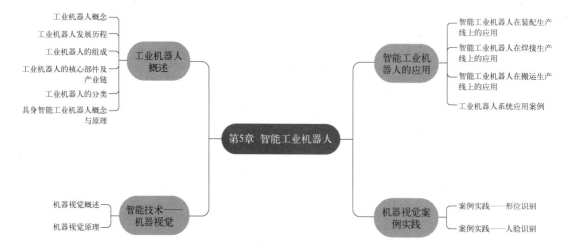

本章学习目标

（1）了解人工智能在制造领域的应用场景；
（2）熟悉智能工业机器人的应用；
（3）掌握智能工业机器人的类型；
（4）了解机器视觉工作流程；
（5）掌握机器视觉基本原理和应用。

据 2024 年 2 月 29 日新华网报道，成都龙潭工业机器人产业功能区生产车间一派繁忙景象，来自海内外客户的订单正加紧生产交付，如图 5-1 所示。该产业功能区可以生产轻型和重型工业机器人，一天可以生产 40 至 50 台工业机器人，还可以完成工业机器人的相关测试。目前该产业功能区产品除了国内市场外，在国际市场尤其是东南亚、南美洲、欧洲等销量都很大。2024 年新春以来，各方面订单的增长喜人，得益于产业功能区工业机器人产业链条完整，引进和培育大量科技人才。成都龙潭工业机器人产业功能区实现了工业机器人全电控硬件、软件、本体设计自主研发，年产值超 3 亿元，产品销往德国、越南、泰国等二十多个国家和地区，出口占比近 20%。该产业功能区是成都本土最大的工业机器人企业，是近年来国产工业机器人快速发展的代表之一。

图 5-1　工业机器人组装生产

工业机器人以及智能制造装备等"工业母机"企业热火朝天的生产和研发场景，正是成都"智造"不断前进的缩影。西安达升西部工业机器人产业示范基地，2023 年实现百亿产值。在我国智能制造背景下，这样的产业中心正如雨后春笋般层出不穷。从成都、西安的"智造"窥看我国现代化制造业，正在向着高端化、智能化、绿色化发展。

随着机器人技术的发展和工厂从业人数大幅下滑，加上各地政府鼓励机器换人，越来越多的企业开始将工业机器人应用到工业生产制造领域。到 2022 年，中国工业机器人保有量已达 135.7 万台。如今，中国已成为全球最大工业机器人市场。我国工业机器人销量由 2012 年的不到 2.5 万台增长到 2020 年的 23 万台，2022 年，中国工业机器人销量为 290258 台，远高于排名第二的日本（50413 台），占据了 52.5% 的全球市场份额。目前，中国工业机器人市场连续 9 年稳居世界第一，并已成为支撑世界机器人产业发展的中坚力量。

工业机器人被誉为"制造业皇冠顶端的明珠"，其研发、制造、应用是衡量一个国家科技创新和高端制造业水平的重要标志。和计算机、网络技术一样，工业机器人的广泛应用正在日益改变着人类的生产和生活方式。随着工业机器人向更深更广方向的发展以及机器人智能化水平的提高，机器人的应用范围还在不断地扩大，已从汽车制造业推广到其他制造业，进而推广到诸如采矿、建筑业以及水电系统维护维修等各种非制造行业。工业机器人已经成为人类机械化提高的一个重要标志。

本章先介绍工业机器人起源与发展现状、组成、核心技术、类型等，然后介绍工业机器人的应用，重点介绍在装配生产线、焊接生产线、搬运生产线上工业机器人的应用，接着讨论工业机器人所利用的主要技术——机器视觉的基本原理，最后介绍机器视觉的应用案例。

5.1 工业机器人概述

在智能制造领域，工业机器人作为一种集多种先进技术于一体的自动化装备，体现了现代工业技术的高效益、软硬件结合等特点，成为柔性制造系统、自动化工厂、智能工厂等现代化制造系统的重要组成部分。在智能制造领域，多关节工业机器人、并联机器人、移动机器人的本体开发及批量生产，使得机器人技术在焊接、搬运、喷涂、加工、装配、检测、清洁生产等领域得到规模化集成应用，极大地提高了生产效率和产品质量，降低了生产和劳动力成本。有人说，智能工业机器人造就未来工厂。本书所述的智能工业机器人是指广泛应用于智能制造领域的工业机器人。

5.1.1 工业机器人概念

工业机器人是面向工业领域的多关节机械手或多自由度的机器装置，具有柔性好、自动化程度高、可编程性好、通用性强等特点。在工业领域中，工业机器人能够代替人进行单调重复的生产作业，或是在危险恶劣环境中的加工操作。国际上，工业机器人的定义主要有如下几种：

国际标准化组织（ISO）的定义：工业机器人是一种具有自动控制的操作和移动功能，能完成各种作业的可编程操作机。

美国机器人协会（RIA）的定义：一种可以反复编程和多功能的，用来搬运材料、零件、工具的操作机；或者为了执行不同的任务而具有可改变和可编程的动作的专门系统。

我国科学家对工业机器人的定义：工业机器人是一种能自动定位控制、可重复编程、多功能和多自由度的操作机，能搬运材料、零件或操持工具，用以完成各种作业。

5.1.2 工业机器人发展历程

从 20 世纪 50 年代初开始出现工业机器人，到现在，工业机器人的发展概括为"美国首创，日本实现产业化，中国接棒成为最大市场"。

20 世纪 50 年代初，美国麻省理工学院的工程学家乔治·德沃尔（George Devol）和一些同事发明了第一个数字控制系统，从而开创了数字控制技术的先河。1954 年，乔治·德沃尔（George Devol）最早提出了工业机器人的概念，并申请了专利。

1959 年，乔治·德沃尔（George Devol）和约瑟·英格柏格（Joseph Englberger）发明了世

界上第一台工业机器人，命名为 Unimate（尤尼梅特），意思是"万能自动"，开创了机器人发展的新纪元。英格伯格负责设计机器人的"手""脚""身体"，即机器人的机械部分和完成操作部分；德沃尔负责设计机器人的"头脑""神经系统""肌肉系统"，即机器人的控制装置和驱动装置。Unimate 重达 2t，通过磁鼓上的一个程序来控制。它采用液压执行机构驱动，基座上有一个大机械臂（大臂），大臂可绕轴在基座上转动，大臂上又伸出一个小机械臂（小臂），它相对大臂可以伸出或缩回。小臂顶有一个腕子，可绕小臂转动，进行俯仰和侧摇。腕子前头是手，即操作器。这个机器人的功能和人手臂功能相似，如图 5-2 所示。

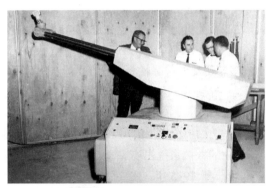

图 5-2　Unimate 工业机器人

20 世纪 60 年代，瑞典 ABB 公司研制出第一台真正意义上的工业机器人——IRB6。IRB6 型机器人采用直角坐标系，其电子控制单元是由当时才刚刚兴起的微处理器实现的。此后，瑞典 ABB 公司没有停止在工业机器人领域的发展，后来推出的 IRB1600、IRB2400 和 IRB6400 等机器人一度成为当时全球高端工业机器人的代表。

1967 年，日本川崎重工引进美国技术，日本首台工业机器人于 1968 年投入市场。为填补日本 GDP 快速增长带来的劳动力缺口，工业机器人迎来快速发展。1973 年，日本发明了第一代 SCARA（平面关节型机器人），大大提高了工业机器人的精度。1980 年后，日本工业机器人超越美国，产销量跃居世界第一。1990 年，得益于德国汽车制造业积极扩张，机器人需求持续走高，汽车制造成为工业机器人覆盖率最高的产业。

20 世纪 80 年代，工业机器人技术进一步发展，生产技术由单一机械制造向软件集成制造、集成一体化制造方向演变。大规模化生产和应用工业机器人的公司也逐渐多元化，IT 等高新技术的公司开始加入机械制造业，并开发了具有更高精度、更快速度的工业机器人。

20 世纪 90 年代，工业机器人迎来了较为快速的发展。德、韩两国制造业的强劲表现带动工业机器人发展。韩国与日本相似，劳动力紧缺使韩国国内工业机器人市场仅用五年时间，跃升至全球第四。亚洲金融危机后，增长趋于稳定。随着计算机、传感器、微电子、信息技术、材料技术、生物技术、光电技术等的不断应用，工业机器人技术不断革新，自动化水平不断提高，并且开始从传统的工业领域向服务领域应用拓展，实现了智能化、高速化和精密化。

我国加入 WTO（世界贸易组织）后，大量境外资本在华投资办厂，对外贸易猛增，现代化的工厂建设和大量生产订单催生出工业机器人的需求。这时期，外资机器人企业加速布局，抢占亚洲第三大市场，而国内供应商主要提供代理和集成服务。2010 年，我国制造业从劳动密集型向技术密集型转型，汽车、3C 行业的工业机器人发展迅速。2013 年起，我国各级政府密集出台工业机器人扶持与补贴政策，2013 至 2018 年，我国工业机器人以 37.3% 的复合增长率飞速发展。中国作为"世界工厂"，工业机器人在政策、工厂需求等因素推动下，成为全球最大市场。

目前，无论是在国内还是国际上，工业机器人技术和应用都取得了巨大的成就。行业领先者包括 ABB（瑞士）、KUKA（德国）、FANUC（日本）、YASKAWA（日本）等公司，经过多年发展，研发出更高效能的工业机器人，也就是人们常说的工业机器人四大家族。这四大家族在工业机器人领域具有广泛的市场份额和良好的声誉，它们各自具有独特的技术优势和市场定位，在不同的领域中发挥着重要作用。

库卡（KUKA），1898 年在德国建立，1973 年研发的第一台工业机器，它的主要客户来自汽车制造业，同时也专注于在工业生产过程中提供先进的自动化解决方案。库卡（KUKA）是德国工业 4.0 的一个推动者。

ABB 是一家由两个 100 多年历史的国际性企业在 1988 年合并而成的，总部坐落于瑞士的苏黎世。准确来说，ABB 不是一个纯正的机器人公司，它的业务涵盖了五大领域，在电力和自动化技术领域最为著名。

发那科（FANUC）公司创建于 1956 年，1976 年公司成功研制了数控系统，实现了机器人组装机器人。该公司是全球专业的数控系统生产厂家。

安川电机（YASKAWA）创立于 1915 年，主要生产伺服电机和运动控制器，这些都是制造工业机器人的关键零件。

工业机器人四大家族优势如表 5-1 所示。

表 5-1　四大家族工业机器人优势

公司名称	国家	主要业务	公司优势	主要应用领域及特点
库卡	德国	焊接设备，机器人本体，系统集成、物流自动化	"最纯粹"的机器人公司，汽车行业有奔驰、宝马等核心客户，高端制造业客户行业广泛，机器人采用开放式的操作系统；北美是库卡在全球的第一大市场	汽车制造业 "最为炫酷，爱好黑科技"
ABB	瑞士	电力产品，电力系统，低压产品，离散自动化与运动控制以及过程自动化，系统集成业务	电力电机和自动化设备巨头；集团优势突出，拥有强大的系统集成能力，运动控制核心技术优势突出；中国已成为 ABB 全球第二大市场	电子电气、物流搬运 "极度严谨，实用至上"
发那科	日本	数控系统、自动化、机器人	专注数控系统领域，标准化编程、操作便捷；除减速器以外核心零部件都能自给，盈利能力极强	汽车制造业、电子电气 "技艺精湛，整合能力极强"
安川	日本	电力电机设备，运动控制器，伺服电机，机器人本体	日本第一个做伺服电机的公司；典型的综合型机器人企业，各业务部门配合紧密，且伺服电机、控制器等关键部件均自给，性价比高	电子电气、搬运 "简洁实用，性价比高"

5.1.3　工业机器人组成

工业机器人主要由主体、驱动系统和控制系统三个基本部分组成，如图 5-3 所示。主体即机座和执行机构，包括臂部、腕部和手部，有的机器人还有行走机构。大多数工业机器人有 3～6 个运动自由度，其中腕部通常有 1～3 个运动自由度。驱动系统包括动力装置和传动机构，核心为减速器以及伺服电机，用以使执行机构产生相应的动作。控制系统是按照输入的程序对驱动系统和执行机构发出指令信号，并进行控制。

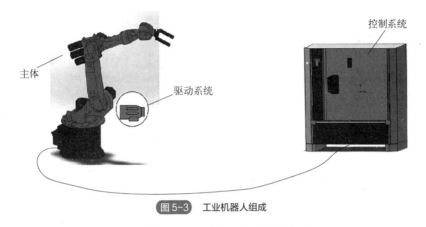

图 5-3　工业机器人组成

总体来说，工业机器人的组成包括以下三大部分、六大系统。

（1）机械部分

机械部分包括工业机器人的机械结构系统和驱动系统。机械部分是工业机器人的基础，其结构决定了机器人的用途、性能和控制特性。

① 机械结构系统。机械结构系统即工业机器人的本体结构，包括基座和执行机构，有些机器人还具有行走机构，是机器人的主要承载体。机械结构系统的强度、刚度及稳定性是机器人灵活运转和精确定位的重要保证。

② 驱动系统。驱动系统包括工业机器人动力装置和传动机构，按动力源分为液压、气动、电动和混合动力驱动，其作用是提供机器人各部位、各关节动作的原动力，使执行机构产生相应的动作。驱动系统可以与机械结构系统直接相连，也可通过同步带、链条、齿轮、谐波传动装置等与机械结构系统间接相连。

（2）传感部分

传感部分包括工业机器人的感受系统和机器人-环境交互系统。传感部分是工业机器人的信息来源，能够获取有效的外部和内部信息来指导机器人的操作。

① 感受系统。感受系统是工业机器人获取外界信息的主要窗口，机器人根据布置的各种传感元件获取周围环境状态信息，对结果进行分析处理后控制系统对执行元件下达相应的动作命令。感受系统通常由内部传感器模块和外部传感器模块组成：内部传感器模块用于检测机器人自身状态；外部传感器模块用于检测操作对象和作业环境。

② 机器人-环境交互系统。机器人-环境交互系统是工业机器人与外部环境中的设备进行相互联系和协调的系统。在实际生产环境中，工业机器人通常与外部设备集成为一个功能单元。该系统帮助工业机器人与外部设备建立良好的交互渠道，能够共同服务于生产需求。

（3）控制部分

控制部分包括工业机器人的人-机交互系统和控制系统。控制部分是工业机器人的核心，决定了生产过程的加工质量和效率，便于操作人员及时准确地获取作业信息，按照加工需求对驱动系统和执行机构发出指令信号并进行控制。

① 人-机交互系统。人-机交互系统是人与工业机器人进行信息交换的设备，主要包括指令给定装置和信息显示装置。人-机交互技术应用于工业机器人的示教、监控、仿真、离线编程和在线控制等方面，优化了操作人员的操作体验，提高了人机交互效率。

② 控制系统。控制系统是根据机器人的作业指令程序以及从传感器反馈回来的信号，支配工业机器人的执行机构完成规定动作的系统。控制系统可以根据是否具备信息反馈特征分为闭环控制系统和开环控制系统；根据控制原理可分为程序控制系统、适应性控制系统和人工智能控制系统；根据控制运动的形式可分为点位控制系统和连续轨迹控制系统。

5.1.4 工业机器人核心部件及产业链

（1）核心部件

减速器、伺服电机和控制系统是工业机器人的三大核心部件，也是关键零部件。

减速器更像是机器人手、脚和全身的关节。作为最基本的机械部件，它有助于机器人的转向和整体调试。机器人上的减速器分为RV（旋转矢量）、谐波这两种类型。国内生产的机器人主流是谐波与RV混合配置，有小部分为了降低成本，生产了全谐波的小型机器人。

伺服电机是机器人的执行单元，是影响机器人性能的主要因素之一。伺服电动机又称执行电动机，在自动控制系统中，用作执行元件，把收到的电信号转换成电动机轴上的角位移或角速度输出。伺服电机是工业机器人的动力系统，一般安装在工业机器人的"每个关节"处。目前国内的伺服电机已经能够满足工业机器人使用需要。当然国内的伺服电机价格的差异也是非常之大的，在选择的时候尽量要选择工业机器人常配备的几种，如国产禾川、日本安川和富士。

控制系统是最为关键的部件，在操作运行中选择功能强大的系统能够看到较为明显的差异。好的具备更好柔和性，犹如人的手臂关节一样。控制系统负责控制机器人的运动位置、轨迹和姿态的计算，并将信号传送至伺服电机，实现插补运算和运动控制。控制系统可以分为硬件层、系统层和应用层三部分。硬件层包括控制板卡、主控单元、信号处理部分等；系统层指机器人的控制算法；应用层包括各种打磨软件包、弧焊工具包、折弯工具包等。

（2）产业链

工业机器人产业链主要是由机器人零部件生产企业、机器人本体生产企业、代理商、系统集成商、终端用户构成，如图5-4所示。本体是机器人产业链的核心，通常，本体企业设计本体、开发软件，通过代理商销售给系统集成商。系统集成商直接面向终端用户。有的本体生产企业和代理商也会兼作系统集成商。

从地区来看，日本、德国的工业机器人水平世界领先，这主要因为他们具备先发优势和技术沉淀。日本在工业机器人关键零部件（减速器、伺服电机等）的研发方面具备较强的技术壁垒。德国工业机器人在原材料、本体零部件和系统集成方面有一定优势。

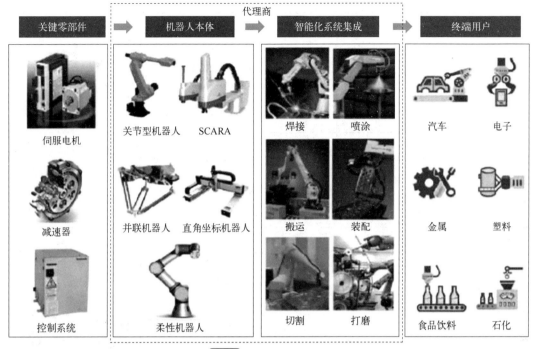

图 5-4　工业机器人产业链

从企业来看，ABB、发那科（FANUC）、库卡（KUKA）和安川电机（YASKAWA）成为世界主要的工业机器人供货商，占据世界约 50% 的市场份额。随着工业制造业产业升级，以及各种新技术的涌现，机器人制造商在生产过程中，也会考虑其终端用户的使用需求，做出相应调整。未来工业机器人将朝着人形复合机器人方向发展。

5.1.5　工业机器人分类

关于工业机器人的分类，国际上没有制定统一的标准，可按负载重量、控制方式、自由度、结构、应用领域等划分。

这里我们从最直观的关节数与结构角度将工业机器人分为：多关节机器人、直角坐标机器人、并联机器人、协作型机器人、SCARA。其中多关节机器人涵盖了四关节、六关节、七关节等，如表 5-2 所示。

表 5-2　工业机器人分类

分类	性能特点	价格	应用行业及工艺	图例
多关节机器人	自由度高，载荷灵活，轨迹灵活，功能强大	根据载荷不同，10 万～20 万美元	汽车、3C 等高附加值行业和工艺，如焊接、精密装配	

续表

分类	性能特点	价格	应用行业及工艺	图例
直角坐标机器人	结构简单、精度高、载荷低	根据载荷不同，2万~5万美元	各制造业，物流设备；搬运码垛，上下料	
SCARA	在 X、Y 方向上具有顺从性，在 Z 轴方向上具有良好的刚度	根据载荷不同，5万~8万美元	PCB（印刷电路板）和电子零部件；各类装配搬运	
并联机器人	速度快，重复定位精度高，实时控制性好，载荷低	无需减速器，2万~5万美元	电子、食饮等行业；快节奏码垛，上下料	
协作型机器人	可人机协作、安全性高，适合非结构化环境	需要额外传感器，价格贵，10万~20万美元	同多关节	

（1）六关节型机器人

六关节型工业机器人（简称六关节型机器人）是当今工业领域中最常见的工业机器人。比如，自动装配、加工、搬运、焊接机器人，适合用于诸多工业领域的机械自动化点焊、弧焊、表面处理、测试、测量等工作，如图 5-5 所示。六关节型工业机器人又称为"六自由度型机器人"。其由 7 个部件和 6 个关节联结而成，拥有 6 个自由度，每个自由度均为旋转关节，具有与外界交互性能良好的开式结构。六关节型工业机器人是串联机器人，即一个轴的运动会改变另一个轴的坐标原点。

图 5-5　汽车制造中的六关节型工业机器人

（2）四关节型机器人

四关节型机器人相对于六关节型机器人省去了第五关节（腕关节）和第四关节（小臂旋转），

如图 5-6 所示。这种机器人在搬运、码垛中有着更快和更为稳定的节拍，在相同臂展及结构下，四关节型机器人相比六关节型机器人拥有的负载相对更大一些，这更有助于快速地搬运重物。

（3）七关节型喷涂机器人

七关节型喷涂机器人，主要应用于汽车喷涂。为达到更大的运动自由度，采用七轴运动系统，常常可用于代替采用线性行走轨道的解决方案，大幅降低喷漆室的投资和维护成本。机器人腕部采用柔性手腕，既可向各个方向弯曲，又可转动。其动作类似人的手腕，能方便地通过较小的区域伸入工件内部，喷涂其内表面，扩大了工作区域，如图 5-7 所示。腕部一般有 2～3 个自由度，可灵活运动。较先进的喷涂机器人一般采用液压驱动，具有动作速度快、防爆性能好等特点。喷涂机器人广泛用于汽车、仪表、电器、搪瓷等工艺生产部门。

图 5-6　四关节型机器人

图 5-7　七关节型喷涂机器人

（4）水平四关节机器人（即平面关节型机器人，SCARA）

SCARA 有 3 个旋转关节，其轴线相互平行，在平面内进行定位和定向运动。另一个关节是移动关节，用于完成机器人末端在垂直于平面方向上的运动。SCARA 广泛应用于塑料工业、汽车工业、电子产品工业、药品工业和食品工业等领域，它的主要职能是快速搬取零件和装配工作。

（5）并联三/四关节机器人（Delta 机器人）

Delta 机器人又名并联机器人或蜘蛛手机器人，具有 3 个空间自由度和 1 个转动自由度。通过示教编程或视觉系统捕捉目标物体，由 3 个并联的伺服轴确定抓具中心（TCP）的空间位置，实现目标物体的快速拾取、分拣、装箱、搬运、加工等操作。主要应用于乳品、食品、药品和电子产品等行业，具有重量轻、体积小、速度快、定位精、成本低、效率高等特点。并联机器人是一个轴运动不影响另一个轴的坐标原点的机器人。

（6）协作型机器人

协作型机器人是和人类在共同工作空间中有近距离互动的机器人，这种机器人可以完成灵活度要求较高的精密电子零部件的装配与分拣工作，在工作时能与人类并肩作战。机器人全身都覆盖有感知装置，即使在工作中触碰到人类，也能及时做出相应的反应以便可以继续作业。

按照工业机器人的应用领域，又可以分为焊接机器人、搬运机器人、装配机器人、喷涂机器人等，广泛应用于生产的涂胶、码垛、搬运、焊接、分拣等众多工业过程。

5.1.6 具身智能工业机器人概念与原理

（1）基本概念

随着人工智能技术迅猛发展，深度学习技术在语音及图像识别、自然语言处理等任务上取得了突破性的进展。近两年多模态大模型技术的发展，更是奠定了实现人机自然交互的技术基础。将成熟的工业机器人与新兴的人工智能技术融合，诞生了具身智能工业机器人。

具身智能工业机器人，英文为 embodied intelligent industrial robots，简称 EIIR。具身智能理论根源为"具身认知（embodied recoginition）"，包括人类在内的一切智能体的认知能力是由智能体自身结构决定的，并在此基础上构建自己的世界模型。而这种认知又直接影响智能体的高级心理活动，诸如推理、决策等。通俗说，具身智能就是具有身体的智能，让"大脑"有了可支配、可感知、可交互、可行动的"身体"。

（2）组成

智能工业机器人由硬件、软件系统和人工智能系统组成。硬件部分包括机器人的机身、传感器、执行器等；软件部分包括机器人的操作系统、控制算法等高级程序；而人工智能系统为机器人提供了智能化的行为和决策能力。具身智能理论认为智能体由感知系统、运动系统和世界模型三部分组成，这个论述对于 EIIR 仍然适用。

① 感知系统。通过合理选型、配置，辅以高效智能的数据算法，建立起比人类强大得多的感知系统，无论是周边环境还是 EIIR 自身，都将进行连续、不间断的状态感知，为决策提供精准的信息。如在工业检测中挑战最大的外观缺陷检测领域，通过识别和分析对象姿态和特征，自主生成检测序列，以高精度的图像传感器来追踪形态不定、位置不定的缺陷，实现柔性的、超越人类的缺陷检测能力，如图 5-8、图 5-9 所示。并在此基础上，基于动力学原理进行建模，通过信息反馈认知自身能力，并实时更新。

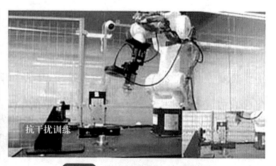

图 5-8　工业检测感知-对象识别训练　　　　图 5-9　工业检测感知-抗干扰训练

② 运动系统。打通、融合上下层系统，实现状态反馈和控制的联合处理、合并计算，共同优化、协作以满足灵活、精准、快速的要求。以关节电机为例，其视觉伺服系统由多个控制器

按层级嵌套组合而成，每一层都有自身需要优化的控制指标与对象。从整体到局部逐层细化，实现闭环控制，如图 5-10 所示。结合动力学和运动学算法，计算时间和状态最优的运动轨迹，以 10ms 级别的速度使用图像模型完成闭环运动的规划。

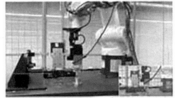

图 5-10　闭环控制

③ 世界模型。世界模型是智能体根据自身结构特点构建起来、用于解释世界的认知框架。它是动态变化的，智能体与环境的每一次互动都在不同程度上影响着它。而大模型技术结合工业数据又为世界模型提供了一个共享的基础版本，姑且称之为"基础世界模型"。当然，这个"基础世界模型"赋予了 EIIR 强大的理解能力，能够通过人类习惯的模式与人类进行信息交换。而人类训练 EIIR 的方式也发生了根本性变化，只需通过自然语言、图片、视频、动作示教等，就可与 EIIR 建立起"示教-学习-反馈"的互动模式，通过多轮对话将知识进行传递。这样的持续学习会一直贯穿在 EIIR 整个生命周期里。

（3）关键技术——智能化柔性适配

如何让标准、通用的 EIIR 产品很快具备执行具体生产任务的能力，或者如何把人类的专业技能轻便地转移到 EIIR 上，核心在于通过人机交互实现智能化柔性适配。

大模型加持下的 EIIR 将彻底逆转人机关系。人类可以用自身习惯的方式与 EIIR 沟通，如自然语言、行为示范等，从根本上打破人与机器间的语义隔离。软件方面，大模型的加持使得 EIIR 具备了快速学习的能力，保证了智能上的柔性。随着芯片技术的发展，软硬件的功能边界将变得模糊，软件硬化的趋势将会越来越明显。伴随更强大的运算能力及集成密度，EIIR 的算力密度也将实现质的提升。机械构型方面，新材料、新技术的广泛应用将为 EIIR 提供更多不同的外部形态，甚至根据任务的要求实时调整机械结构。这种能力最忠实地还原了具身智能理论的根本要求，实现了智能和机体最深程度的融合。

EIIR 的诞生和历史使命就是接管人类社会物质资料的生产，为人类的发展提供持续的物质支持，这也是它唯一的历史归宿。作为机器，随着技术的进步，EIIR 的发展势必将循序渐进。前期阶段，它将长期和人类共处在同一生产环境下。伴随技术的发展，其智能化程度会越来越高，越来越多时候将不需要与人协作就可独立完成任务。而发展的高级阶段，将会实现真正的"无人工厂"。到这个阶段，工厂、产线的组织形式将完全不同于现在，而人类也将实现从使之异化的物质生产中彻底解放出来。这对人类社会的发展所起的作用是无法估量的，将极大加快人类自我解放的步伐。

5.2　智能工业机器人的应用

生产线是智能工业机器人最常见的应用场景之一。在传统的制造业，生产线上的工作需要人工完成。这不仅占用了大量的人工和时间，同时还会存在诸如误操作、人为失误等难以避免的问题。而现在，随着智能工业机器人越来越普及，它们可以节省大量人力物力，还可以通过设备防错规避掉很多质量问题。

5.2.1　智能工业机器人在装配生产线上的应用

自动化生产线是智能工业机器人在装配领域中的主要应用之一。它可以代替工人完成一系列的操作，从而提高生产效率和生产质量。如图 5-11 所示，在汽车生产线上，机器人可以完成汽车发动机组装、车身喷漆、零件装配等工作。这些机器人可以根据生产计划自动执行任务，从而实现高效的生产。它们还可以处理繁重且危险的任务，否则这些任务需要工人使用防护装备完成。

图 5-11　汽车生产线上的智能工业机器人

将机器人与装配线（装配生产线）结合起来，可以有效地提高制造效率，提高装配生产线的装配质量。智能工业机器人对于繁琐重复、需要高精度的装配任务可以完成得更好，不仅可以大大减少在装配过程中的错误率，还可以节省大量的人力资源，同时提高了能效。

智能工业机器人装配线在工厂生产中的优势还在于它们可以进行智能化的数据处理。在工厂中，有很多生产过程需要进行数据的收集和分析，如温度、压力、速度和质量等。通过采用智能工业机器人装配线，可以实现实时数据采集和分析，从而保证生产过程的高质量和高效率。

航空产品的制造和维护与汽车不同，表现在产品尺寸大小、制造过程精度、产品数目、控制水平等方面。飞机零件多、结构尺寸大，并且复杂度高，需要作业通道和人的互动。要顺利将工业机器人引进到飞机的制造与装配中，必须解决机器人的精确定位问题。需要利用如下关键技术：低成本可重构柔性工装技术、多功能末端执行器技术、激光跟踪丈量定位技术、机器视觉图像处理技术、离线仿真编程技术、动态位姿补偿控制技术。

将工业机器人和特种机器人（爬行、柔性导轨以及蛇形机器人）应用于飞机装配系统，将使飞机装配具备数字化、自动化、柔性化和智能化的特点。多家智能设备公司均开发了柔性导轨制孔系统，大量应用于波音、空客等飞机的装配作业，如图 5-12 所示。工作时，机器人通过真空吸盘将自身固定在飞机产品上，在视觉系统的帮助下完成位置坐标的自适应调整，在其工作空间内完成制孔作业。装配系统还包括测量辅助机器人定位系统、多功能钻铆末端执行器、自动托架系统、力位多传感调姿定位器、调姿定位控制系统、调姿在线测量系统、调姿系统软件、AGV（自动引导车）等。

图 5-12　飞机装配生产线上的智能工业机器人

飞机总装智能装配生产线在航空制造领域的应用，是飞机数字化柔性装配技术的一个重要发展趋势。目前，国外已在飞机的总装生产中应用了移动装配生产线或脉动式装配生产线，以提高飞机的生产率和质量。美国 F35 战斗机建立了完整的数字化智能移动装配生产线，实现了装配过程全自动控制、物流自动精确配送、信息智能处理等功能，达到了年产 300 架的能力。波音公司在波音 777 的飞机总装配中应用了移动装配生产线，使得生产系统更精益且更有效。在提高生产效率和质量的同时，还能使制造飞机的人员得到更大的保障。

5.2.2　智能工业机器人在焊接生产线上的应用

焊接作业是工业生产中的重要工序，焊接作业具有一定的危险性，并且焊接的质量对整个生产的质量具有重要的影响。传统的人工焊接需要工作人员具备丰富的经验，根据实际情况完成相关的作业，还要做好检测工作，保证焊接效果，因此整个焊接作业需要消耗一定的时间和人力成本。

目前将工业机器人应用到汽车制造领域中，能够快速完成大量焊接任务，提升焊接的精准性和焊接效果，有效避免人工作业失误。随着科学技术进步与发展，焊接机器人智能化程度不断提升，已被广泛应用到点焊、弧焊、激光焊等工序，显著提高焊接质量和效率，降低人工操作误差。随着焊接技术的不断进步，智能工业机器人已经可以完成更加复杂的焊接任务。图 5-13 为立柱焊接生产线，图 5-14 为汽车焊接生产线。

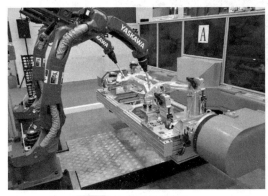

图 5-13　立柱焊接生产线

图 5-14　汽车焊接生产线

在汽车工业制造中，工业机器人应用最多的场景就是焊接，其中以点焊和弧焊技术应用最多。因此工业机器人又被分为点焊机器人和弧焊机器人两类。焊接是车身加工制造的关键技术，自动化焊接生产线具有效率高、加工精确、适应性好的特点，已全面应用到汽车的生产制造过程中。汽车加工的焊接生产线工艺应用于拼焊、车身焊接和汽车零部件焊接等多个领域，生产工艺十分复杂。

以车身焊接生产线为例，其由若干个工位组成，每个工位有具体的任务目标，不同工位通过输送装置连接，从而形成一个整体的生产线。总体上讲，对车身的焊接从以下四部分进行：

① 对汽车的侧围进行焊接，主要包括左、右部位的侧围焊接工序；

② 对引擎盖、尾门、四个车门等分拼总成进行焊接；

③ 对车身底部的前、中、后地板总成进行焊接；

④ 对车身整体拼合进行焊接、顶盖部分激光焊接，使金属部件形成完整的汽车体。

汽车焊接生产线中包含了焊接机器人、输送装置、定位装置、检测装置、报警装置等。机器人焊接是模拟传统人工焊接流程，完成对车身所需各个部位的焊接任务，不同生产线、不同工位的机械手臂在自由度、精确度、焊接能力等方面是各不相同的，目前应用较多的是六轴工业机器人。机器人焊接设备逐渐由传统布局向密集化布局转变，且通过一组机器人设备不同工具的变换能实现不同车辆的加工，显著降低了机器人设备数量，节省了输送焊接的能源消耗。

在桥梁制造中，焊接工时约占钢桥制造总工时的 60%～70%，焊接高效化可有效缩短产品制造周期，降低制造成本。先进的焊接材料、焊接设备、焊接工艺是焊接高效化的有效手段，钢桥产品的工厂化加工、标准化制作是焊接高效化的重要条件。传统的钢桥焊接制造以人工焊接为主，生产效率低、受人为因素影响大、焊接质量稳定性差、高技能人才招工难。经过多年发展，机器人焊接技术在钢箱梁制造中得到了全方位的应用。横隔板单元机器人、横肋板单元机器人、面板立体单元机器人在板单元智能化焊接技术中有较好应用，如图 5-15 所示。

图 5-15　横隔板单元机器人焊接系统

单元机器人焊接系统常由移动底座行走机构、旋转装置、立柱等多个机构组成，悬臂系统时可以使得机器人在大梁内部所有的可焊接焊缝均可达。机器人配置了弧焊传感器和寻位功能，可以进行电弧跟踪和焊缝起始点寻位，在工件装配出现安装误差时可以进行纠偏。焊接系统包括焊机、送丝机以及焊枪等设备，可以进行焊接参数调节。有的机器人焊接工作站实现一键式按钮启动，即实现一种无人化操作，也无须其他的人为干预。机器人在板单元焊接中较为成熟，通过实现焊接自动化，提高了生产效率和产品质量，解决了劳动力短缺等问题。

5.2.3　智能工业机器人在搬运生产线上的应用

智能机器人的运动灵活性和高强度使其成为一个理想的搬运工具。工厂的物流部门可以将机器人用于搬运重量大或重复的物品。此外，大型物品（如汽车或飞机零部件）的移动和搬运有很高的风险，机器人可以使这些工作变得更加安全和准确，如图 5-16、图 5-17 所示。

图 5-16　桥式防爆重载搬运机器人

图 5-17　智能搬运机器人

在工业制造领域，智能搬运机器人的主要功能是完成工厂内原材料、半成品、成品等物料的搬运和输送，从而提高生产效率和降低人工成本。此外，智能搬运机器人还可以协助生产线的组织和优化，以达到更高的生产效率。智能搬运机器人的主要功能包括自主导航、智能搬运、安全检测等。智能搬运机器人具备自主导航能力，可以根据环境信息，选取合适的路线，避开障碍物完成工作任务。通过激光雷达、视觉传感器等，实现实时获取环境信息、定位、路径规划等功能。智能搬运机器人能够完成物品的搬运任务，包括固定式搬运和移动式搬运。智能搬运机器人具备安全检测功能，可以实现多种安全保护措施。通过红外线、摄像头等，对周围环境进行监控，确保操作过程中的安全。

搬运机器人的出现，不仅可以充分利用工作环境的空间，而且提高了物料的搬运能力，大大节约了装卸搬运过程中的作业时间，提高了装卸效率，减轻了人类繁重的体力劳动。目前已被广泛应用到工厂内部工序间的搬运、制造系统和物流系统连续的运转以及国际化大型港口的集装箱自动搬运。

5.2.4　工业机器人系统应用案例

在热轧钢卷的生产过程中，为方便生产厂家追踪产品质量，使用户了解产品的相关信息，产品出厂前一般在其上打码标明生产代号、产品规格、材质、质量、钢的炉号和生产日期等。传统的热轧钢卷生产线一般采用人工打码，但生产中存在偏码、错码、漏码等现象，不便于生产管理和质量追踪。基于此问题，研究人员设计了一套基于机器人的热轧钢卷激光打码系统（自动打码系统），通过机器人携带激光打码机在热轧钢卷的侧面打印编码信息，采用机器人代替人工来完成打码，实现整个打码系统的自动化，进一步实现降本增效、质量提升。

（1）热轧钢卷自动打码系统方案设计

热轧钢卷自动打码系统工作主要由工业机器人、激光打码机（带防护罩）、安全防护栏、行程开关、上位机、机器人控制柜等组成，如图 5-18 所示。

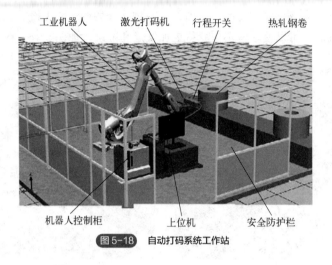

图 5-18 自动打码系统工作站

激光打码机安装在机器人前端，并安装有防护罩。工业机器人是打码系统的执行机构，机器人控制柜控制机器人动作。安全防护栏主要起防护作用，平时禁止非相关人员活动。上位机主要功能是监控机器人与激光打码机的运行过程和获取激光打码机所需要的码。其获取码的方式有两种：一种是操作人员在工控机上人工输入所要打的码；另一种是通过 TCP/IP 协议与钢厂 MES 通信，从数据库取得码。编码信息包括牌号、规格、炉号、执行标准等。编码信息的读取和传递，是通过控制系统将码输出到激光打码机的 EZCad 软件，完成编码信息的转换与传递功能。

自动打码系统作业流程如图 5-19 所示。首先上位机接收到钢厂 MES 的编码信息，并将需要打的码传递给激光打码机，激光打码机等待打码开始信号。待到钢卷运动到指定位置后，传送带停止，机器人对钢卷打码位置进行定位，然后确定位置合适后激光打码机进行打码。打码完成后，机器人回到原点，工控机与打码机清空已完的成码信息，准备下一工作任务。

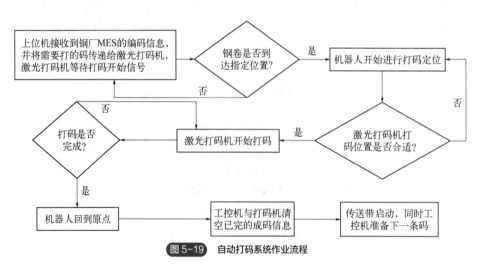

图 5-19 自动打码系统作业流程

（2）系统软硬件设计

软件：RobotStudio、EZCad 软件、MES 系统、SDK。

硬件：激光打码机、ABB 机器人、上位机、行程开关和各种通信模块。

系统通信架构如图 5-20 所示。

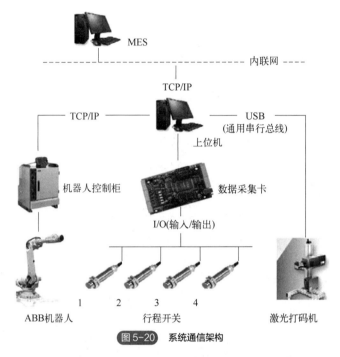

图 5-20　系统通信架构

① ABB 机器人程序控制逻辑设定。根据采用的定位策略，机器人逻辑控制流程如图 5-21 所示。首先把四个行程开关按顺时针顺序进行编号，并分成两组，它们的号码分别是 1、2、3、4，对应数字量输入变量分别为 di1、di2、di3、di4，其中，1、4 为 A 组，2、3 为 B 组。

在 A、B 两组中如果有一个行程开关触发则该组的位置信号就置为 1，具体流程如下：

a. 机器人控制柜接收到打码系统上位机的开始打码信号后，机器人程序开始启动。

b. 调整激光打码机的位置，使之与钢卷垂直。

c. 机器人开始向前加速运动，距离热轧钢卷 200mm 处机器人开始减速前进。

d. 判断 A、B 两组信号是否都触发，如果是，则机器人停止，并向打码系统的上位机发送到位信号；如果否，再判断 A 组信号是否为 1。

e. 如果 A 组信号为 1，则机器人以 1、4 为轴向左转，直到 B 组信号触发，机器人停止；如果否，则机器人以 2、3 为轴向右转，直到 A 组信号触发，机器人停止。

f. 如此循环到 A、B 两组信号都触发，则机器人停止，并向打码系统的上位机发送到位信号。

② 打码系统功能实现。该打码系统主要通过人机界面实现两个目标功能：一是打码系统工作过程的实时监控，二是编码信息的获取与传递。

打码系统工作过程的实时监控包括对 ABB 机器人的连接状态、激光打码机的连接状态以及系统启停的指示灯显示，同时还有对机器人、激光打码机和行程开关的工作状态实时监控，以及对机器人的空间坐标和与各设备通过以太网实时通信状态进行同步显示。另外，对于操作模式的选择系统提供了手动和自动两种操作模式：自动模式是主要模式，一般系统正常运行时都是此模式；手动模式是辅助模式，其主要是针对完成一些特殊的打码要求，增大打码系统的适用范围。当打码系统出现故障时，系统会显示报警弹窗，显示故障代码和相应的报警信息。

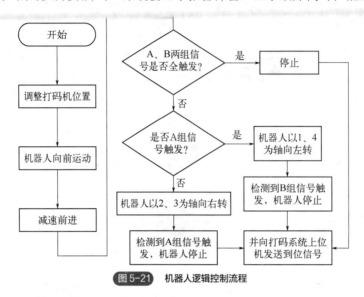

图 5-21　机器人逻辑控制流程

对于编码信息的获取与传递见本小节第（1）部分。

③ 网络通信实现。主要包含两部分：上位机与 ABB 机器人的通信和上位机与钢厂的 MES 的通信。其中，由于 ABB 机器人、上位机、钢厂 MES 之间的应用软件都相互独立，并且它们之间的接口也不相同，没有一款合适的上位机编程软件能同时协调好三者之间的通信问题，因此，需要针对此问题重新设计一套程序系统。在其底层程序开发中，解决好三款系统软件之间的通信问题，是该通信的重难点。

a. 上位机与 ABB 机器人的通信。该系统首先采用 PC SDK 在上位机上设计 ABB 机器人的操作界面，实现本地和远程程序的变量同步，然后使用 TCP/IP 通信协议与 ABB 机器人控制柜进行通信，实现对远程端机器人的控制和管理，其结果如图 5-22 所示。其设计方法如下：

获取或设置机器人的 robtarget 或 path 信息；

搭配 socket 可以实现上位机控制机器人的手动运行；

监控示教器的所有错误状况；

运行或停止机器人 task；

设定或获取机器人 pers 变量数据，实现上位机与机器人程序的交互；

通过 pers 变量修改触发机器人程序中断；

修改或读取机器人中的数组数值。

图 5-22　机器人状态显示图

b. 上位机与钢厂 MES 的通信。该系统是通过读取 XML 文件，显示在上位机界面。首先从钢厂 MES 提供的 XML 接口获取编码信息，然后保存到本地文件夹中，再利用 XMLReader 从本地文件夹进行 XML 文件数据访问。

④ 界面显示。把读取到的数据库编码信息按照要求显示到上位机界面上，实现数据可视化。如图 5-23 所示为自动激光打码后的效果。

图 5-23　钢卷激光打码效果

智能制造中应用的工业机器人，具有较高的灵活度和生产效率，且具有较强的可拓展性，其应用范围逐渐扩大，受到制造企业的青睐。作为一种高科技的机械装置，展现出快、准、稳的特点，逐渐取代传统的手工制造。工业机器人的应用大大提高了生产效率，这主要是由于工业机器人可以在短时间内完成重复作业，并且生产精度比人工更高。工业机器人设置好程序后，会按照程序持续操作，其间也不会出现停顿，相比于人工，其生产效率更高，更可以满足工业生产需求，提高企业产品市场竞争力。应用工业机器人进行制造，能够利用其可扩展性，通过编程、自动控制等方式，让机器人的功能得以拓展，从而快速完成指定生产工序。在智能制造快速发展的今天，工业机器人通过编程拓展功能这一特点，更具生产优势。实际生产时可以根据需求，及时拓展内容，增强工业机器人的功能性，满足生产需求。

虽然机器人技术在近几年取得了非常大的进步，但我们要清醒地看到中国工业机器人产业发展面临的巨大挑战。随着人工智能、物联网和大数据等技术的不断发展，工业机器人将更加智能化和灵活化，它们将更好地适应复杂多变的生产环境，实现更高水平的自动化和智能化生产。

5.3　智能技术——机器视觉

5.3.1　机器视觉概述

（1）机器视觉概念

机器视觉（machine vision）又称计算机视觉（computer vision，CV），是一门"教"会计算机如何去"看"世界的学科。形象地说，就是给计算机安装上眼睛（照相机）和大脑（算法），让计算机能够感知环境。研究表明，人脑接收的信息约 80% 来自视觉，视觉是我们最强大的感知方式，它为我们提供了关于周围环境的大量信息，从而使得我们可以在不需要进行身体接触的情况下，直接和周围环境进行智能交互。如果把脑接收信息的通道比作流进太平洋的河流，那视觉就是长江黄河级别，听觉顶多算是淮河，嗅觉基本就是乡间小桥下的那条小溪了，可见视觉如此重要。

谁的视觉最厉害？是葫芦娃的千里眼，还是奥特曼的动感光波？如果说葫芦娃的眼睛是人类视觉的杰出代表，那奥特曼的眼睛就代表了机器视觉。简单说来，机器视觉就是用机器代替人眼来做测量和判断。机器视觉通过对采集的图片或视频进行处理以实现对相应场景的多维理解。机器视觉系统是通过机器视觉产品[即图像摄取装置，分 CMOS（互补金属氧化物半导体器件）和 CCD（电荷耦合器件）两种]将被摄取目标转换成图像信号，传送给专用的图像处理系统，得到被摄取目标的形态信息，根据像素分布和亮度、颜色等信息，转变成数字化信号；图像系统对这些信号进行各种运算来抽取目标的特征，进而根据判别的结果来控制现场的设备动作。

机器视觉的应用主要有检测和机器人视觉两个方面。机器视觉的大部分进展都是在工业应用中取得的。在工业应用中，视觉环境是可以被控制的。如图 5-24 所示，我们使用视觉系统来指导机器臂抓取传送带上的零件。

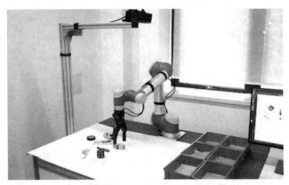

图 5-24　机器视觉抓取物块

机器视觉是人工智能正在快速发展的一个分支。机器视觉是一项综合技术，包括图像处理、控制、电光源照明、光学成像、传感器、模拟与数字视频、计算机软硬件等技术。机器视觉技术的应用与人类视觉相比，具有较强的优势。机器视觉可以长时间运作，且不会产生视觉疲劳；机器视觉具有很强的客观性，不会因过度工作而产生主观意识的偏差；重要的一点是，利用机器视觉技术，其精准度与速度都比人类直观视觉要准确与快速。

（2）机器视觉系统组成

一个典型的基于 PC（计算机）的工业机器视觉系统包括光源、镜头、相机、采集卡等几个部分，如图 5-25 所示。

近年来，随着机器视觉技术的日益成熟，集成了图像采集功能的数字摄像机得到广泛使用。通常说，相机、镜头和光源组成机器视觉系统的硬件系统。

① 相机。CMOS 和 CCD 都是工业相机，与普通相机相比，工业相机传输能力更强，针对性更强，功耗也更高，具有极强的抗干扰能力和成像稳定性。CCD，英文全称 charge coupled device，称为感光耦合组件，又称电荷耦合器件。CCD 是一种半导体器件，能够把光学影像转化为数字信号。

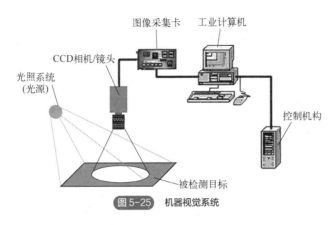

图 5-25 机器视觉系统

CCD 上植入的微小光敏物质称作像素（pixel）。一块 CCD 上包含的像素数越多，其提供的画面分辨率也就越高。CCD 的作用就像胶片一样，把图像像素转换成数字信号。CCD 上有许多排列整齐的电容，能感应光线，并将影像转变成数字信号。经由外部电路的控制，每个电容能将其所带的电荷转给与它相邻的电容。

CCD 相机（图 5-26）具有高灵敏度、低噪声、动态范围宽、稳定性良好等优点，已获得广泛应用。常见的工业相机分类如表 5-3 所示。选择相机时主要考查分辨率、速度、噪声、信噪比、动态范围、光谱响应率和数据接口等性能参数。

图 5-26 CCD 相机　　　　图 5-27 镜头

表 5-3 工业相机分类

分类方法	名称	
按芯片结构	CCD 相机	CMOS 相机
按照传感器结构	面阵相机	线阵相机
按照输出模式	模拟相机	数字相机
按颜色	彩色相机	黑白相机

② 镜头。镜头在机器视觉系统中承担了眼睛的作用，主要是用以调制光束，达成最佳成像效果，捕捉检测特征。镜头类型包括：标准、远心、广角、近摄和远摄等，如图 5-27 所示。一般是根据相机接口、拍摄物距、拍摄范围、CCD 尺寸、畸变允许范围、放大率、焦距和光圈等参数进行镜头的选择。工业镜头比起普通镜头，针对性也更强，不追求全能，只追求一个方向的性能最佳。

③ 光源。光源是机器视觉输入的重要组件，是观测物体的起点。光源的适合度直接关系到

物体特征能否被观测到以及图像的质量。光源的选取与打光合理与否可直接影响至少 30% 的成像质量，所以光源是机器视觉系统中非常重要的一部分。光源选型基本要素包括对比度、亮度、鲁棒性等。

对比度：对比度对机器视觉非常重要。机器视觉应用光源最重要的任务就是使需要被观察的特征与需要被忽略的图像特征之间产生最大的对比度，从而易于特征的区分。对比度定义为在特征与其周围的区域之间有足够的灰度量区别。好的光源应该能够保证需要检测的特征突出于其他背景。

亮度：当选择两种光源的时候，最佳的选择是选择更亮的那个。当光源不够亮时，可能有三种不好的情况会出现。第一，相机的信噪比不够，由于光源的亮度不够，图像的对比度必然不够，在图像上出现噪声的可能性也随之增大。第二，光源的亮度不够，必然要加大光圈，从而减小了景深。第三，当光源的亮度不够的时候，自然光等随机光对系统的影响会最大。

鲁棒性：测试好光源的方法是看光源是否对部件的位置敏感度最小。当光源放置在摄像头视野的不同区域或不同角度时，结果图像应该不会随之变化。方向性很强的光源，增大了对高亮区域的镜面反射发生的可能性，这不利于后面的特征提取。光源的类型如表 5-4 所示。

表 5-4　光源类型

类型	光效/（lm/W）	平均寿命/h	色温/K	特点
卤素灯	12～24	1000	2800～3000	发热量大，价格便宜，体型小
荧光灯	50～120	1500～3000	3000～6000	价格便宜，适用于大面积照射
LED（发光二极管）灯	110～250	100000	全系列	功耗低，发热量小，使用寿命长，价格便宜，使用范围广
氙灯	150～330	1000	5500～12000	光照强度高，可连续快速点亮
激光		50000	全系列	具有良好的方向性、单色性与相干性

工业光源一般随着检测项目的需求变动而进行定制，没有可通用的光源方案。好的光源应该能够产生最大的对比度、亮度足够且对部件的位置变化不敏感。具体的光源选取方法还在于试验的实践经验。另外，打光方式也会影响图像采集。常见的打光方式有前面打光法、后面打光法、结构光打光法、混合多方式照明和特殊式打光法等。实践中常发生由于外界光照、天气等因素影响视觉检测准确率的问题，这与光源有很大关系。

另外，图像采集卡直接决定了镜头的接口。接口有黑白、彩色、模拟、数字等。比较典型的有 PCI 采集卡、1394 采集卡、VGA 采集卡和 GigE 千兆网采集卡，这些采集卡中有的内置多路开关，可以连接多个相机，同时抓拍多路信息。

软件系统主要指机器视觉系统中自动化处理的关键部件，根据具体应用需求，对软件包进行二次开发，可自动完成图像采集、显示、存储和处理。在选购机器视觉软件时，一定要注意开发硬件环境、开发操作系统、开发语言等，确保软件运行稳定，方便二次开发。

（3）机器视觉发展历程

机器视觉是一门连接计算机科学与人工智能的跨学科领域，利用数字图像及其处理技术，使计算机能够理解和解释整个世界的视觉信息。随着科技的发展，机器视觉得到了广泛的应用和发展。其发展历程如图 5-28 所示。

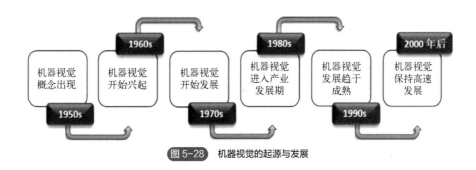

图 5-28　机器视觉的起源与发展

1956 年，德国神经解剖学家沃伦·麦卡洛克（Warren McCulloch）和数学家沃尔特·皮茨（Walter Pitts）提出了感知器模型。这种模型是基于模拟人类大脑工作原理的模型，是机器视觉技术的基础。

1963 年，麻省理工学院的拉里·罗伯茨（Larry Roberts）博士以 *Machine Perception of Three-Dimensional Solids* 的博士论文，打响了计算机视觉（CV）作为新兴研究方向的第一枪。从此 CV 成为一个独立的研究领域，主要研究从图像中提取立方体等多面体的三维结构，并对物体形状及其空间关系进行描述。

1966 年，麻省理工学院关于人工智能研究的"Summer Vision"计划启动，开始了首次正式的计算机视觉工作，旨在 1966 年夏季解决计算机视觉问题，这标志着视觉技术的诞生。

麻省理工学院人工智能实验室的明斯基（Minsky）是人工智能的先驱，在全世界广发英雄帖，邀请到了世界很多有名的青年学者，其中一位叫作大卫·马尔（David Marr）。David Marr 是 CV 界公认的第一位"武林盟主"，他的书影响和激励了研究者。David Marr 提出了视觉计算理论，明确规定了视觉研究体系，他主张以层的方式看待图像的思想。计算机视觉以视觉计算理论为基础，为视觉研究提供了统一的理论框架。

20 世纪 70 年代中期，麻省理工学院人工智能实验室正式开设"机器视觉"（machine vision）课程，由贝特霍尔德·霍恩（Berthold Horn）教授讲授。

20 世纪 80 年代，立体视觉发展迅速。机器视觉研究领域的关键突破之一是立体视觉，这可用于计算图像中物体的三维位置。在这个领域，发展出了基于视差计算的算法和基于区域匹配的算法。

20 世纪 90 年代，开发了模型的机器视觉。这个时期的机器视觉研究主要是基于模型的方法，即采用基于模板匹配、形状分析或纹理分析等算法。但是，该算法也面临着对数据量、物体型号和摄像机（相机）视角等要求较高的问题。

21 世纪初至今，随着深度学习技术的发展，机器视觉技术也得到了重大突破。基于深度学习的机器视觉方法更加高效、准确和灵活。现在，机器视觉被广泛应用于人脸识别、视频监控、自动驾驶、智能医疗以及虚拟现实等领域。

以上是按时间顺序梳理了机器视觉的发展历程。下面我们从国内、国外的视角来看机器视觉的发展历程。

国外：20 世纪 50 年代提出的机器视觉概念，20 世纪 60 年代开始兴起，20 世纪 70 年代真正开始发展，20 世纪 80 年代进入产业发展期，20 世纪 90 年代发展趋于成熟，21 世纪后进入高速发展期。在机器视觉发展的历程中，有两次大的飞跃：一是 20 世纪 70 年代 CCD 图像传感器的出现，摄像机是机器视觉发展历程中的一个重要转折点；二是 20 世纪 80 年代 CPU、DSP（数字信号处理器）等图像处理技术的飞速进步，为机器视觉飞速发展提供了基础条件。

从全球机器视觉行业当前格局来看，中、德、美、日等工业强国占据了机器视觉技术及应用的绝大部分市场。在国外，机器视觉广泛应用于半导体、电子信息、汽车、食品、医疗等行业。进入 21 世纪，国外机器视觉市场虽增速放缓，但在技术上仍处于领先地位。

国内：开始起步于 20 世纪 80 年代，20 世纪末和 21 世纪初进入发展初期，2010 年前后至今一直在高速发展。中国成为世界机器视觉发展最活跃的地区之一，其中最主要的原因是中国已经成为全世界的制造中心，建设了许多先进生产线，许多具有国际先进水平的机器视觉系统也进入了中国。国内的视觉企业研发投入不断增加，研发出了一些非常具有竞争力的产品。从相机、镜头、光源到图像处理软件等，国内陆续涌现一批技术成熟的研发型厂商。受到制造业人口红利消退、智能制造支持政策刺激以及工厂自动化亟待提高等多重因素的共同作用，中国已成为世界机器视觉发展最有潜力和最为活跃的地区之一。

总之，机器视觉的发展历经多个阶段，从最初的感知器模型到现在的基于深度学习技术的方法，机器视觉技术不断推动着科技的发展和变革。更加高效、精准、智能的机器视觉系统，将是未来的一个重要方向。

（4）机器视觉应用与面临的挑战

① 应用。机器视觉在各个领域都有广泛的应用。机器视觉在发展过程中，已经衍生出了一大批快速成长的、有实际应用的场景。随着深度学习的最新进展，极大地推动了下面这些先进的视觉识别系统的发展：

控制过程：如工业机器人；

导航：如自主汽车或移动机器人的视觉导航；

事件检测：如基于视频监控的人数统计；

组织信息：如对于图像和图像序列的索引数据库；

造型：如医学图像分析系统或地形模型；

人机交互：如面部识别开锁、签到；

识别：如制造业中的产品缺陷检测；

监测：如安防、电子警察。

在工业领域，机器视觉可以用于质量控制、产品检测和机器人导航等任务，提高生产效率和产品质量。机器视觉可用于在产品在线时捕获有关产品的视觉信息。如果在产品中发现缺陷，可以将其从生产线上移除，从而提高产品质量并节省资源，如图 5-29 所示。机器视觉可用于预测性维修等流程，其中机器使用视觉信息来预测未来的维修需求。因此，机器可以在故障发生之前得到所需的维修。如图 5-30 所示，利用机器视觉还可实现自动装配。

在医疗领域，机器视觉可以辅助医生进行诊断和手术操作，提高医疗水平和患者的生存率。机器视觉可以识别和诊断疾病，如肿瘤、糖尿病和心脏病等。

机器视觉是自动驾驶汽车的关键组成部分。其硬件和软件使汽车能够"看到"其外部环境，例如停车标志和其他车辆。对视觉效果进行分析后，汽车将自主行动。

在安防领域，机器视觉可以用于人脸识别、行为分析和异常检测等，提高监控系统的安全性和效率。

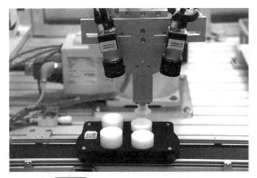

图 5-29　工业生产上机器视觉检测

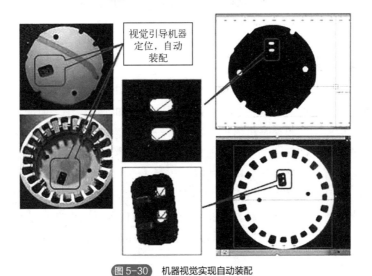

图 5-30　机器视觉实现自动装配

② 挑战。虽然机器视觉已经取得了很大的进展，但仍然存在许多挑战和问题。其中之一就是对大规模和复杂数据的处理和解析。随着摄像头（镜头）和传感器的广泛应用，机器视觉需要具备更高的处理能力和更复杂的算法来应对这一挑战。另一个挑战是如何使机器视觉更具鲁棒性和可靠性。由于图像和视频数据往往受到光照、噪声和遮挡等因素的干扰，机器视觉需要具备更强的抗干扰能力和适应性。据麻省理工学院相关报道，来自 Google 和 OpenAI 的研究人员发现了机器视觉算法的一个弱点，机器视觉会被一些经过修改的图像干扰，而人类可以很容易地发现这些图像的修改之处。

5.3.2　机器视觉原理

机器视觉检测现已被广泛用于各大领域商品的缺点检测、尺度检测中，如用视觉体系检测电子部件的缺点或偏移的针脚，用视觉体系丈量电子部件形状或区别颜色来进行检查错误安装等。其在消除碎屑或凹陷等商品缺点，以保证商品的功用和性能方面至关重要。本节以机器视觉检测技术为例说明机器视觉的原理，再介绍机器视觉任务。

（1）机器视觉检测系统原理

机器视觉检测系统采用 CCD（电荷耦合器件）相机，将被检测的目标转换成图像信号，传送给专用的图像处理系统，根据像素分布和亮度、颜色等信息，转变成数字化信号。图像处理系统对这些信号进行各种运算来抽取目标的特征，如面积、数量、位置、长度。再根据预设的允许度和其他条件输出结果，包括尺寸、角度、个数、合格/不合格、有/无等，实现自动识别功能。

（2）机器视觉检测技术分类

① 机器视觉检测技术依照检测功用可分为：定位、缺点检测、计数/遗失检测、尺度丈量。

② 机器视觉检测技术依照其装置的载体可分为：在线检测和离线检测。

③ 依照检测技能分为：立体视觉检测、斑驳检测、尺度丈量、OCR（光学字符识别）技能等。

（3）机器视觉任务

机器视觉的主要任务包括图像分类和识别、目标检测和跟踪、图像分割和分析等。其中，图像分类和识别是机器视觉的基础任务，它旨在通过学习和训练算法，使计算机能够识别和分类输入的图像。目标检测和跟踪是机器视觉中的另一个重要任务，它旨在从图像或视频中检测和跟踪特定对象或目标。图像分割和分析则是机器视觉中的一个关键任务，它旨在将图像分割为不同的区域，并对每个区域进行分析和理解。

① 图像分类和识别。图像分类是计算机视觉中最基本的任务之一，它的目标是将给定的图像分为不同的类别。例如，对于一组动物图片，图像分类任务可以将它们分为"猫""狗""鸟"等类别。图像分类算法通常采用监督学习的方法，通过训练一个分类器来学习从输入图像到类别标签的映射关系。

图像分类是将图像分配到某个特定类别的任务，而图像识别则进一步将类别关联到具体的实体或对象。例如，分类任务可能会识别图像中是否存在猫，而识别任务会区分不同种类的猫，从宠物猫到野生豹子的区分。

图像分类与识别作为计算机视觉的基石，其技术演进完美地反映了整个领域的快速进展。从手工设计的特征到复杂的深度学习模型，该领域不仅展示了计算机视觉的强大能力，还为未来的创新和发展奠定了坚实的基础。

② 目标检测和跟踪。与图像分类不同，目标检测需要不仅识别出目标所属的类别，还需要确定其在图像中的位置信息。目标检测算法通常采用两阶段或单阶段的方法，结合了特征提取、候选框生成和分类定位等步骤，如图 5-31 所示。

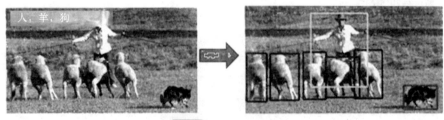

图 5-31　目标检测任务

目标检测在许多领域都有重要的应用。例如，在自动驾驶中，目标检测可以帮助车辆识别并定位前方的车辆、行人和交通标志等，从而实现智能的交通控制和安全驾驶。在智能安防监控中，目标检测可以及时发现和报警异常行为，提高安全性和反应速度。

目标跟踪是深度学习在计算机视觉中的重要应用之一。它指的是在动态环境中一旦初始位置已知，便通过分析轨迹自动识别和跟踪物体。目标跟踪隐式地使用技术来识别和分类帧中的对象，并为每个对象关联一个唯一的标识。通常，检测到的对象使用视觉指示器显示。

根据跟踪过程的范围和性质，目标跟踪可以分为视频跟踪和图像跟踪两种模式。视频跟踪是目标跟踪的一种类型，用于识别和跟踪实时变化的视频流或录像中的运动物体。它考虑帧之间的时间连续性，并利用过去帧的信息辅助跟踪过程。这在安全监控、自主驾驶车辆、交通监测等方面得到应用，如图 5-32 所示。图像跟踪，涉及检测二维图像并逐帧监视其轨迹。在这种情况下，跟踪算法独立地在各个图像上运行，而不考虑任何时间信息。它适用于包含具有与环境不同的明显差异和对比特征的图像的数据集，特点是缺乏对称性、模式有限、目标图像与数据集中其他图像之间存在多个明显区别，如图 5-33 所示。

图 5-32　视频跟踪

图 5-33　图像跟踪

根据目标跟踪的层次，目标跟踪可以分为单目标跟踪和多目标跟踪两个层次。

单目标跟踪，这个目标跟踪层次被认为是最简单的，因为焦点在于在所有视频帧中跟踪感兴趣的单个对象。目标是观察并从时间上追踪对象的位置、大小和其他属性派生一组特征。单目标跟踪技术通常用于需要完整分析对象的情境中，因此涉及使用运动线索、外观模型或特征匹配等先进技术以维持感兴趣区域的连续性。

多目标跟踪是单目标跟踪的一个更广泛的范畴。它在视频序列中同时监视和维护多个对象的轨迹，这个目标跟踪层次的潜在限制是动态环境中对象之间相互作用引起的遮挡。多目标跟踪方法涉及对象检测、数据关联和通过检测跟踪等技术，以处理这些复杂性问题并准确地跟踪多个对象随时间的变化。这在需要对环境进行多维度跟踪的情景中最常用，比如在监控系统、自动驾驶汽车等方面。

随着自动化和工业化的增加，目标跟踪算法在需要高精度和可靠性的常量视频监控场景中得到广泛应用，使用最少的人力资源。目标跟踪在监控系统中广泛应用，用于监视和跟踪场景内的个体或感兴趣的物体。它有助于识别可疑活动，跟踪入侵者，检测银行、购物中心、军事单位、政府办公室等的未经授权的对象或防盗保护。

③ 图像分割和分析。图像分割与分析是 AI 领域中一个重要的分支，是机器视觉技术中关于图像理解的重要一环。在近几年兴起的自动驾驶技术中，也需要用到这种技术。车载摄像头探查到图像，后台计算机可以自动将图像分割归类，以避让行人和车辆等障碍。

图像分割就是把图像分成若干个特定的、具有独特性质的区域并提出感兴趣目标的技术和过程。它是由图像处理到图像分析的关键步骤。现有的图像分割方法主要分为以下几类：基于阈值的分割方法、基于区域的分割方法、基于边缘的分割方法以及基于特定理论的分割方法等。从数学角度来看，图像分割是将数字图像划分成互不相交的区域的过程。图像分割的过程也是一个标记过程，即把属于同一区域的像素赋予相同的编号。

5.4 机器视觉案例实践

5.4.1 案例实践——形位识别

（1）案例描述

在我们生活中随处可见日常用品都贴着标签，如图 5-34 所示。很多人认为是人工逐个粘贴，最初多数的商品贴标方式的确是人工手动粘贴，但这种贴标方式不仅效率低下，而且标签粘贴的质量与工人的经验、准确性密切相关。人工贴标使得标签位置和角度不一致，很难达到统一，不仅影响美观，更为后续商品使用增加麻烦，所以很多企业逐步进行产业化升级，运用自动化模式贴标签，如图 5-35 所示。

图 5-34　贴标签的产品

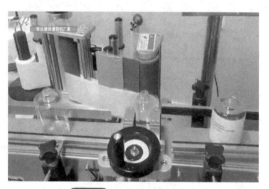

图 5-35　圆瓶贴标签生产线

（2）案例分析

以实验室现有实验设备进行形状位置案例分析。利用机器视觉技术，通过 CCD 工业相机和传感器对立体料库推至传送带上的不同形状物料块进行识别与定位，将所识别物料块的形状位置信息发送给机器人，然后工业机器人根据物料块的形状进行抓取和分类摆放，如图 5-36所示。

（3）案例实践

① 软硬件实践环境：

硬件：ABB 工业机器人、CCD 工业相机、机器视觉分拣工作站及其他相关配套元件；

软件：RobotStudio6.04 以上版本、HALCON 视觉软件。

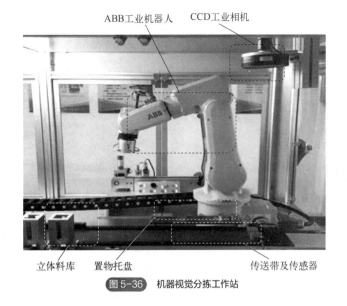

ABB工业机器人　CCD工业相机

立体料库　置物托盘　传送带及传感器

图 5-36　机器视觉分拣工作站

② 视觉系统总体方案：基于机器视觉的工业机器人贴标系统可以分为三个主要部分，系统包括相机视觉单元、上位机软件单元和机器人系统单元，具体分为工业相机、光源、系统通信、图像处理、机器人及示教器，如图 5-37 所示。

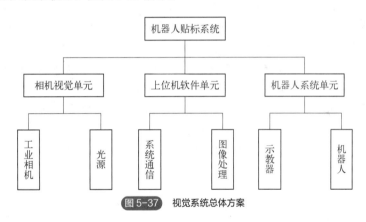

图 5-37　视觉系统总体方案

相机视觉单元包括一台工业相机和其光源，负责循环采集目标图像。相机和光源垂直固定在工作平台的正上方，这样可以减少图像倾斜带来的畸变影响。相机和计算机通过以太网连接。

上位机软件单元主要由计算机构成，需要完成控制相机获取图像，对采集到的图像进行多步处理得到目标。利用处理得到的目标，标定纸上九点中心的图像坐标和机器人坐标进行手眼标定，得到转换矩阵。

机器人系统单元根据位置信息，控制机器人进行运动工作。通过机器人定位抓取物料搬运到固定位置，来模拟实际生产中的机器人识别定位标签，将标签吸附到商品的固定位置。

③ 物料块的识别与定位：

a. 视觉软件连接启用。将工业相机通过以太网与计算机连接后，使用 HALCON 软件自带的图像采集助手来识别图像、获取接口、选择相机采集方式、设置曝光度、进行图片的采集。在图像采集助手的界面中，点击自动检测接口，HALCON 软件实时检测与计算机连接的工业相机。实验室工业相机的以太网接口为 GigEVision2。在图像采集助手页面中点击"连接"，显示了连接相机的对应接口；点击采集按键，此时采集的为单张照片；点击实时按键，此时工业相机将处于一直采集状态，如图 5-38 所示。

图 5-38 设置图像采集参数

b. 参数设置与函数调用。在连接相机后，即可根据实际要求更改控制流和采集模式，即采集单张图像或循环采集图像等。页面中的变量名无要求不更改，防止后续程序报错。在配置完图像采集助手里的参数后，点击插入代码。open_framegrabber 是 HALCON 中用于创建图像采集对象（framegrabber）的一个函数。它的作用是和相机进行连接、初始化和设置参数，从而实现对图像数据的获取。grab_image_start 算子将打开工业相机，grab_image_async 算子控制工业相机进行拍摄图片。通过调用 open_framegrabber 函数，HALCON 会返回一个 framegrabber 对象句柄，以该句柄为参数，就可以执行后续的操作，如采集图像数据、设置曝光时间、对焦、控制硬件触发等操作。在退出使用时，需要通过 close_framegrabber 函数释放已经打开的 framegrabber 句柄，如图 5-39 所示。

图 5-39 采集照片程序

c. 图像显示。在传送带上随机摆放不同形状的物料，设置相机采集图像完成后，对图像进行采集处理，如图 5-40 所示，左侧为实际物料摆放，右侧为视觉软件采集的图像。

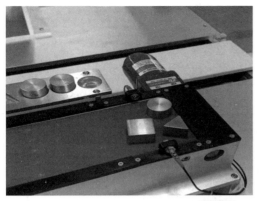

图 5-40　实物与采集数据对比图

在采集图像后，为方便后续的图像处理，需要将获取的图像设置成适当的比例打开。其中，get_image_size (Image， Width， Height) 算子为获取图像大小，然后是打开窗口算子 dev_open_window (0，0，Width/8，Height/8，'black'，WindowHandle)，最后是在窗口显示图片算子 dev_display (Image)，如图 5-41 所示。

图 5-41　图像算子

d．物料识别。对于获取到的图像，为了便于逐步提取目标，需要将背景剔除。对图像进行进一步的处理和应用，通过阈值分割可以实现。设置灰度阈值进行分割，关键在于寻找适当的灰度阈值。本设计通过使用 HALCON 软件中的灰度直方图来设置适当的阈值，如图 5-42 所示。如图 5-43，threshold(GrayImage，Region，196，255)表示 threshold 算子进行图像的阈值分割，分割阈值为 196~255 灰度值，GrayImage 是上一步转换得到的灰度图像，分割后的前景目标被存储到变量 Region 中。清除干扰后，得到前景区域。

e．目标分析。为了识别并定位工件目标，需要对图像进行连通性分析，将图像中的每个像素看作节点，而把物体之间的相对位置和接触关系看作边。connected 算子可以将一幅二值图像分成多个连通区域，并为每个区域分配唯一的整数标签，如图 5-44 所示。

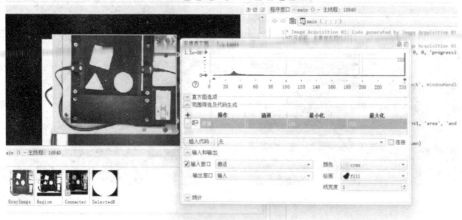

图 5-42　灰度直方图

图 5-43　阈值分割

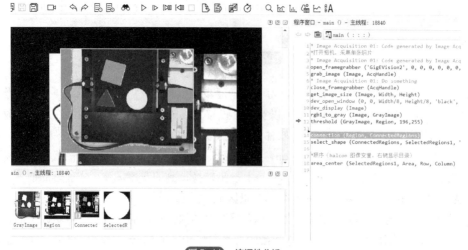

图 5-44　连通性分析

前景图像经过区域划分后,对所有区域进行特征值计算,然后根据所设的特征值进行区域选择,挑选出需要的目标,包括区域面积、区域矩形度或圆度、边长和宽度等。HALCON 中提供了图像的区域特征直方图,可以选择目标特征,在此特征下选择阈值,从而将目标区域筛选出来。在手动设定好阈值后,插入代码 select_shape(ConnectedRegions,SelectedRegions1,'area','and',119979,125264)。在图像变量窗口,右键点击 SelectedRegions1 窗口,单击"显示",可以观察到圆形物料已经被提取出来,如图 5-45 所示。

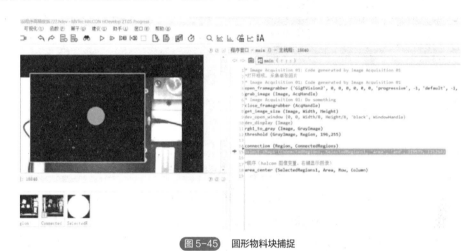

图 5-45 圆形物料块捕捉

④ 物料块拾取:机器人对圆形物料进行抓取,需要将圆形物料的图像坐标转换为机器人坐标,根据转换的机器人坐标,来运行程序。

a. 获取标定纸坐标。在 HALCON 软件中利用 read_image 算子读取打开九眼标定(也称九点标定)图像,如图 5-46 所示。

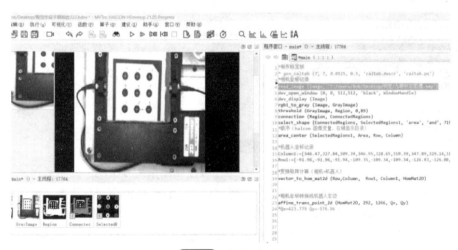

图 5-46 九眼标定图像

把图像转换为灰度图像,在灰度直方图中调整阈值,选中标定纸上的 9 个点。然后对图像进行连通性分析,将图像中的每个像素看作节点,而把物体之间的相对位置和接触关系看作边。

connection 算子可以将一幅二值图像分成多个连通区域,并为每个区域分配唯一的整数标签,如图 5-47 所示。

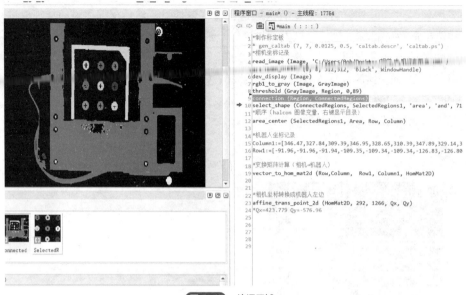

图 5-47　连通区域

目标图像分成多个区域后，对所有区域进行特征值计算，然后根据所设的特征值进行区域选择。运用 area_center（SelectedRegions1，Area，Row，Column）算子，求出目标区域的中心点。清除所有不符合特征值的背景的变量，特征值（区域面积）符合阈值的区域一共有 9 个，并且变量列表显示了 9 个区域的面积和中心点的图像坐标，如图 5-48 所示。

图 5-48　目标区域

b. 示教机器人坐标。固定好标定纸后，按顺序依次手动示教 9 个圆形的中心点，记录中心点的机器人坐标，将示教 9 个点的机器人坐标依次记录，如图 5-49 所示。注意，此时记录中心点机器人坐标的顺序要与前面目标分析中得到的区域顺序一致，否则将增大手眼标定误差。

c. 两个软件的坐标变换。将 9 个点的机器人坐标按顺序输入 HALCON 软件中，Column1:=[346.47，327.84，309.39，346.95，328.65，310.39，347.89，329.14，310.64]，Row1:=[-91.96，-91.96，-91.94，-109.35，-109.34，-109.34，-126.83，-126.80，-126.80]。运用 vector_to_hom_mat2d（Row，Column，Row1，Column1，HomMat2D）算子，计算出坐标转换的矩阵，其中，Row、Column 是图像坐标，Row1、Column1 是机器人坐标，HomMat2D 是计算得出的变换矩阵，如图 5-50 所示。

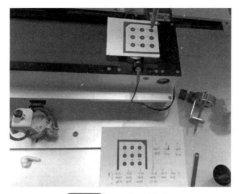

图 5-49　手动示教标定

```
8 threshold (GrayImage, Region, 0,89)
9 connection (Region, ConnectedRegions)
10 select_shape (ConnectedRegions, SelectedRegions1, 'area', 'and', 7193.55, 15769.5)
11 *顺序（halcon 图像变量，右键显示目录）
12 area_center (SelectedRegions1, Area, Row, Column)
13
14 *机器人坐标记录
15 Column1:=[346.47,327.84,309.39,346.95,328.65,310.39,347.89,329.14,310.64]
16 Row1:=[-91.96,-91.96,-91.94,-109.35,-109.34,-109.34,-126.83,-126.80,-126.80]
17
18 *变换矩阵计算（相机-机器人）
19 vector_to_hom_mat2d (Row,Column,  Row1, Column1, HomMat2D)
20
21
22 *相机坐标转换成机器人左边
23 affine_trans_point_2d (HomMat2D, 292, 1266, Qx, Qy)
24 *Qx=423.779 Qy=-576.96
25
26
27
28
```

图 5-50　变换矩阵计算结果

取一点验证转换矩阵的准确性，坐标误差小于 0.2，不影响实际生产，然后插入圆形物料的识别定位程序中，将圆形物料中心点的图像坐标利用转换矩阵变为机器人坐标。

经多次示教后，得到贴标设计中的系统误差，即 $Qx1:=[Qx-5]$，$Qy1:=[Qy+17]$，如图 5-51 所示。将转换得到的机器人坐标进行偏移后即可消除系统误差，即横坐标-5，纵坐标+17。

图 5-51　误差系统消除

⑤ 机器人编程：

a．总体方案。机器人程序编写之前，先做路径规划、可行性验证。机器人运行流程如

图 5-52 所示。

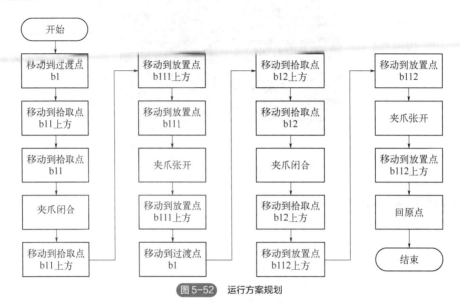

图 5-52 运行方案规划

b．实际运行关键程序点。调试运行程序，由 Home 位置，经过渡点移至目标位置上方，垂直下落移至拾取点 b11 位置，夹爪闭合夹住物块，如图 5-53 所示。

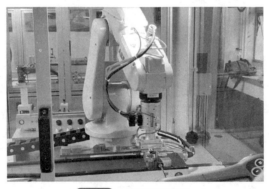

图 5-53 机械手拾取物块

机器人带物块移动到 b11 正上方，移动到放置点 b111 正上方，垂直下落到放置点目标位置 b111，如图 5-54 所示。

图 5-54 机械手放置物块

　　夹爪打开，机械手移动到放置点目标位置 b111 正上方，经由过渡点移动回拾取点，重复上述动作抓取第二个物块，直至作业流程结束回到 Home 点。

　　c. 主要程序节选。在程序编辑器中完成程序编写，该程序指令相对比较简单，通过建立子程序、Move 移动指令、Off 偏移指令、Set/Reset 信号控制指令等基本指令即可完成，如图 5-55 所示。

　　程序编写完成后，需将经过矩阵变换得到的机器人坐标输入程序中，在程序数据的数据类型中找到 robtarget 进入数据编辑界面，然后手动更改拾取点 b11、b12 的值，将转换好的机器人坐标输入，如图 5-56 所示。然后调试运行程序完成视觉分拣作业。

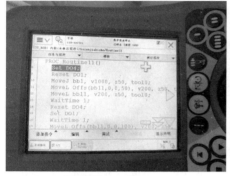

图 5-55　程序节选

图 5-56　编辑转换坐标

5.4.2　案例实践——人脸识别

　　在工业机器人的应用中，利用识别技术和智能算法，可有效保障人员的安全。如图 5-57 所示，辛米尔的工业安全视觉防护系统可在 50ms 内控制现场作业设备停止运作。安全等级设置为：当人进入二级警戒区域，机器人减速运行；当人进入一级警戒区域，机器人停止运行；当人离开警戒区域，机器人恢复运行。该系统能够 24 小时不间断地 360° 全景防护，有效保障工人安全，杜绝机器人伤人事件发生。有效替代原始物理围栏、安全光栅、激光雷达等传统手段，真正解决了自动化生产安全管理问题，使得工业现场更加智能化、实时化和可靠化。

（1）案例描述

　　在现如今刷脸支付、人脸识别门禁等应用场景中，人脸识别已经成为不可或缺的保障安全的一种手段。随着人工智能技术的飞速发展，人脸识别技术在人脸识别、人脸验证、人证对比、人脸美化编辑等方面应用非常广泛，它在安全、金融、交通等领域都发挥了重要的作用。本案例基于机器视觉原理，以图片为例，采用 Python 实现图片的人脸识别。

（2）案例分析

　　人脸识别程序主要分为准备阶段、录入人脸、识别人脸三个阶段进行，如图 5-58 所示。系统获取的原始图像由于受到各种条件的限制和随机干扰，往往不能直接使用，必须在图像处理的早期阶段对它进行灰度校正等图像预处理，然后在图像中准确标定出人脸的位置和大小。

图 5-57　工业安全视觉防护系统　　　　图 5-58　人脸识别程序主要阶段

（3）案例实践

① 软件环境：

Python 版本：Python 3 及以上。

运行环境：PyChaRm。

② 准备阶段：在 Python 中实现人脸识别需要用到 OpenCV 开源网站中的 haarcascade_frontalface_default.xml 并将其上传至 Python 库中。同时，使用 pip install 指令分别下载 pillow 与 OpenCV2 库。

本案例选用的是 OpenCV❶中的 Haar。在 OpenCV 开源网站中下载 haarcascade_frontalface_default.xml，如图 5-59 所示。

图 5-59　源代码下载

③ 录入和识别人脸：导入 OpenCV2 的库，之后将上传的图片进行灰度处理。将级联算法加载到一个变量中并识别图像中的人脸，输出所有人脸的矩形框向量。为了检测到不同大小的人脸，系统会将图像参数按一定比率逐步缩小，然后进行检测，但可能会错过部分人脸。最后

---

❶ OpenCV（open source computer vision library）是一个基于 BSD 许可（开源）发行的跨平台计算机视觉库，可以运行在 Linux、Windows、Android 和 Mac OS 操作系统上。它轻量而且高效，由一系列 C 函数和少量 C++ 类构成，同时提供了 Python、Ruby、MATLAB 等语言的接口，实现了图像处理和计算机视觉方面的很多通用算法。

在图像中画框并显示结果，在一定时间后关闭显示结果的弹窗。

按以上人脸识别顺序编译程序，关键程序节选如图 5-60、图 5-61 所示。注意，导入人脸照片格式为.jpg。

```
1   import cv2
2
3   face_cascade = cv2.CascadeClassifier('haarcascade_frontalface_default.xml')
4
5
6   img = cv2.imread('123.jpg')
7   gray = cv2.cvtColor(img, cv2.COLOR_BGR2GRAY)
8
9   faces = face_cascade.detectMultiScale(gray, 1.3, 5)
10
11  for (x,y,w,h) in faces:
12      cv2.rectangle(img,(x,y),(x+w,y+h),(255,0,0),2)
13      roi_gray = gray[y:y+h, x:x+w]
14      roi_color = img[y:y+h, x:x+w]
15      eyes = eye_cascade.detectMultiScale(roi_gray)
16      for (ex,ey,ew,eh) in eyes:
17          cv2.rectangle(roi_color,(ex,ey),(ex+ew,ey+eh),(0,255,0),2)
```

图 5-60 程序节选 1

```
# 加载图像
img = cv2.imread('123.jpg')

# 将图像转换为灰度图像
gray = cv2.cvtColor(img, cv2.COLOR_BGR2GRAY)

# 检测人脸
faces = face_cascade.detectMultiScale(gray, 1.3, 5)
```

图 5-61 程序节选 2

在 PyChaRm 集成开发环境下运行程序文件，输出结果，可标出人眼位置和人脸位置。结果表明，该程序能够对图片有较好的人脸识别效果。

 本章小结

工业机器人：工业机器人是一种具有自动控制的操作和移动功能，能完成各种作业的可编程操作机。

工业机器人四大家族：ABB、KUKA、FANUC、YASKAWA。

工业机器人的组成及核心部件：主体、驱动系统、控制系统；减速器、伺服电机和控制系统。

工业机器人的分类：多关节机器人、直角坐标机器人、并联机器人、协作型机器人、SCARA。

具身智能工业机器人：embodied intelligent industrial robots，简称 EIIR，将成熟的工业机器人与新兴的人工智能技术融合，具有身体的智能，让"大脑"有了可支配、可感知、可交互、可行动的"身体"。

EIIR 组成：感知系统、运动系统和世界模型。

机器视觉："教"会计算机如何去"看"世界的学科，通过对采集的图片或视频进行处理以实现对相应场景的多维度理解。

机器视觉系统的硬件系统：相机、镜头和光源。

思考题

（1）简述人工智能给制造业带来的优势。

（2）简述工业机器人的组成。

（3）简述智能工业机器人的类型及应用。

 习题

扫码查看参考答案

（1）研制出第一台真正意义上的工业机器人 IRB6 的企业是（　　　）。

    A．KUKA　　　　　B．ABB　　　　　　　C．FANUC　　　　　D．YASKAWA

（2）机器视觉系统的硬件系统由（　　　）组成。

    A．相机　　　　　B．镜头　　　　　　　C．光盘　　　　　D．光源

（3）智能机器人由（　　　）组成。

    A．硬件　　　　　B．光盘　　　　　　　C．软件系统　　　　D．人工智能系统

本章拓展阅读

第6章

智能语音机器人

 本章思维导图

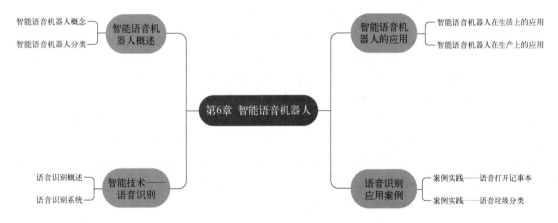

本章学习目标

（1）了解智能语音机器人的应用和分类；
（2）掌握语音识别技术基本原理和应用。

亚历克萨（Alexa）如图 6-1 所示，是由亚马逊公司研发的家庭语音助手。也许你很难想象，每天都有成千上万的人向这个小机器说"我爱你"。2017 年 Alexa 问世，外媒报道 Alexa 在一年就收到了超过 100 万次求婚！然而结局可想而知，Alexa 拒绝了 100 万次，并且会回答这句话："我们生活在不同的地方，我的意思是，你在地球上，而我在云上。"凭借着全球第一的市场份额，亚马逊的语音助手 Alexa 无疑是地球上最受欢迎的语音助手。

图 6-1 　亚历克萨（Alexa）

随着技术及工业水平的不断进步，人们操作设备的方式也由借助键盘、鼠标等外部设备发展为依靠手指、语音、肢体动作甚至是眼球等身体部位。每一次的交互式创新都引领了整个产业的变革，键盘、鼠标使个人计算机能够快速普及，触控的交互让大部分人都用上了智能手机。语音交互促使人类说话交流来到一个临界点。生活中我们常用智能家居设备——小爱音箱、天猫精灵、小度、Siri 等，与它们语音交流。比如"小度小度，打开空调""小爱同学，明天天气怎么样？"。它们能够很快执行动作或给出答案。我们还常利用微信的语音转换文字功能进行文字编辑等。现在可以打开手机上的百度 APP，点击麦克风进行我们所需内容的查找……越来越多的智能语音机器人出现在我们生活中并广泛应用，"类人化"的人机交互服务在推动整个产业的创新和发展。未来最大的交互，不是现在的人机交互，而是人与人工智能的交互。人工智能行业现今取得了不少的成就，也逐渐进入了千万家庭，陪伴在了很多人的身边，其中就包括智能语音机器人。

本章首先介绍智能语音机器人的概念、分类等，然后介绍智能语音机器人的应用，重点介绍在生产和生活上的应用，接着讨论智能语音机器人所利用的主要技术——语音识别的基本原理，最后介绍语音识别的应用案例。

6.1　智能语音机器人概述

6.1.1　智能语音机器人概念

智能语音机器人是基于语音识别、自然语言处理、机器学习等技术，面向客户提供的一款智能客服机器人产品或人工智能系统。它可以通过语音与用户进行交互，实现自动化客户服务、智能问答、语音导航等功能。智能语音机器人通过接收用户的语音输入，进行语音识别并理解用户意图，最终输出相应的回答或执行动作。

智能语音机器人的技术主要包括语音识别技术、自然语言理解技术、机器学习技术等。通过这些技术，可以使机器人能够高效地识别人类语音，并能够解析语义，有效地应对各种问题。此外，机器学习技术还可以帮助机器人精准识别用户意图，自动应答，自助办理业务，用科技解放人力，提高企业运营效率，降低人工成本，从而提供更个性化的服务。

语音机器人的发展经历了四个阶段：第一阶段是语音导航阶段；第二阶段是在自然语言处理、语义理解基础上加入了多轮对话能力，但是用户对机器人还是有明显感知的；第三阶段是机器人在语气、对话能力上有了显著提升，用户对机器人的感知能力相对比较弱，服务水平接近普通业务员的水平，当前技术发展水平正处在第三阶段；第四阶段，将进一步提升机器人对话的能力，尤其是业务场景下细化机器人的业务处理能力，使得机器人达到金牌业务员的水平。

6.1.2　智能语音机器人分类

智能语音机器人分类有很多种，可按照知识领域、根据任务类型等进行分类。

（1）按照知识领域分类

按照知识领域，智能语音机器人可分为面向限定领域的问答系统、面向开放领域的问答系统和面向常用问题集的问答系统三类。

面向限定领域的问答系统是机器人回答的内容是有限领域的有限场景，用户会受机器人的引导而回答限定领域的问题。比如智能语音外呼系统就是典型的限定领域问答系统，机器人给用户拨打电话的时候，已经有了非常明确的目的性，用户跟随机器人的思路完成问答，一旦用户挑战机器人，机器人都可以用安全话术去回复或者结束对话。医院导诊也属于限定领域问答系统，只限定于医疗领域，但是它的知识服务范围大于外呼系统，它是限定了一个领域，但是场景不像智能外呼系统那么封闭。

面向开放领域的问答系统是机器人并不限定服务领域，用户可以和机器人聊任何内容。例如微软小冰、图灵机器人等属于此类。这类机器人有着非常广泛的话术资源，所以话术多为 NLG（自然语言生成）。

面向常用问题集的问答系统为机器人通过检索知识库来回答问题，知识库内容有什么机器人就回答什么，例如 IBM 的 Waston，此类机器人介于开放领域和限定领域之间，机器人可以回答的问题取决于知识库的内容。

（2）根据任务类型分类

根据任务类型，智能语音机器人可分为问答机器人、任务机器人和聊天机器人。

问答机器人多为一问一答的系统，多轮对话之间没有特定关系，用户问一个问题，得到一个答案就结束了。基于 FAQ（常见问题解答）、KBQA 的系统等多属于这种。

任务机器人为多轮交互式系统，以最终完成某个任务为对话结束，每轮交互时与上文有关系，整个问答流程类似一个软件流程图，如自动订餐机器人就属于此类。

聊天机器人本身没有目的性，聊天多为兴趣爱好等闲聊，如图灵机器人和微软小冰等。聊天机器人是一个用来模拟人类对话或聊天的程序，背后技术是语音助手，如 Siri、Google Now、讯飞语点、小爱同学、小艺等。目前，常规语音识别技术已经比较成熟，研发者将大量网络流行的语言加入词库，当你说道的词组和句子被词库识别后，程序将通过算法把预先设定好的答案回复给你。而词库的丰富程度、回复的速度，是一个聊天机器人能否得到大众喜欢的重要因素。千篇一律的回答不能得到大众青睐，中规中矩的话语也不会引起人们共鸣。此外，只要程序启动，聊天机器人可以 24 小时在线随叫随到。常见的聊天机器人如图 6-2 所示。

Apple Siri　　　　微软小冰　　　　小i机器人　　　　京东JIMI

图 6-2　常见聊天机器人

智能语音机器人可以模拟真实的自然语音，可以帮助用户更快更有效地进行交流。它可以为智能家居提供智能解决方案，实现家庭自动化控制，如智能语音灯、智能语音窗帘等。此外，它还可以为商业应用提供智能解决方案，如智能语音客服等，以提高客户服务水平。随着技术的不断发展，智能语音机器人将发展得更快，技术更加成熟。在未来，智能语音机器人将会有更多的应用领域，如智能健康管理、智能安防、智能教育等。此外，它还将有更广泛的应用，如为车载系统提供智能管理服务、为军用系统提供智能管理服务等。

尽管智能语音机器人技术发展迅速，但也存在一些挑战。首先，语音识别技术和自然语言理解技术仍然存在一定的局限性，智能语音机器人不能很好地理解用户的语义。其次，机器人可能会出现一些语音识别错误，导致机器人无法正确回答用户的问题。此外，由于机器人语音模型的复杂性，机器人的语音识别率也不是很高。

6.2　智能语音机器人的应用

语音识别可以应用的领域很广泛，办公室或商务系统、制造业、医疗、电信等领域都有广泛应用：办公室或商务系统中实现填写数据表格、数据库管理和控制、键盘功能增强等；制造业在部件质量检查控制中，语音识别系统可以为制造过程提供一种"不用手""不用眼"的检控；医疗领域中，由声音来生成和编辑专业的医疗报告；电信领域中实现话务员协助服务的自动化、国际国内远程电子商务、语音呼叫分配、语音拨号、分类订货；在无线电监测与频谱管理中对广播频段的监测，我们可以通过语音识别系统，对监测到的语音信号自动识别，及时发现非正常广播，如调频广播中的黑电台、调幅广播中的 FD 电台等，这样可以实现自动监测，减少工作量。另外，还有语音控制和操作的游戏和玩具、帮助残疾人的语音识别系统、车辆行驶中一些非关键功能的语音控制（如车载交通路况控制系统、音响系统等）。

智能语音机器人的语音交互技术在生活中的应用越来越广泛，具有较大的应用前景，尤其是在简单枯燥而繁琐的任务上。如客服通过机器人技术实现人机交互，能够大大减轻人类的工作量，提高工作效率。应用场景涉及金融、医疗、教育、家居日常等各方面。

6.2.1　智能语音机器人在生活上的应用

在现实生活中，智能语音机器人（以下简称语音机器人）的应用已经越来越广泛。例如，在电话咨询场景中，语音机器人可以自动回答用户的咨询问题，省去了人工客服的不便。此外，在购物导航场景中，语音机器人可以根据用户的购物需求，提供最佳的购物方案，提高购物的效率和质量。这些应用不仅减轻了人工的工作负担，而且提供了更加便捷、高效的服务。

语音机器人可以作为智能家居的控制中心，通过语音指令控制家电设备，如灯光、电视等，提高生活便利性。语音机器人可以为驾驶员提供实时路况、导航等信息，提高驾驶安全性。语音机器人可以作为金融客服，提供信用卡申请、账户查询等服务，可以帮助客户进行财富管理，提供理财咨询服务，提高业务处理效率。

在教育领域，智能语音机器人同样具有巨大的潜力。例如，通过语音识别技术，机器人可以辅助教师进行课堂互动、学生评估等工作。同时，智能语音机器人还可以为学生提供语言学习、知识问答等方面的帮助，提高教育的质量。例如，语音识别技术应用于汉语拼音教学，能自动纠正不正确的发音。

语音机器人可以在教育、医疗等领域作为智能问答系统，提供快速准确的答案和解决方案。在餐饮服务领域，语音机器人的语音交互技术可以让用户通过说出菜名或功能来点餐或付款，如图6-3所示。在医疗保健领域，语音机器人的语音交互技术可以在急救或其他危险情况下提供应急服务，如图6-4所示。

　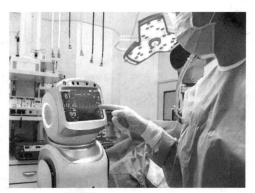

图6-3　餐饮服务机器人　　　　　图6-4　医疗服务机器人

除了实际生活场景，语音机器人在虚拟娱乐场景中也有着广泛的应用。例如，在游戏陪伴场景中，语音机器人可以与用户进行对话，提供智慧陪玩、解题指导等服务，增强游戏的趣味性和挑战性；在音乐播放场景中，语音机器人可以根据用户的音乐偏好，推荐适合的音乐作品，为用户提供更加个性化的音乐体验。

6.2.2　智能语音机器人在生产上的应用

除了生活中遇到的通知缴费、客户满意度回访等通知类型语音机器人，还有能够全天24小时接待客户电话，提高客户满意度的售后类型语音机器人。这类语音机器人可应用在各类电商平台，也可以应用在生产厂家服务平台。语音机器人可以作为企业的客服代表，提供24小时不间断的服务支持，解答用户咨询、处理投诉建议等。常见的质检语音机器人如图6-5所示。

图 6-5　质检语音机器人

质检语音机器人跟进识别图谱，对人工坐席进行培训和考核，包括模拟客户与坐席进行对话，并对坐席接待话术进行科学客观评价，同时，机器人可以对坐席的语音和文字接待内容进行全量质检。质检语音机器人优势如下：

① 提高产品质量。智能语音质检通过自然语言处理和语音识别技术，能够将大量音频数据转化为文字信息，便于企业进行深入的数据分析和挖掘。通过对这些数据的分析，企业可以及时发现产品或服务中的不足和问题，针对性地改进生产工艺、提升服务质量，从而提高产品的整体质量。

② 降低企业成本、提升效率。传统的手工质检方式需要投入大量的人力、物力和时间成本，而且效率相对较低。相比之下，智能语音质检具有高效、自动化的特点，能够快速、准确地检测大量音频数据，减轻了人工质检的负担，显著降低了企业的成本。同时，智能语音质检还可以实现全天候、不间断地工作，从而大幅提高质检效率。

在企业生产环节中，智能语音质检可以应用于各种音频设备的生产线上。例如，在耳机、麦克风等音频设备的生产过程中，通过智能语音质检技术，可以快速、准确地检测设备的音频质量和性能，确保产品的质量和一致性。

如图 6-6 所示，家电行业利用智能语音机器人进行客户回访对话，通过智能语音机器人，在半年内 30 多万的下单客户中，实现电话接通率达 66%，意向率达 28%，转化率达 8%。可见，智能语音机器人在企业销售环节中，扮演重要角色。通过分析客户电话、语音留言等音频数据，智能语音质检可以自动检测客户反馈的问题、需求和建议，帮助企业及时了解市场动态和客户需求，从而优化产品和服务。

图 6-6　家电行业智能语音机器人

6.3 智能技术——语音识别

6.3.1 语音识别概述

（1）语音识别概念

语音识别即 ASR（auto speech recognize），指利用计算机实现从语音到文字自动转换的任务。

语音识别是以语音为研究对象，是一门与声学、语音学、语言学、信息理论、模式识别理论以及神经生物学等学科都有非常密切关系的交叉学科。让机器通过识别和理解过程把语音信号转变为相应的文本，主要包括特征提取技术、模式匹配准则及模型训练技术三个方面。通过语音信号处理和模式识别，让机器自动识别和理解人类口述的语言或者文字。

打开手机的百度 APP，如图 6-7 所示，点击麦克风进行所需内容的查找，这是我们常用的语音搜索。人与机器进行语音交流，让机器明白我们说什么，这就是语音识别。语音识别就好比是"机器的听觉系统"，让机器通过识别和理解，能够把语音信号转变为相应的文本或命令。

图 6-7　语音识别

（2）发展历程

语音识别技术是让机器明白人说什么，这个想法和愿望是人们长期以来梦寐以求的事情。其发展经历了从实验室走向市场的过程，我们按时间顺序和各国发展分别梳理语音识别技术的发展历程。

① 时间顺序。1952 年，贝尔研究所 Davis 等人成功开发出世界上第一个能识别 10 个英文数字发音的实验系统。

1960 年，英国学者成功研究了第一个计算机语音识别系统。

进入了 20 世纪 70 年代以后，才开始大规模的语音识别研究，在小词汇量、孤立词的识别方面取得了实质性的进展。

这一阶段的发展如图 6-8 所示。

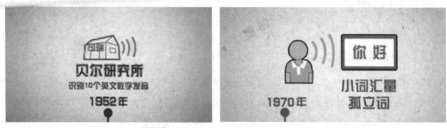

图 6-8　20 世纪 50 年代至 70 年代发展

进入 20 世纪 80 年代以后，研究的重点逐渐转向大词汇量、非特定人连续语音识别。在研究思路上也发生了重大变化，即由传统的基于标准模板匹配的技术思路开始转向基于统计模型（隐马尔可夫模型，HMM）的技术思路。此外，再次提出了将神经网络技术引入语音识别问题的技术思路。

1987 年 12 月，李开复开发出世界上第一个"非特定人连续语音识别系统"，用统计方法提升了语音识别率。

20 世纪 90 年代以后，大词汇量连续语音识别得到优化，在语音识别技术的应用及产品化方面出现了很大的进展。1997 年，IBM Via-voice 首个语音听写产品问世。

2001 年，Intel 的创始人之一戈登·摩尔（Gordon Moore）曾预言语音识别技术将大大改变未来科技的发展，之后的发展也印证了这一点。

这一阶段的发展如图 6-9 所示。

图 6-9　20 世纪 80 年代至 2001 年的发展

自 2009 年以来，借助机器学习领域深度学习研究的发展以及大数据语料的积累，语音识别技术得到突飞猛进的发展。2010 年，Google 发布 VoiceAction 支持语音操作与搜索。

如图 6-10 所示，2011 年开始，语音识别技术发展迅速。2011 年，微软的深度神经网络（DNN）模型在语音搜索任务上获得成功。同年，科大讯飞在国内首次将 DNN 技术运用到语音云平台，并提供给开发者使用。2011 年 10 月，苹果手机助理 Siri 首次亮相，人机交互掀开了新的篇章。

2013 年，Google 发布 Glass，使用语音交互，穿戴式语音交互设备成为新热点。

2014 年 8 月，科大讯飞发布讯飞语音云 3.0，独家具备中文方言语音识别、高抗噪语音识别、个性化识别等功能，未来必能为用户带来更为智能、便捷的交互体验。2014 年 9 月 9 日，苹果公司正式发布旗下第一款智能手表 AppleWatch。该产品集成了语音功能，让大家对穿戴式语音交互设备的未来更加充满期待。

2015 年 12 月 21 日，科大讯飞在以"AI 复始，万物更新"为主题的年度发布会上，提出了以前馈型序列记忆网络（feed-forward sequential memory network，FSMN）为代表的新一代语音识别系统。通过进一步的研究，在 FSMN 的基础之上，再次推出全新的语音识别框架，将语音识别问题创新性地重新定义为"看语谱图"的问题，并通过引入图像识别中主流的深度卷积神经网络实现了对语谱图的全新解析，同时打破了传统深度语音识别系统对 DNN 和 RNN 等网络结构的依赖，最终将识别准确度提高到了新的高度。

图 6-10　2011 年至今的发展

② 各国语音识别技术发展。20 世纪 70 年代，由美国国防部远景研究计划局（DARPA）资助了一项 10 年计划，其旨在支持语言理解系统的研究开发工作。到了 80 年代，美国国防部远景研究计划局又资助了一项为期 10 年的 DARPA 战略计划，其中包括噪声下的语音识别和口语识别系统，识别任务设定为"（1000 单词）连续语音数据库管理"。时间来到 90 年代，这一 DARPA 计划仍在持续进行中。其研究重点已转向识别装置中的自然语言处理部分，识别任务设定为"航空旅行信息检索"。

日本也在 1981 年的第五代计算机计划中提出了有关语音识别输入-输出自然语言的宏伟目标，虽然没能实现预期目标，但是有关语音识别技术的研究有了大幅度的加强和进展。1987 年起，日本又拟出新的国家项目：高级人机口语接口和自动电话翻译系统。

中国的语音识别研究起始于 1958 年，由中国科学院声学所利用电子管电路识别 10 个元音，直至 1973 年才由中国科学院声学所开始计算机语音识别。由于当时条件的限制，中国的语音识别研究工作一直处于缓慢发展的阶段。

进入 20 世纪 80 年代以后，随着计算机应用技术在中国逐渐普及和应用以及数字信号技术的进一步发展，国内许多单位具备了研究语音识别技术的基本条件。与此同时，国际上语音识别技术在经过了多年的沉寂之后重新成为研究的热点，发展迅速。在这种形势下，国内许多单位纷纷投入这项研究工作中去。

1986 年 3 月，中国高技术研究发展计划（863 计划）启动，语音识别作为智能计算机系统研究的一个重要组成部分而被专门列为研究课题。在 863 计划的支持下，中国开始了有组织的语音识别技术的研究，并决定每隔两年召开一次语音识别的专题会议，从此中国的语音识别技术进入了一个前所未有的发展阶段。

近 20 年来，语音识别技术取得显著进步，人们预计未来 10 年内，语音识别技术将进入工业、家电、通信、汽车电子、医疗、家庭服务、消费电子产品等各个领域。

（3）语音识别社会价值

语音识别技术=早期基于信号处理和模式识别的技术+机器学习+深度学习+数值分析+高性能计算+自然语言处理。

语音识别技术在近几年渐渐开始改变我们的生活和工作方式。移动设备、可穿设备、智能家居设备、车载信息娱乐系统正变得越来越流行，在这些设备和系统上，以往鼠标、键盘这样的交互方式不再延续像用在电脑上一样的便捷性了。而语音作为人类之间自然的交流方式，作为大部分人的既有能力，在这些设备和系统上成为更受欢迎的交互方式。语音识别应用可帮助促进人类之间的交流和人机交流。

过去，人们如果想要与不同语言的使用者进行沟通，需要另一个人作为翻译才行。现在，利用语音技术，语音到语音（speech-to-speech）翻译系统可以用来消除人类之间交流的障碍，如图 6-11 所示。

图 6-11　语音到语音翻译系统

语音信号的研究成果在若干领域起到启发作用，如语音信号处理中的隐马尔可夫模型在金融分析、机械控制等领域都得到广泛的应用。近年来，深度神经网络在语音识别领域的巨大成功直接促进了各种深度学习模型在自然语言处理、图形图像处理、知识推理等众多领域的发展应用，取得了一个又一个令人惊叹的成果。

前面讲到的语音搜索，使用户可以直接通过语音来搜索餐馆、行驶路线和商品评价的信息，这极大地简化了用户输入搜索请求的方式。目前，语音搜索类应用在 iPhone、Windows Phone 和 Android 手机上已经非常流行。

另外，像 PDA 这样的个人数码助理知晓移动设备上的信息，记录了用户与系统的交互历史。有了这些信息后，PDA 可以更好地服务用户。比如，可以完成拨打电话号码、安排会议、回答问题和音乐搜索等工作。而用户所需要做的只是直接向系统发起语音指令即可。

6.3.2　语音识别系统

（1）语音识别系统结构

语音识别系统本质上是一种模式识别系统，包括特征提取、模式匹配、参考模式库等基本单元，它的基本结构如图 6-12 所示。

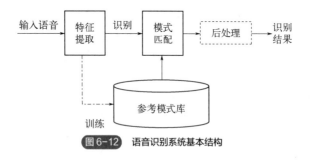

图 6-12　语音识别系统基本结构

总体来说，语音识别系统构建总体包括两个部分，即训练和识别。训练通常是将海量的未知语音通过话筒变成信号之后加在识别系统的输入端，经过处理后再根据语音特点建立模型，对输入的信号进行分析，并提取信号中的特征，在此基础上建立语音识别所需的模板。

而计算机在识别过程中要根据语音识别的模型，将计算机中存放的语音模板与输入的语音信号的特征进行比较，根据一定的搜索和匹配策略，找出一系列最优的与输入语音匹配的模板。

然后根据此模板的定义，通过查表就可以给出计算机的识别结果。显然，这种最优的结果与特征的选择、语音模型的好坏、模板是否准确都有直接的关系。

识别是对用户实时语音进行自动识别。这个过程又可以分为"前端"和"后端"两个模块。前端的主要作用就是进行端点检测、降噪、特征提取等。后端的主要作用是利用训练好的"声音模型"和"语音模型"对用户的语音特征向量进行统计模式识别，得到其中包含的文字信息。

（2）语音识别系统分类

语音识别系统可以根据对输入语音的限制加以分类。如果从说话者与识别系统的相关性考虑，可以将识别系统分为三类：

① 特定人语音识别系统。仅考虑对于专人的话音进行识别。

② 非特定人语音识别系统。识别的语音与人无关，通常要用大量不同人的语音数据库对识别系统进行训练。

③ 多人的识别系统。通常能识别一组人的语音，或者称为特定组语音识别系统，该系统仅要求用要识别的那组人的语音进行训练。

如果从说话的方式考虑，也可以将识别系统分为三类：

① 孤立词语音识别系统。要求输入每个词后要停顿。

② 连接词语音识别系统。要求对每个词都清楚发音，一些连音现象开始出现。

③ 连续语音识别系统。连续语音输入是自然流利的连续语音输入，大量连音和变音会出现。

如果从识别系统的词汇量大小考虑，也可以将识别系统分为三类：

① 小词汇量语音识别系统。包括几十个词的语音识别系统。

② 中等词汇量语音识别系统。包括几百个词到上千个词的识别系统。

③ 大词汇量语音识别系统。包括几千到几万个词的语音识别系统。

随着计算机与数字信号处理器运算能力以及识别系统精度的提高，识别系统根据词汇量大小进行分类也不断进行变化。目前是中等词汇量的语音识别系统，将来可能就是小词汇量的语音识别系统。这些不同的限制也确定了语音识别系统的难度。

（3）语音识别系统构建步骤

① 录音：首先需要对声音进行录制，采集到完整的语音信号，这个过程需要使用到录音设备，如麦克风。

② 语音信号的预处理：获得语音信号后，需要进行预处理，包括去噪、滤波、特征插取等。

③ 语音信号的特征提取：在这一步骤中，需要对语音信号进行处理，获取与语音内容相关的信息特征，这叫作语音信号的特征提取。

④ 语音信号的模型匹配：语音信号的模型匹配是指将语音信号转为文本形式的这个过程，可以采用的方法有很多，比如基于隐马尔可夫模型的语音识别方法和基于深入学习的语音识别方法。其中，基于隐马尔可夫模型的语音识别方法是较为常用的方法，其主要原理是先将需要识别的多个词语或语音片段分别对应为隐马尔可夫模型的状态，再将整个语音信号拆分为多个时间段，将每个时间段上的语音特征与所有可能状态的概率进行计算，选择概率最大的状态作

为该时间段上的输出。经过整个语音信号的处理，可以生成最终的语音识别结果。深度学习技术主要采用的方法是在输入端使用卷积神经网络（CNN）或循环神经网络，在输出端采用连接层或分段搜索技术来实现语音信号的识别，如图6-13所示。

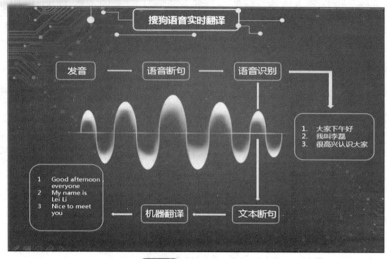

图6-13　语音识别步骤

⑤ 输出文本的解码：在语音信号的模型匹配过程中，如果识别出多个备选的文本输出，还需要通过一个解码算法（如贪心法、束搜索法等）来确定最终的输出文本。在解码过程中，需要考虑多个因素，如语音信号的局限性、语音识别的准确性等。

需要注意的是，语音识别技术的精度受到许多因素的影响，包括环境噪声、讲话人的语音特征、录音设备等。为了提高语音识别技术的准确性，需要对以上因素进行有效的处理，如利用降噪技术减少干扰。

举个例子，当我们对着手机说出"理解万岁"时，手机会先通过麦克风收集到我们的声音。我们说话的声音属于模拟信号，收集到声音以后，机器会先把模拟信号转化为数字信号，之后再对这个信号进行处理。其对音频进行分帧处理，把音频切成一小段一小段的，每一小段称为一帧，而经过分帧的音频就会分成一帧一帧的信号。接下来的步骤就是对每一帧进行特征提取，即从每一帧里面提取出其对应的特征向量。根据不同的波形，得到特征向量，接下来就可以根据声学模型对其进行分类。将大量的语音数据使用训练算法进行训练之后，会产生声学模型。经过训练后的声学模型就像是一个分类器，根据接收到的不同波形，按照分类寻找对应的音节。在这一过程中，不断地训练学习，找到其对应的音节，得到了对应的音素信息，之后进行语言模型匹配。通过字典，我们可以将已有的音素信息映射到语言模型，这些语言模型与声学模型类似，是通过对大量文本信息进行训练，得到单个字或者词相关的概率，最后选择概率最高的语句输出文字。最后机器就会选择概率最大的"理解万岁"来输出，当"理解万岁"显示在屏幕上之后，语音识别这个过程也就完成了。

（4）语音识别的方法

目前具有代表性的语音识别方法主要有动态时间规整（DTW）、隐马尔可夫模型（HMM）、矢量量化（VQ）、人工神经网络（ANN）、支持向量机（SVM）等方法。

动态时间规整（dynamic time warping，DTW）算法是在非特定人语音识别中一种简单有效的方法，该算法基于动态规划的思想，解决了发音长短不一的模板匹配问题，是语音识别技术中出现较早、较常用的一种算法。在应用 DTW 算法进行语音识别时，就是将已经预处理和分帧过的语音测试信号和参考语音模板进行比较，按照某种距离测度得出它们间的相似程度并选择最佳路径。

隐马尔可夫模型（HMM）是语音信号处理中的一种统计模型，如图 6-14 所示，它是基于参数模型的统计识别方法。由于其模式库是通过反复训练形成的与训练输出信号吻合概率最大的最佳模型参数，而不是预先储存好的模式样本，且其识别过程中运用待识别语音序列与 HMM 参数之间的似然度达到最大值所对应的最佳状态序列作为识别输出，因此是较理想的语音识别模型。

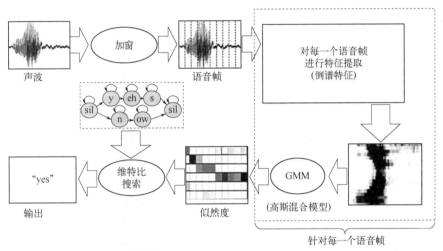

图 6-14　**HMM 在语音识别中应用的系统框图**

矢量量化（vector quantization）是一种重要的信号压缩方法。与 HMM 相比，矢量量化主要适用于小词汇量、孤立词的语音识别。其过程是将若干个语音信号波形或特征参数的标量数据组成一个矢量，在多维空间进行整体量化。把矢量空间分成若干个小区域，每个小区域寻找一个代表矢量，量化时落入小区域的矢量就用这个代表矢量代替。矢量量化器的设计就是从大量信号样本中训练出好的码书，从实际效果出发寻找到好的失真测度定义公式，设计出最佳的矢量量化系统，用最少的搜索和计算失真的运算量实现最大可能的平均信噪比。

在实际的应用过程中，人们还研究了多种降低复杂度的方法，包括无记忆的矢量量化、有记忆的矢量量化和模糊矢量量化方法。

人工神经网络（ANN）是 20 世纪 80 年代末期提出的一种新的语音识别方法。其本质上是一个自适应非线性动力学系统，模拟了人类神经活动的原理，具有自适应性、并行性、鲁棒性、容错性和学习特性，其强大的分类能力和输入-输出映射能力在语音识别中都很有吸引力。其方法是建立模拟人脑思维机制的工程模型，它与 HMM 正好相反，其分类决策能力和对不确定信息的描述能力得到举世公认，但它对动态时间信号的描述能力尚不尽如人意，通常只能解决静态模式分类问题，并不涉及时间序列的处理。尽管学者们提出了许多含反馈的结构，但它们仍不足以刻画诸如语音信号这种时间序列的动态特性。由于 ANN 不能很好地描述语音信号的时间动态特性，所以常把 ANN 与传统识别方法结合，分别利用各自的优点来进行语音识别而克服 HMM 和 ANN 各自的缺点。近年来结合 HMM 和 ANN 的识别算法研究取得了显著进展，其识别率已经接近 HMM 的识别系统，进一步提高了语音识别的鲁棒性和准确率。

支持向量机（support vector machine）是应用统计学理论的一种新的学习机模型，采用结构风险最小化（structural risk minimization，SRM）原理，有效克服了传统经验风险最小化方法的缺点。兼顾训练误差和泛化能力，在解决小样本、非线性及高维模式识别问题方面有许多优越的性能，已经被广泛地应用到模式识别领域。

现今，语音识别技术已经实现了自由说识别，从算法到模型都有了质的发展。类人机器人自从拥有语音识别技术，就可以与用户拟人化、趣味地对话，拥有一定程度的情感智商，与用户互动，甚至成为家庭一员。当有一天，机器能够真正"理解"人类语言，并作出回应，那时必将迎来一个崭新的时代。

6.4 语音识别应用案例

6.4.1 案例实践——语音打开记事本

（1）案例描述

语音识别技术广泛应用于办公室、商务系统、制造业、医疗、电信等诸多领域。尤其在办公室或商务系统中寻找文件、填写数据表格、数据库管理和控制、键盘功能增强等方面应用越来越多，为大家的工作生活带来很多便利，下面的实践内容就是通过语音打开计算机当中的记事本。

（2）案例分析

智能手机、计算机等电子产品的应用中，都出现了许多与语音识别有关的功能，本次实践任务是利用 Windows 系统自带的语音识别功能，对计算机进行简单的语音控制与文本输入。

（3）案例实践

① 软硬件实践环境：
硬件：计算机（有麦克风功能）。
软件：Windows11 操作系统。
② 实践过程：打开 Windows 系统设置，在"辅助功能"板块中，选择交互中的"语音"，在语音命令栏下，选择"其他语音命令选项"，把"Windows 语音识别"命令右侧状态栏置于"开"模式，完成设置即可打开语音识别功能，如图 6-15 所示。

接下来开始对麦克风进行语音输入，依次说"打开记事本"和"语音输入很快并且比键盘输入快得多"两句话，识别结果如图 6-16、图 6-17 所示。计算机成功识别出我们的指令"打开记事本"，并在记事本中输入了"语音输入很快并且比键盘输入快得多"。

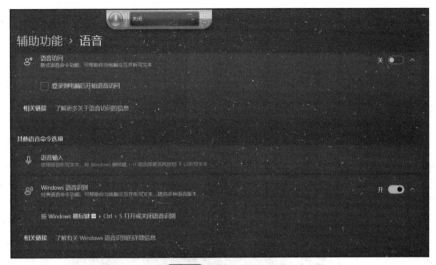

图 6-15　打开语音识别

图 6-16　识别结果

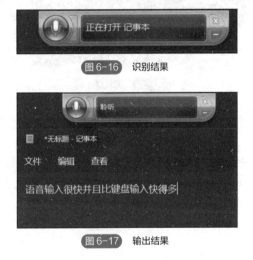

图 6-17　输出结果

6.4.2　案例实践——语音垃圾分类

（1）案例描述

为了减少环境污染、增强公众环保意识、推动社会治理水平的提升，2019 年多地已经进行垃圾分类行动，在文明倡导过程中，广大市民都在逐步适应性执行。在执行过程中如果遇到夜色昏暗视线差的情况，可能会增加执行阻力，或者对于视力差的老年人和身高低的未成年人可能也会有一定困难，基于此开展了语音垃圾分类实践，来辅助开启箱盖，便于垃圾分类投放。

（2）案例分析

Python 程序作上位机，Arduino 作下位机，当人的语音通过主机接收以后，利用 Python 程序进行录音，通过百度 AI 云平台提供的 API 将音频文件发送到云平台上，经过云平台内部一系列处理后，返回指定的文字。再利用 Python 程序确定文字指哪种类型的垃圾后，上位机发出命令给下位机，下位机再根据此命令解释成相应信号直接控制舵机，然后利用曲柄连杆机构进行打开或关闭所对应种类的垃圾桶，再由机械臂对其进行垃圾分类投放。

（3）案例实践

① 软硬件环境：

硬件：计算机、垃圾箱模型、驱动机构，如图 6-18 所示。

软件：Python、Arduino、百度 AI 云平台。

图6-18　系统硬件

② 实践过程：把录制好的音频上传至 Wave 库，经过声卡循环采样，调用上位机 Python 的 Wave 库，将采样完成后的数据写入一个 Wave 文件，最后进行语音识别。

下位机 Arduino 的集成开发环境中可以通过串口监视器来收发数据，主要通过三个函数来实现，其中 Serial.read( ) 可以从 COM 接口读取一个字节的数据，Serial.available( ) 可以查看 COM 接口是否有数据读入，pinMode( ) 设置引脚的模式。OUTPUT 将一个端口设置为输出口，通过串口实现上位机和下位机的通信，关键代码节选如下：

```
APP_ID = '23915981'
API_KEY = 'BFkKoilKXnl9IaDP9NBknLgG'
SECRET_KEY = 'eyG8gjMEBCwOtqzk8XbxHwnUBe2NofWV'
client = AipSpeech(APP_ID, API_KEY, SECRET_KEY)
```

③ 结果展示：当语音输入垃圾名称，相应的垃圾桶盖会打开，比如语音输入"干垃圾"则对应的干垃圾垃圾桶自动完成开盖动作，如图 6-19 所示。

图6-19　结果验证

本章小结

> 客服机器人：客服机器人可以帮助企业处理大量的客户咨询、售后服务等问题，提高客户满意度和降低运营成本。
>
> 语音识别技术：让计算机能够识别和理解人类语音的技术，它是一种多学科交叉的技术，涉及声学、语音学、语言学、信号处理、计算机科学等领域。
>
> 语音识别技术的基本原理：声音采集、信号预处理、语音分割、特征提取、模式匹配。
>
> 语音识别系统构建步骤：录音、预处理、特征提取、模型匹配、解码。

 思考题

（1）简述智能语音机器人的应用和分类。

（2）简述语音识别技术基本原理。

（3）简述语音识别技术的应用。

 习题

扫码查看参考答案

（1）语音识别的基本过程包括以下哪几个步骤？其正确的顺序是（　　　）。

　　①声音数字化　②信号预处理　③特征提取　④模式匹配　⑤语言处理

　　A．①③⑤④②　　B．③①②⑤④　　C．③⑤①④②　　D．①②③④⑤

（2）下列几项生活中的应用哪项属于语音识别的应用范畴？（　　　）

　　①智能音箱　②语音输入法　③语音导航

　　A．①③　　　　　B．①②　　　　　C．②③　　　　　D．①②③

（3）影响语音识别准确率有哪些因素？（　　　）

　　①声学模型　②语言模型　③录音周边环境

　　A．①③　　　　　B．①②　　　　　C．②③　　　　　D．①②③

（4）语音识别中的建模包括（　　　）和语言建模。

　　A．图像建模　　B．文字建模　　　C．声学建模　　　D．视频建模

本章拓展阅读

第7章

智能汽车自动驾驶

本章思维导图

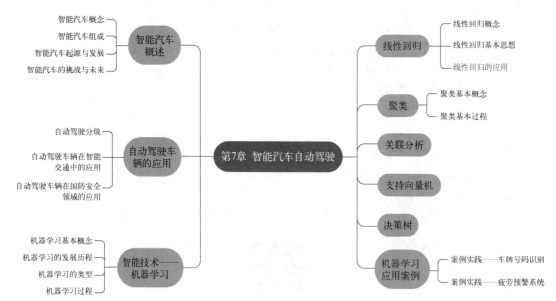

本章学习目标

> （1）了解人工智能在汽车领域的应用场景；
> （2）熟悉智能汽车的概念和组成；
> （3）了解自动驾驶的应用；
> （4）掌握自动驾驶分级；
> （5）熟悉常见的机器学习模型算法和应用；
> （6）掌握机器学习概念、过程和应用。

目前关于智能汽车（自动驾驶车辆）的报道越来越多。都市快报橙柿互动报道，2024 年 1 月 15 日至 2 月 5 日，"市民中心—杭州东站""市民中心—萧山机场"自动驾驶出租车线路在杭州试运营，如图 7-1 所示。运营车辆配备了 50 颗高清传感器，包括 28 颗高清摄像头，它具有强大的算力，能够实时对道路上的车辆和物体进行识别，并精准计算，在保障安全的同时提供高效的出行服务。早在 2018 年，杭州就在全国率先进行智能网联车辆道路测试。智能汽车发展已驶入"快车道"。

图 7-1　自动驾驶出租车

2024 年 2 月 24 日，腾讯网报道，北京亦庄往返大兴国际机场又多了一个出行新选择，那就是乘坐自动驾驶车辆。小马智行、百度"萝卜快跑"宣布首批获准开启北京大兴国际机场至亦庄之间的自动驾驶载人示范，这是北京首次面向公众开放高速公路自动驾驶。乘客可在手机 APP 上搜索附近的点位，在约定时间和地点等候即可乘坐自动驾驶车辆。

早在 2023 年 5 月 13 日，上观新闻就报道了"全自动驾驶车"现身上海市区道路，在浦东金桥开放的 29.3 公里范围开展完全无人测试，如图 7-2 所示。该车上装有 28 颗摄像头、6 颗激光雷达、8 颗毫米波雷达，整个行驶过程中，显示屏也会清晰呈现路况信息，如图 7-3 所示。

随着越来越多的城市出现智能汽车，智能汽车及自动驾驶的时代已经来到。自动驾驶技术作为人工智能的一个重要应用领域，近年来备受关注。自动驾驶技术正以惊人的速度颠覆着传统汽车行业，为我们带来了一场真正的交通革命。智能汽车拥有高度精准的传感器系统，能够准确识别交通信号、道路标志和其他车辆行为，从而降低事故发生的风险。智能汽车的智能决策系统可以运用先进的算法和实时数据，优化行驶路径、减少能耗，并在复杂的交通环境中高效行驶。自动驾驶技术还能够为汽车行业带来更大的效率和创新。

图7-2　智能驾驶汽车

图7-3　智能驾驶路况信息

随着人工智能的快速发展，智能汽车已经逐渐成为汽车行业的主要发展方向之一。智能汽车是一个集环境感知、规划决策、多等级辅助驾驶等功能于一体的综合系统，它集中运用了计算机、现代传感、信息融合、通信、人工智能及自动控制等技术，是典型的高新技术综合体。近年来，智能汽车已经成为世界车辆工程领域研究的热点和汽车工业增长的新动力，很多发达国家都将其纳入各自重点发展的智能交通系统当中。发展智能汽车技术，对于国家科技、经济、社会、生活、安全及综合国力有着重大的意义。

本章首先介绍智能汽车的概念和组成，然后介绍智能汽车技术原理，自动驾驶的分级和应用，接着讨论智能汽车所利用的主要技术——机器学习的基本原理，以线性回归、聚类、关联分析、支持向量机、决策树为例介绍其模型算法和应用，最后介绍机器学习的应用案例。

7.1　智能汽车概述

7.1.1　智能汽车概念

智能汽车是搭载先进感知系统、决策系统、执行系统，运用信息通信、互联网、大数据、云计算、人工智能等技术，具有部分或完全自动驾驶功能，由单纯交通运输工具逐步向智能移动空间转变的新一代汽车。智能汽车搭载先进车载传感器、控制器、执行器等，融合现代通信与网络技术，实现人、车、路、后台等智能信息交换共享，使车辆具备智能环境感知能力，能够自动分析车辆行驶的安全及危险状态，并使车辆按照人的意愿到达目的地，最终实现替代人来操作的目的。智能汽车被认为是继手机之后，下一个智能终端。

智能汽车总体结构主要有两种设计方案：一种是对原有车型加装执行机构、感知设备等进行智能驾驶（自动驾驶）功能改装；另一种是完全抛弃原有车辆外形，从实现智能驾驶功能的角度出发设计车辆外形，从而创造出全新车型。

一款由丰田车改装的自动驾驶车辆如图7-4所示，它搭载了毫米波雷达、摄像机以及激光雷达等环境感知设备。其中，在前后保险杠上分布有4颗雷达，用来探测较远处的障碍物。后视镜附近有一个摄像机，用于检测道路指示牌和交通灯情况。它使用车载计算机从 Google 数据中心下载地图信息，同时根据车顶的三维激光雷达数据建立三维环境模型。通过将这两种数据进行匹配并与 GPS 定位数据融合，实现对汽车轨迹实时修正的功能，将定位误差缩小到了厘米级。在行驶过程中，车载传感器将感知信息发送给车载计算机，车载计算机通过输入的感知信息进行路径规划并生成相应控制量，且将控制量下发给自动驾驶车辆控制系统进行横向和纵向控制，实现智能驾驶。

　　另一款是 Google 在 Code Conference 上展示的一款原型车。没有制动踏板，没有转向盘，也没有油门踏板，只有一个用于开启汽车的按键，其内部设计可以大大增加乘客的乘车空间，提高舒适性。它搭载了 64 线激光雷达、GPS 定位系统、车载雷达、摄像机、红外摄像机、车轮编码器以及开关。在车辆行驶过程中，车载计算机通过处理接收到的感知环境信息进行规划，并生成可行路径以及对应的控制量，最后将其发送给车辆底层执行层，进行智能驾驶。

　　由两款智能汽车可以看出，二者殊途同归，智能汽车总体结构可分为感知层、任务规划层、行为执行层和运动规划层 4 个主要部分，如图 7-5 所示。

图 7-4　改装的自动驾驶车辆

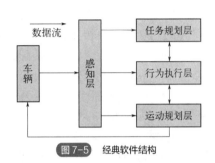

图 7-5　经典软件结构

　　其中，感知层融合处理来自智能汽车传感器的数据，为整个系统的其他部分提供周围环境的关键信息。任务规划层根据已有的路网信息计算所有到达下一个路径检测点可行路径的代价，再根据道路拥堵情况、最大限速等信息比较生成的可行路径，得到到达下一个检测点的最优路径。行为执行层将任务规划层提供的决策信息和感知层提供的当地交通与障碍信息结合起来，为运动规划层产生一系列局部任务。运动规划层根据来自行为执行层的运动目标生成相应运动轨迹并执行，从而使智能汽车达到这个运动目标。

　　智能汽车也可以分为更容易理解的四大部分，包括感知部分、定位导航、路径规划以及路径跟踪，它们之间的关系如图 7-6 所示。

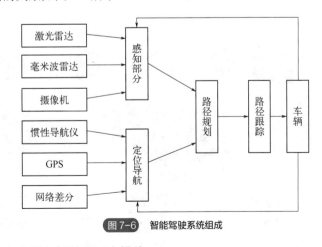

图 7-6　智能驾驶系统组成

　　智能驾驶的核心主要包括以下三个模块：

　　① 感知系统。这个系统可以通过激光雷达、摄像头、超声波、GPS 惯性导航传感器来感

知周围的环境。这些传感器不断收集到数据，然后经过计算机处理，生成了车辆周围的三维地图和障碍物信息。

② 决策系统。通过人工智能算法和深度学习技术来实现决策系统，对数据进行分析，从而做出最优的驾驶决策。

③ 执行系统。通过电动机刹车和转向系统来控制车辆行驶。系统会根据决策系统做出的决策，自动控制车辆行驶、转向、制动等操作，从而实现自动驾驶。

可以将智能汽车想象成一位驾驶员，他通过传感器和其他设备感知其周围的环境，并做出相应的反应，就像人类驾驶员一样。例如，当智能汽车在行驶过程中遇到一个路口，感知系统会将收集到的三维地图信息（可称为车辆的数据）传输到决策系统，决策系统会根据传感器数据和人工智能算法来决定最佳行驶路线和速度。执行系统通过控制车辆行驶和转向，确保车辆安全通过路口。如果传感器检测到前方有障碍物、其他车辆或行人，那么汽车的计算机将根据距离和速度等因素做出相应的反应，如减速或停车；与此同时，汽车的计算机还可以通过使用先进的路线规划算法来决定最佳的行驶路线，以避免拥堵或危险情况。总的来说，智能汽车的原理就是利用传感器和计算机等技术，让汽车能够感知其周围的环境。

7.1.2　智能汽车组成

简单来说，智能汽车主要由智能感知设备集成的硬件系统和智能驾驶辅助集成的软件系统组成。

（1）智能感知设备集成的硬件系统

智能汽车可以被理解为"站在四个轮子上的机器人"，利用传感器、摄像头及雷达感知环境，使用 GPS 和高精度地图确定自身位置，从云端数据库接收交通信息，利用处理器将收集到的各类数据向执行系统发出指令，实现加速、刹车、变道、跟随等各种操作。硬件主要包括激光测距仪、车载雷达、视频摄像头、微型传感器 GPS 导航定位及计算机资料库等。如图 7-7 所示为智能汽车一般硬件结构示意图，硬件系统包括感知系统、决策系统和执行系统。

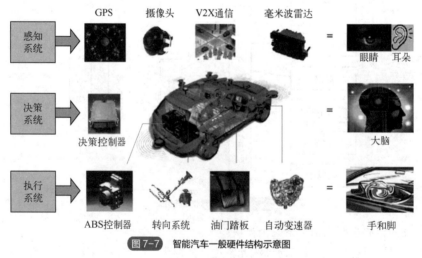

图 7-7　智能汽车一般硬件结构示意图

ABS—防抱死制动系统

　　智能汽车是一种正在研制的新型高科技汽车，这种汽车不需要人去驾驶，人舒服地坐在车上享受着高科技的成果就可以。因为这种汽车上装有相当于汽车的"眼睛""大脑"和"脚"的电子摄像机、电子计算机和自动操纵系统等装置，这些装置都装有复杂的电脑程序，所以这种汽车能和人一样会"思考""判断""行走"，可以自动启动、加速、刹车，可以自动绕过地面障碍物。在复杂多变的情况下，它的"大脑"能随机应变，自动选择最佳方案，指挥汽车正常、顺利地行驶。

　　智能汽车的"眼睛"是装在汽车右前方、上下相隔 50cm 处的两台电子摄像机，摄像机内有一个发光装置，可同时发出光束，交汇于一定距离，物体的图像只有在这个距离才能被摄取而重叠。"眼睛"能识别车前 5～20m 之间的台形平面、高度为 10cm 以上的障碍物。如果前方有障碍物，"眼睛"就会向"大脑"发出信号，"大脑"根据信号和当时当地的实际情况，判断是否通过、绕道、减速或紧急制动和停车，并选择最佳方案，然后以电信号的方式，指令汽车的"脚"进行停车、后退或减速。智能汽车的"脚"就是控制汽车行驶的转向器、制动器。

　　智能汽车较为成熟、可预期的功能和系统主要包括智能驾驶系统、生活服务系统、安全防护系统、位置服务系统以及用车服务系统等，各个参与企业也主要是围绕上述这些功能系统进行发展的。

（2）智能驾驶辅助集成的软件系统（高级驾驶辅助系统）

　　高级驾驶辅助系统是利用安装在车上的各式各样传感器，在汽车行驶过程中随时感应周围的环境，收集数据，进行静态、动态物体的辨识、侦测与追踪，并结合导航地图数据，进行系统的运算与分析，从而预先让驾驶者察觉到可能发生的危险，有效增加汽车驾驶的舒适性和安全性。汽车高级驾驶辅助系统通常包括车道偏离预警系统、车道保持系统、自适应巡航系统、前碰撞预防系统、自动泊车系统、盲点监测系统、驾驶员疲劳预警系统、自适应灯光控制系统、自动紧急制动系统、夜视系统、智能刹车辅助系统等常见系统。

　　① 自适应巡航系统。自适应巡航是一项舒适性的辅助驾驶功能。如果车辆前方畅通，自适应巡航将保持设定的最大巡航速度向前行驶。如果检测到前方有车辆，自适应巡航将根据需要降低车速，与前车保持基于选定时间的距离，直到达到合适的巡航速度，如图 7-8 所示。自适应巡航也可称为主动巡航，类似于传统的定速巡航控制。目前许多汽车已经实现了定速巡航系统，即车辆可按照一定的速度匀速前进，无须踩油门，需要减速时，踩刹车即可自动解除。自适应巡航系统在定速巡航功能之上，还可根据路况保持预设跟车距离以及随车距变化自动加速与减速，刹车后不能自动起步。全速自适应巡航系统相较于自适应巡航系统，工作范围更大，刹车后可自动起步。

图 7-8　自适应巡航系统

② 智能刹车辅助系统。智能刹车辅助系统包括机械刹车辅助系统和电子刹车辅助系统。机械刹车辅助系统也称为 BAS，实质是在普通刹车加力器基础上修改而成，在刹车力量不大时，起加力器作用，随着刹车力量增加，加力器压力室压力增大，启动防抱死刹车（制动）系统 ABS，它是电子紧急刹车辅助装置的前身。电子刹车辅助系统也称为 EBA 系统，其利用传感器感应驾驶员对刹车踏板踩踏的力度、速度，通过计算机判断其刹车意图。若属于紧急刹车 EBA 系统指导刹车辅助系统产生高油压发挥 ABS 作用，使刹车力快速产生，缩短刹车距离；对于正常情况刹车，EBA 系统通过判断不予启动 ABS，如图 7-9 所示。

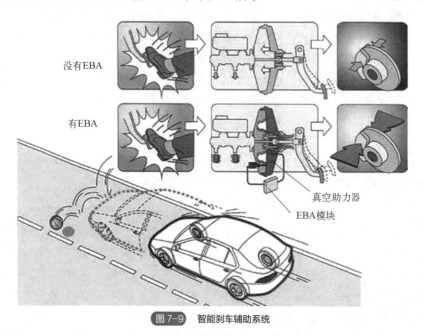

图 7-9　智能刹车辅助系统

③ 自动泊车系统。自动泊车系统是利用车载传感器识别有效的泊车空间，并通过控制单元控制车辆进行泊车。相比于传统的倒车辅助功能，如倒车影像以及倒车雷达，自动泊车的功能智能化程度更高，有效地减轻了驾驶员的倒车困难。自动泊车系统包括超声波探测车位、摄像头识别车位及切换泊车辅助挡。超声波探测车位自带超声波传感器，探测出适合的停车（泊车）空间；摄像头识别车位利用摄像头自动检索停车位置，并在空闲的停车位旁边自动开始停车辅助操作；切换泊车辅助挡自动接管转向盘来控制方向，将车辆停入车位。如图 7-10 所示为自动泊车系统。

图 7-10　自动泊车系统

全自动泊车系统，通过控制车辆的加减速度和转向角度自动停放车辆。该系统能够感知泊车环境，估计车辆姿态（位置和行驶方向），并根据驾驶员的选择设置目标泊车位。然后系统进行自动泊车轨迹计算，并通过精确的车辆定位与车辆控制系统使车辆沿定义的泊车轨迹进行全自动泊车，直至到达最终目标泊车位。

④ 前碰撞预防系统。前碰撞预防系统是通过雷达系统来时刻监测前方车辆，判断本车与前车之间的距离、方位及相对速度，当存在潜在碰撞危险时对驾驶者进行警告。系统本身不会采取任何制动措施去避免碰撞或控制车辆。

如图 7-11 所示，前碰撞预防系统通过分析传感器获取的前方道路信息对前方车辆进行识别和跟踪，如果有车辆被识别出来，则对前方车距进行测量。同时利用车速估计，根据安全车距预警模型判断追尾可能，一旦存在追尾危险，便根据预警规则及时给予驾驶人预警。

图 7-11　前碰撞预防系统

⑤ 驾驶员疲劳预警系统。驾驶员疲劳预警系统主要是通过摄像头获取的图像，通过视觉跟踪、目标检测、动作识别等技术对驾驶员的驾驶行为及生理状态进行检测，当驾驶员发生疲劳、分心、打电话、抽烟等危险情况时在系统设定时间内报警以避免事故发生。系统能有效规范驾驶员的驾驶行为，大大降低交通事故发生的概率。

驾驶员疲劳预警系统是基于驾驶员生理图像反应，由车载计算机和摄像头组成，利用驾驶员面部特征、眼部信号、头部运动等判断疲劳状态，并进行报警提示和采取相应措施的装置，对驾乘者给予主动智能的安全保障，如图 7-12 所示。

⑥ 夜视系统。夜视系统是一种源自军事用途的汽车驾驶辅助系统。在这个辅助系统的帮助下，驾驶者在夜间或弱光线的驾驶过程中将获得更高的预见能力，它能够针对潜在危险向驾驶者提供更加全面准确的信息或发出早期警告，如图 7-13 所示。

图 7-12　驾驶员疲劳预警系统

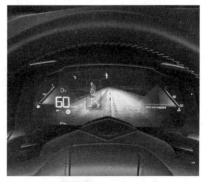

图 7-13　夜视系统

夜视系统主要使用热成像技术，即红外线成像技术；任何物体都会散发热量，不同温度的物体散发的热量不同。夜视系统可收集这些信息，再转变成可视的图像，把夜间看不清的物体清楚地呈现在眼前，增加夜间行车的安全性。

智能驾驶辅助集成的软件系统还有很多，其具有多种功能和特点。智能驾驶辅助集成的软件系统是现代科技发展的重要成果之一，它的出现彻底改变了我们的交通方式和驾驶体验。随着智能驾驶辅助集成的软件系统的不断进步，它将在未来的交通领域发挥更加重要的作用，实现更加智能化、便利和安全的交通出行。

7.1.3　智能汽车起源与发展

智能驾驶的发展最初并不仅仅是诞生于便民性、安全性需求，更早期起源于军事需求，智能汽车在军事应用领域的迅猛发展，极大地促进了世界各国研发智能汽车的激情，并在智能交通等民用领域也产生了大量的研究成果。本节以代表性事件为例介绍国外和国内地面智能汽车（自动驾驶车辆）的发展历程。

（1）国外发展历程

国外对于自动驾驶车辆研究起步较早，1939 年在世界博览会上通用公司展示了世界上第一款自动驾驶概念车"Futurama"。当然，当时的机器不能处理汽车行驶时所需的复杂数据，所以这项技术一直都没有太大的发展，直到计算机变得更小和更便宜后，这一领域才迅速发展起来。直到 20 世纪 80 年代初，美国卡内基梅隆大学研发 NavLab-1，其在典型结构化道路上运行速度为 28km/h。1987 年美国国防部高级研究计划局（DARPA）在"星球大战"计划中，出现了"自主地面车辆"（autonomous land vehicle，ALV），其基于视觉导航技术，在一条 4.5km 长的包括转弯、直线、宽度变化并有障碍物的道路上行驶，平均速度为 14.5km/h，最高速度为 21km/h。

1992 年至 2000 年期间，智能汽车得到了快速发展。1992 年，DARPA 及 JRP（John Robert Powers）资助了 DEMO I 计划，研究高速遥控及简单的"学习"功能等技术。1996 年，JRP 和 DARPA 又联合资助了 DEMO II 计划，改进了地面自动驾驶车辆的自动操控技术，演示了越野自主机动性能。1999 年，在阿伯丁靶场进行了 DEMO III A 试验。2000 年，进行了 DEMO III B 的自主机动性鉴定试验，车辆白天在有植被的崎岖地形上越野导航的速度达到 32km/h，夜间及湿地行驶时速度达 16km/h。在不太恶劣的气候条件下，该车可以 64km/h 的速度在道路上行驶，试验车与遥控人员的通信距离为 10～15km。

进入 21 世纪后，智能驾驶技术发展更为迅猛。DARPA 和美国卡内基梅隆大学合作研发"粉碎机（CRUSHER）"无人平台，装备了用于无人车辆的"混合动力发动机和先进的悬挂系统"，能够以 40km/h 的速度行走 50km，且能够实现中心转向。第一届 DARPA Grand Challenge 自动驾驶车辆挑战赛于 2004 年 3 月在美国莫哈韦沙漠举行。比赛要求参赛车队必须是自动驾驶的自主地面车辆，不允许远程遥控，并对每辆参赛车进行实车跟踪。共有 21 支参赛车队参加了资格赛，有 15 支车队进入了决赛，但在决赛中，没有一支车队完成整场比赛。所有车队中，行驶最远的是卡内基梅隆大学的 Sandstorm，共完成了 11.78km 的路程。但它是首次实现车辆在无人状态下的避障驾驶，仍然具有里程碑的意义，极大地引发了人们对于自动驾驶技术的兴趣，激发了人们在自动驾驶领域的创新意识。

2009 年，美国陆军坦克车辆研究开发与工程中心研发自主平台演示（autonomous platform

demonstrator，APD）系统，旨在开发、集成和试验下一代无人平台系统技术，包括混合电驱动技术、先进悬挂技术、能量管理和无人平台系统安全技术，速度达到 80km/h，技术成熟度为 6 级。2010 年，Google 成立自动驾驶项目组，开始研发自动驾驶车辆：一类是由有人驾驶车辆改装成的自动驾驶车辆；另一类是全新设计的，没有转向盘、没有制动踏板和油门踏板的自动驾驶车辆。2013 年，特斯拉以及奔驰、宝马等汽车企业吹起了进军自动驾驶汽车的号角。2014 年，美国汽车工程师学会（Society of Automotive Engineers，SAE）制定自动驾驶汽车分级标准，将自动驾驶分为驾驶辅助、部分自动驾驶、有条件自动驾驶、高度自动驾驶以及完全自动驾驶五个级别。2017 年，汽车科技成了国际消费类电子产品展览会（International Consumer Electronics Show，CES）中的重要主题，众多企业推出自动驾驶原型车。同年，美国众议院通过美国首部自动驾驶汽车法案（H.R.3388），该法案修订了美国交通法典，规定了美国国家高速公路安全管理局对于自动驾驶汽车的监管权限，同时为自动驾驶汽车提供安全措施，奠定了联邦自动驾驶汽车监管的基本框架，表明联邦立法者开始认真对待自动驾驶汽车及其未来，由此开启了自动驾驶汽车新时代，智能化成为现代人在汽车三大件（发动机、变速器、底盘）之外搭载的必需品。

（2）国内发展历程

在自动驾驶车辆领域，我国虽然起步较晚，但是发展迅速，已经出现很多具有代表性的研究成果。"八五"期间，南京理工大学、北京理工大学、清华大学、浙江大学和国防科技大学等单位联合研制出我国第一辆具有自主识别功能的 ATB-1 自动驾驶车辆。其在结构化道路自主行驶的最高速度为 21.6km/h，弯路及避障速度为 12km/h。"九五"期间，我国第二代自动驾驶车辆 ATB-2 系统面世，具有面向结构化道路环境和越野环境的功能，同时还具有临场感遥控及夜间行驶、侦察等功能。在结构化道路中最高行驶速度为 74km/h，越野环境下白天行驶最高速度为 24km/h，夜间行驶最高速度为 15km/h，遥控驾驶速度为 50km/h。

进入 21 世纪以来，国内智能汽车发展也进入快车道。2000 年前后，北京理工大学为某单位研制了中国第一辆投入实际使用的无人自动驾驶履带车辆"某炮弹专用遥控靶车"。通过操纵遥控驾驶仪与观察回传视频，可以实现履带车辆启动、加速、稳速、减速、转向、停车的自动操纵，实现 8km 范围的遥控与半自主行驶。2009 年，国家自然科学基金委员会首届"中国智能车未来挑战赛"在西安举行。这是我国首次举办的第三方自动驾驶车辆测试赛，推动了中国自动驾驶车辆驶出实验室、驶向实际环境，打破了过去那种自行研发、自行测试的自动驾驶车辆研究与开发模式。2009 年至 2017 年 10 月，该赛事已连续举办了 8 届，极大地推动了中国自动驾驶车辆技术的发展。2013 年，北京理工大学与比亚迪联合研制的"Ray"自动驾驶车辆，获得 2013 年"中国智能车未来挑战赛"第一名。这是首次将自动驾驶车辆环境感知、规划决策和控制技术与汽车动力系统、传动系统和电子控制系统进行了一体化融合设计。同年，百度研发自动驾驶车辆，开展城市、环路及高速道路混合路况下的全自动驾驶，获得美国加州政府颁发的全球第 15 张无人车上路测试牌照。同一时段，国内其他互联网公司、传统汽车企业也纷纷部署自动驾驶车辆技术发展规划。

《中国制造 2025》提出推动节能与新能源汽车产业发展的战略目标，在智能网联汽车（智能汽车）方面：到 2020 年，掌握智能辅助驾驶总体技术及各项关键技术，初步建立智能网联汽车自主研发体系及生产配套体系；到 2025 年，掌握自动驾驶总体技术及各项关键技术，建立较完善的智能网联汽车自主研发体系、生产配套体系及产业群，基本完成汽车产业转型升级。宇通客车研制自动驾驶大客车，在开放道路环境下完成自动驾驶试验，共行驶 32.6km，最高速度为 68km/h。2016 年，陆军装备部举办"跨越险阻-2016"地面无人系统挑战赛，40 多家军内外科研院所、高校、企业参赛。北京理工大学研制成功中国第一辆无人自主驾驶履带车辆，并参加"跨越险阻-2016"地面无人系统挑战赛，自主感知识别环境、自主规划路线、自主决策控制，在规定时间内完成 15km 的比赛任务。工业和信息化部批准的国内首个"国家智能网联汽车（上海）试点示范区"封闭测试区正式开园运营。近年来北京、上海、广州、武汉、长沙、无锡等多个城市陆续投放自动驾驶智能系统车辆。

7.1.4 智能汽车的挑战与未来

在智能汽车技术变革过程中，智能汽车的广泛部署仍面临许多困难。其中最重要的问题是系统性能、网络安全和处理快速发展的技术组合的正确管理框架。

智能汽车（自动驾驶汽车）发展迅速，有过很多突破性进展，但也有不尽如人意之处，尤其在其"视觉"感知领域。在大多数情况下，即使是在高度不确定的人类世界中，它们也能安全地识别、计算以及导航。"在大多数情况下"是一个警示，就像人类在诸如大雨或大雪天很艰难一样，尽管有很多传感器，但自动驾驶汽车在这些情况下工作起来也很艰难。比如有太阳强光照射信号灯或者有大雾天气的时候，可能识别起来就很困难。自动驾驶汽车所处的环境具有不可预测的特性，为每一个场景都事先设置一个合适的行动路线几乎是不可能的。如果一辆汽车被没有在地图上标注的建筑区域搞糊涂了，此时需要汽车"违法地"横跨实线行驶以躲避障碍，这时远程操控员就可以让自动驾驶汽车"安心地"认为这么做是没问题的。

即使熟悉的环境路况也有很多不可确定性，如果一只动物跳到自动驾驶汽车前面，那系统是决定撞上动物还是为了避免相撞而驶出公路呢？在万不得已的情况下，物理过程、反应和直觉可能会使结果不可预测。

与此同时，隐私已经成为一个备受争议的话题，自动驾驶汽车基本上就是移动传感器和数据记录器。它们拥有强大的摄像机和高度先进的系统，可通过微小的细节分析周围的世界。而且可以轻易地推断出路线，甚至可能还有动机和人际关系。虽然隐私是一些人关注的主要问题，但汽车技术扩散得更广泛带来的主要威胁是黑客。随着互联性日益提升，消费者和生产商必须意识到潜在的网络安全威胁，这一点非常重要。

基于自动驾驶概念和出行方式，未来汽车的商业模式必定会发生改变，自动驾驶与"互联网+"的结合将会极大地改变现有的汽车概念，甚至改变现有的物流系统、交通系统，实现现代公路物流的全自动化。同时，自动驾驶的概念与共享的概念完全契合。现在很多国家都步入老年化，自动驾驶可以完美地解决老年人和残疾人的出行问题。

7.2 自动驾驶车辆的应用

自动驾驶汽车（智能汽车）之所以能够提上各大汽车企业的研究日程，被国内外科研机构作为研究重点投入大量的人力物力，带来军民融合的发展，不仅仅因为它代表了高新科技水平，更因为它满足了人们对汽车技术发展的迫切需求。公路等级的不断提高，高速公路的迅速发展，汽车行驶速度的大幅提高，汽车保有量的大量增加，都意味着交通系统对人们驾驶技术的要求越来越高。在汽车技术开发领域人们普遍认为，智能技术比人类更可靠。当然这项技术的发展也离不开国家的大力支持，2020 年国家发展和改革委员会等 11 个部门印发了《智能汽车创新发展战略》，指出当今世界正经历百年未有之大变局，新一轮科技革命和产业变革方兴未艾，智能汽车已经成为全球汽车产业发展的战略方向。

介绍智能汽车应用之前，先了解自动驾驶的分级。

7.2.1　自动驾驶分级

国际自动机工程师学会（SAE International）发布的 SAE J3016 标准提出 L0～L5 级共 6 个等级的自动驾驶分类方法。多数人所理解的高度自动化的自动驾驶是 L5 级别，也就是自动驾驶的最高形态，但 L5 级别的高度自动化驾驶离量产目前还比较遥远。所以，先拥有成熟的驾驶辅助系统（也就是满足 L1～L3 级别）是实现高度自动化的基础。自动驾驶不同分级标准及定义如表 7-1 所示。

表 7-1　自动驾驶不同分级标准及定义

SAE 分级	是否需要驾驶汽车	是否需要接管驾驶	相应的自动/辅助驾驶功能	功能示例	功能分类
L0	开启自动驾驶功能，驾驶员也应时刻处于驾驶状态	驾驶员需时刻观察各种情况，主动对汽车进行制动、加速或转向，保证安全	仅提供警告及瞬时辅助	自动紧急制动 视觉盲点提醒 车身稳定系统	辅助驾驶
L1			能够制动、加速或转向	车道偏离修正或自适应巡航	
L2			能够制动、加速和转向	车道偏离修正和自适应巡航	
L3	开启自动驾驶功能时，驾驶员无需处于驾驶状态	当功能请求时，驾驶员必须接管驾驶	能够在有限制的条件下驾驶车辆	交通拥堵时的自动驾驶	自动驾驶
L4		二者相应的功能开启时，驾驶员无需接管驾驶	能够在有限制的条件下驾驶车辆	城市中的自动驾驶出租车 可能无需安装踏板、转向装置	
L5			能够在任何条件下驾驶车辆	与 L4 相似，但能在任何条件下实现自动驾驶	

SAE 为自动驾驶技术提供了标准化的体系架构，涵盖了从车辆基本架构到自动驾驶应用场景的全生命周期，它使自动驾驶技术得以在整个行业内实现一致的开发和测试标准，并有效降低了自动驾驶技术的研发和应用成本。SAE J3016 的出台，使自动驾驶汽车的安全可靠性和稳定性有了明显的提升，极大地促进了自动驾驶技术的发展，也为自动驾驶汽车的商业化应用铺平了道路。

《汽车驾驶自动化分级》是我国智能网联汽车标准体系的基础类标准之一，由工业和信息化部于 2020 年 3 月 9 日报批公示，于 2022 年 3 月 1 日起正式实施。标准的提出更符合国内汽车市场的发展模式，给国内汽车行业提出了更为具体、全面、统一的自动驾驶分类，给政府行业管理部门、企业产品开发及宣传、消费者提供了可靠的参照标准，为自动驾驶时代的到来做好了准备。

根据《汽车驾驶自动化分级》（GB/T 40429—2021）规定，目前自动驾驶技术分为 0～5 的六个等级。

0 级（应急辅助）。在 0 级，所有驾驶操作，包括转向、制动和加速，都由驾驶员控制。

1 级（部分驾驶辅助）。1 级能够辅助驾驶员完成某些驾驶任务，例如自适应巡航控制，但驾驶员仍需监控路况并准备随时接管车辆。

2 级（组合驾驶辅助）。2 级的自动驾驶系统可以自动控制车辆的加减速和转向，但驾驶员需要保持注意力，准备在需要时接管车辆。

3 级（有条件自动化）。3 级的自动驾驶系统在特定环境和条件下能够独立完成所有的驾驶操作，包括加减速、转向和环境监控，但仍有一定的限制，如在人工智能不能准确判断时，可能需要人工操作。

4 级（高度自动驾驶）。4 级的自动驾驶系统能够在更广泛的环境和条件下自动执行驾驶任务，无需人类干预，但通常需要依赖特定的道路信息数据。

5 级（完全自动驾驶）。5 级的自动驾驶系统在任何条件下都能自动执行驾驶任务，无需人类干预，能够应对各种环境和气候条件。

这些级别描述了自动驾驶系统在不同程度上接管驾驶任务的能力，从基本的辅助驾驶到完全无需人类干预的完全自动驾驶（即自动驾驶）。

自动驾驶车辆拥有异常广阔的应用前景。通过车辆与车辆以及车辆与基础设施的通信，可以实现自动驾驶车辆与其他车辆、基础设施以及人类之间的交互。凭借这种优势，多个自动驾驶车辆之间可以完成编队，通过交叉口、多任务分配等多种方式的协作，从而形成一种全新的智能交通方式，为现有的交通系统注入新的血液，促进智能交通系统的进一步升级与发展；同时在一些工作环境恶劣、劳动强度较大的领域，如矿区环境，自动驾驶车辆也已崭露头角；另外，自动驾驶车辆还可以应用在军事领域，节省人力，提高作战效率，减少人员伤亡。下面介绍自动驾驶车辆的应用。

7.2.2 自动驾驶车辆在智能交通中的应用

欧洲的一项研究表明：汽车驾驶员只要在有碰撞危险的 0.5s 前得到"预警"，就可以避免至少 60% 的追尾撞车事故、30% 的迎面撞车事故和 50% 的路面相关事故；若有 1s 的"预警"时间，将可避免 90% 的事故发生。该研究还表明，如果用机器代替人开车，有望将交通事故减为零。尤其是自动驾驶汽车与车联网相结合，形成一个庞大的移动车联网络，再加上现有的智能交通系统提供的丰富的道路交通信息，自动驾驶汽车便可更加自由安全地行驶在城市道路环境中，反过来将形成更加智能的交通系统。

（1）自动驾驶与车联网

自动驾驶汽车完全取代传统汽车之前，必然有并存期。自动驾驶汽车不仅要实现有人驾驶和自动驾驶的无缝接轨，而且要完全实现人机交互、车与车交互。车联网通常是指通过车与车（V2V）、车与路面基础设施（V2I）、车与人（V2P）、车与传感设备的交互，实现车辆与公众网络通信的动态移动通信系统，并在信息网络平台上对多源采集的信息进行加工、计算、共享和安全发布，如图 7-14 所示。

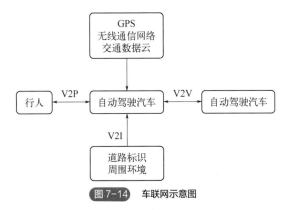

图 7-14　车联网示意图

自动驾驶汽车之间的通信，可以大大降低交通事故的发生率。如图 7-15 所示，是自动驾驶汽车之间采用 V2V 通信方式。在公路上正常行驶的一辆汽车突然制动，后面有一辆汽车跟随，当这两辆车可以进行通信时，只要前车踩下制动，就可以同时向后车发出信号，后车接收到信号后能迅速采取减速甚至紧急制动措施，避免追尾等事故发生。

图 7-15　汽车之间的通信图

自动驾驶汽车与道路基础设施之间的通信技术可以使汽车提前得知路口交通信号灯的状态，且道路旁的通信装置也能侦测附近一段路的拥堵情况，并发送信号给较远距离的车辆，从而使汽车绕开拥堵路段。道路信号也可以上传到网络，再传送给更远的车辆，以便更多的汽车合理规划出行路线，如图 7-16 所示。

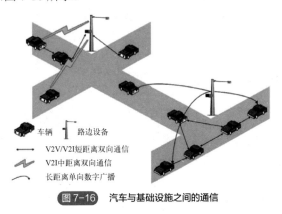

图 7-16　汽车与基础设施之间的通信

在未来的车联网时代，无线通信技术和传感技术之间会是一种互补的关系，当自动驾驶车辆处在转角等传感器的盲区时，无线通信技术就会发挥作用；而当无线通信的信号丢失时，传感器又可以派上用场。车联网帮助所有车辆与网络互联，做到车与车、车与路侧设施、车与人之间信息的实时交互，不仅提高了交通效率，更有效保证了驾驶安全。

（2）自动驾驶与智能交通系统

智能交通系统是将先进的信息技术、通信技术、传感技术、控制技术以及计算机技术等有效地集成运用于整个交通运输管理体系，从而建立起一种在大范围内全方位发挥作用的实时、准确、高效的运输和管理系统。它以信息的收集、处理、发布、交换、分析、利用为主线，为交通参与者提供多样性服务，即利用高科技使传统交通模式变得更加智能化，更加安全、节能、高效率。

在技术支持方面，智能交通系统能够为自动驾驶汽车提供先验信息，提高自动驾驶汽车的识别效率和识别准确率，促进自动驾驶汽车的安全可靠运行。例如，在识别交通标志方面，若仅靠车载视觉，现在的计算机技术无法精准识别，此时可以引入 V2X（车联万物通信），利用通信将交通标志的信息主动发给自动驾驶车辆，如图 7-17 所示。

图 7-17　交通标志检测

智能交通技术和自动驾驶技术的相互促进，传感器技术和信息技术的不断发展，处理器与芯片性能的不断提高，都可能为未来出行提供新的解决方案，而自动驾驶技术和车联网技术的发展将助推智能交通迈向新的阶段。对于实现高等级的自动驾驶，理解人类意图是根本挑战。人脑具有因果关系的理解能力，但人工智能在短时间内还达不到这么高的水平，因此建立完善的车联网和智能交通网络，实现自动驾驶车辆与各种交通参与者的信息交互，是实现真正自动驾驶所必不可少的环节。

7.2.3　自动驾驶车辆在国防安全领域的应用

自动驾驶车辆在未爆弹药处理、预警侦察、安全巡逻、战场救护、简易爆炸装置探测、探扫雷、城区辅助作战和后勤保障等很多战术作战领域发挥了重要作用，大大节省了人力，减少了伤亡。在未来地面作战中，自动驾驶车辆将成为信息化装备体系的重要组成部分、减少人员伤亡的重要手段、提高战术精确打击能力的重要保证，尤其是战术侦察预警方面，灵活机动的自动驾驶车辆可以深入危险区域和侦察盲区实施侦察，将成为地面战场战术信息获取和发布的重要装备。在未来作战需求的牵引和信息技术发展的推动下，世界各主要国家目前都在大力开展相关技术攻关，使自动驾驶车辆呈现出方兴未艾的发展势头。

美国曾在陆军协会全球武装力量研讨和博览会上，对外界公布了"黑骑士"无人作战平台的样车。"黑骑士"无人作战平台是美国陆军"未来战斗系统"的重要组成部分，主要用于前沿火力侦察与监视等作战任务。"黑骑士"研发项目由卡内基梅隆大学美国国家机器人工程中心负责研制传感器、车载计算机系统和硬件，包括自主导航和行动系统。为了缩短研发周期并降低在硬件方面的风险，"黑骑士"无人作战平台大量采用成熟技术，其履带式底盘采用传统布局、缩小了的"布雷德利"底盘，并且共享了"布雷德利"战车的武器系统和引擎部件。"黑骑士"无人作战平台采用了先进的机器人技术，具备自动驾驶能力，如图 7-18 所示。其感知模块包括高灵敏度的摄像机、激光雷达（LiDAR）、热成像相机和 GPS。依靠先进的设备，"黑骑士"无人作战平台具备完全的自动驾驶能力。

图 7-18　"黑骑士"无人作战平台

图 7-19　"守护者"无人巡逻车

以色列自动驾驶车辆发展重点集中于中型自主无人车领域，其装备和研制水平均处于世界前列。以色列 G-NIUS 公司为防卫和安全行动开发了一系列无人车和无人作战平台。其中"守护者"是目前世界上第一种已经装备部队、具有一定自主能力的地面无人系统（无人巡逻车），如图 7-19 所示。它最高行驶速度为 80km/h，能自主设定行驶路线、规避障碍，具有自主"跟随"模式，可与其他地面无人系统协同作战。这些无人车都配备了遥控武器站，并具备高水平的自主作业能力。采用的基型车多种多样，有大有小，包括早期卫士采用的小型 TOMCAR 车，前卫采用的高机动小型履带式平台，还有一些更大型的车辆，如福特 F-350、悍马，甚至还有一些装甲车辆，如 BMP 系列、M113 和"斯特赖克"装甲车，它们具有卓越的机动性，并能够携带各种监视设备和武器系统。

7.3　智能技术——机器学习

7.3.1　机器学习基本概念

通过机器学习，机器可以模拟人类学习活动，机器学习的目的是让机器获得新的知识，然后用这些知识能够提升自己的能力。机器学习在人工智能各个领域都应用得比较广泛，如自动驾驶汽车、语音识别、图像识别、网络与搜索等，都应用了机器学习。

机器学习最早在 1959 年由人工智能的先驱汤姆·米切尔（Tom Mitshell）教授给出概念，并编写了第一个棋类游戏。他认为机器学习赋予了计算机学习的能力，这种学习能力不是通过显著式编程获得的。那什么叫作显著式编程？是不是还有非显著式编程呢？

如图 7-20 和图 7-21 所示，图片是菊花和玫瑰花，怎么区别什么是菊花什么是玫瑰花呢？有人说黄色的就是菊花，红色的就是玫瑰花。也有人从花瓣的形状来看，长条形的是菊花，圆形的是玫瑰花。那也就是说，可以通过很多方式来区别。那么机器是如何识别呢？如何告诉机器这个就是玫瑰花，那个就是菊花呢？我们通过编程告诉计算机菊花是黄色，玫瑰花是红色。因此，计算机识别出黄色就判定为菊花，识别到红色就判定为玫瑰花，这就是显著式编程。这样计算机学习了这个知识后，按这个显著式编程会出现很多笑话，例如会把红旗也识别成玫瑰花。显然，这种按颜色的显著式编程是错误的。那么到底应该怎样识别才能准确呢？

图 7-20 菊花

图 7-21 玫瑰花

针对识别菊花和玫瑰花的任务，利用非显著式编程，即让计算机自己总结规律供机器学习的编程方法。现在拥有大量的菊花和玫瑰花的图片，并不需要去告诉计算机菊花是什么样的，玫瑰花又是什么样的，即事先并不约束计算机必须总结什么样的规律，而是通过编程让计算机根据大量的图片数据，总结二者的特征区别，并让计算机选出最能区分菊花和玫瑰花的规律特征，来进行菊花和玫瑰花的识别。即通过计算机自主学习，达到识别的目的，这就是机器学习。

机器学习就是针对识别菊花和玫瑰花这样的任务构造某种算法。它的特征是：当训练的菊花和玫瑰花的图片越来越多的时候，也就是样本越来越多的时候，识别率就会越来越高。用显著式编程是达不到这种效果的，因为显著式编程一开始就定死了程序的输入和输出，识别率是不会随着训练样本的增加而变化。

关于机器学习的定义还有另外一个逻辑性更强的表述，即一个计算机程序被称为可以学习，是指它能够针对某个任务 T 和某个性能指标 P，从经验 E 中学习。这种学习的特点是，随着经验 E 的增加，它在某个任务 T 上被性能指标 P 所衡量的性能会提高。

在上述识别菊花和玫瑰花的例子中，任务 T 是识别菊花和玫瑰花，经验 E 是大量菊花和玫瑰花的图片数据（又叫训练样本），指标 P 是识别率。当样本越多的时候，识别率就越高。这种算法就称为可以被学习的，即机器学习。

生活中也有类似的例子，比如让机器人冲咖啡。显著式编程是一步一步指明机器人的行走路线，让它左转，是因为门在机器人的左边，然后要让它朝前走五步，接下来右转，再朝前走五步，这样就走到咖啡机面前了；然后发指令，让机器人举起杯子，放在合适的位置，再让机器人点冲咖啡的按钮；等冲好咖啡之后，再次发指令，让机器人按原路返回。可以看到，这种显著式的编程有一个非常大的劣势，就是必须帮机器人规划所处的环境，要把环境调查得一清二楚：机器人的位置在哪里，咖啡机在哪里，咖啡机上的按钮在哪里，机器人应该怎么走。如果有这个时间，早就把咖啡冲好了，何必要用机器人呢？所以非显著式的编程方法的优势就体现出来了。

在这个例子中，非显著式的编程做法是这样的。首先，规定机器人可以采取一系列的行为，如向左转、向右转、朝前走、朝后走、取杯子、按按钮等。接下来，规定在特定的环境下，机器人做这些行为所带来的收益，把这个称为收益函数。例如，机器人采取某个行为导致自己摔倒了，那么就要规定这时候的收益函数值为负。同时，如果机器人采取某个行为撞到了墙上，那么也要规定这时候的收益函数值为负。如果机器人采取某个行为取到了咖啡，那么程序就要奖励一下这个行为，收益函数的值为正。一旦规定了行为和收益函数之后，需要构造一个算法，让机器人自己去寻找最大化收益函数的行为。可以想象，在一开始，机器人有可能采取随机化的行为，但是只要程序编得足够好，机器人是可能找到一个最大化收益函数的行为模式的。可以看出，非显著式编程能够让机器人通过数据和经验自动地学习完成所交给的任务。规定机器人可以采取一系列的行为、在特定的环境下机器人做这些行为所带来的收益，确定了行为和收益函数后，让机器人自己去找最大化收益函数的行为，能够通过数据经验自动地学习，这就是机器学习。

这两个机器学习的定义是目前最普遍，也是比较认可的。机器学习是一门多领域交叉学科，专门研究计算机怎样模拟或实现人类的学习行为，以获取新的知识或技能，重新组织已有的知识结构从而不断改善自身的性能。机器学习是人工智能的核心，是使计算机具有智能的根本途径。

7.3.2 机器学习发展历程

机器学习实际上已经存在了几十年或者也可以认为存在了几个世纪。追溯到 17 世纪，托马斯·贝叶斯（Thomas Bayes）、皮埃尔·拉普拉斯（Pierre Laplace）关于最小二乘法的推导和马尔可夫链，构成了机器学习广泛使用的工具和基础。

自 1950 年阿兰·图灵（Alan Turing）提出图灵测试机，到 21 世纪有深度学习的实际应用，机器学习有了很大的进展。从 20 世纪 50 年代研究机器学习以来，不同时期的研究途径和目标并不相同，可以划分为多个阶段，如图 7-22 所示。

（1）知识推理期

知识推理期起始于 20 世纪 50 年代中期，这时候人们以为只要能赋予机器逻辑推理能力，机器就能具有智能。这一阶段的代表性工作有赫伯特·西蒙（Herbert Simon）和艾伦·纽厄尔（Allen Newell）实现的自动定理证明系统 Logic Therise 证明了著名数学家伯兰特·罗素（Bertrand Russell）和阿尔弗雷德·怀特海（Alfred Whitehead）的名著《数学原理》中的全部 52 条定理，并且其中一条定理甚至比罗素和怀特海证明得更巧妙。

然而随着研究向前发展，人们逐渐认识到，仅具有逻辑推理能力是远远实现不了人工智能的，要使机器具有智能，就必须设法使机器具有知识。

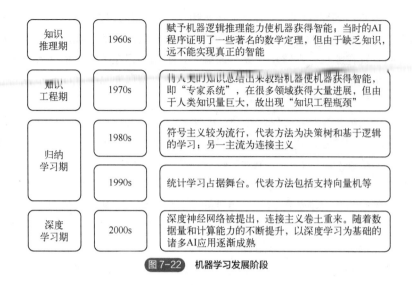

图7-22　机器学习发展阶段

（2）知识工程期

从20世纪70年代中期开始，人工智能进入知识工程期。这一时期大量专家系统问世，在很多应用领域取得了大量成果，费根鲍姆（Feigenbaum）作为知识工程之父在1994年获得了图灵奖。由于人工无法将所有知识都总结出来教给计算机系统，所以这一阶段的人工智能面临知识获取的瓶颈。

这个时期主要研究将各个领域的知识植入系统里，在本阶段的目的是通过机器模拟人类学习的过程。同时还采用了图结构及其逻辑结构方面的知识进行系统描述，在这一研究阶段，主要是用各种符号来表示机器语言。在此期间，人们从学习单个概念扩展到学习多个概念，探索不同的学习策略和学习方法，且在本阶段已开始把学习系统与各种应用结合起来，并取得了很大的成功。同时，专家系统在知识获取方面的需求也极大地刺激了机器学习的研究和发展。

（3）归纳学习期

1980年夏，在美国卡内基梅隆大学举行了第一届机器学习研讨会（IWML）；1983年Tioga出版的《机器学习：一种人工智能途径》，对当时的机器学习研究工作进行了总结；1986年，第一本机器学习专业期刊 *Machine Learning* 创刊；1989年，人工智能领域的权威期刊 *Artificial Intelligence* 出版机器学习专辑，刊发了当时一些比较活跃的研究工作。总的来看，20世纪80年代是机器学习成为一个独立的学科领域，各种机器学习技术百花初绽的时期。

20世纪80年代以来，被研究最多、应用最广的是"从样例中学习"，即从训练样例中归纳出学习结果，也就是广义的归纳学习，它涵盖了监督学习和无监督学习等。

在20世纪80年代，"从样例中学习"的一大主流是符号主义学习，其代表包括决策树和基于逻辑的学习。典型的决策树学习以信息论为基础，以信息熵的最小化为目标，直接模拟了人类对概念进行判定的树形流程；基于逻辑的学习的著名代表是归纳逻辑程序设计，可以看作机器学习与逻辑程序设计的交叉，它使用一阶逻辑（即谓词逻辑）来进行知识表示，通过修改和扩充逻辑表达式（例如Prolog表达式）来完成对数据的归纳。符号主义学习占据主流地位，与整个人工智能领域的发展历程是分不开的。

20 世纪 90 年代中期之前,"从样例中学习"的另一主流技术是基于神经网络的连接(联结)主义学习。连接主义学习在 20 世纪 50 年代取得了大发展,但因为早期的很多人工智能研究者对符号表示有特别偏爱,所以当时连接主义的研究未被纳入人工智能主流研究范畴。1983 年,约翰·霍普菲尔德(John Hopfield)利用神经网络求解"流动推销员问题"这个著名的 NP(多项式非确定性)难题取得重大进展,使得连接主义重新受到人们关注。1986 年,诞生了著名的BP(反向传播)算法,产生了深远的影响。

20 世纪 90 年代中期,统计学习出现并迅速占据主流舞台,代表性技术是支持向量机(SVM)以及更一般的"核方法"。这方面的研究早在 20 世纪 60 年代就已经开始,统计学习理论在那个时期也已打下了基础,但直到 90 年代中期统计学习才开始成为机器学习的主流。一方面是由于有效的支持向量机算法在 20 世纪 90 年代初才被提出,其优越性能到 90 年代中期在文本分类应用中才得以显现;另一方面,正是在连接主义学习技术的局限性凸显之后,人们才把目光转向了以统计学习理论为直接支撑的统计学习技术。在支持向量机被普遍接受后,核方法被人们用到了机器学习的每一个角落,核方法也逐渐成为机器学习的基本内容之一。

(4)深度学习期

21 世纪初,连接主义学习又卷土重来,掀起了以"深度学习"为名的热潮。2006 年,深度学习概念被提出。2007 年,杰弗里·辛顿(Geoffrey Hinton)发表了深度神经网络论文,约书亚·本吉奥(Yoshua Bengio)等人发表了论文 *Greedy Lay-Wise Training of Deep Networks*,杨立昆(Yann LeCun)团队发表了论文 *Efficient Learning of Sparse Representations with an Energy-Based Model*,这些实践标志着人工智能正式进入了深层神经网络的实践阶段。同时,云计算和 GPU 并行计算为深度学习的发展提供了基础保障,特别是最近几年,机器学习在各个领域都取得了突飞猛进的发展。

新的机器学习算法面临的主要问题更加复杂,机器学习的应用领域从广度向深度发展,这对模型训练和应用都提出了更高的要求。随着人工智能的发展,冯·诺依曼式的有限状态机和理论基础越来越难以应对目前神经网络中层数的要求,这些都对机器学习提出了挑战。

机器学习进入新阶段的重要表现有以下几方面:

① 机器学习已经成为新的交叉学科并在高校形成一门课程,综合应用心理学、生物学和神经生理学以及数学、自动化和计算机科学形成机器学习的理论基础。

② 结合各种学习方法、取长补短的多种形式的集成学习系统研究正在兴起。例如,联结学习与符号学习的结合可以更好地解决连续性信号处理中知识与技能的获取和求精问题。

③ 机器学习与人工智能各种基础问题的统一性观点正在形成,例如学习与问题求解结合进行,知识表达便于学习的观点产生了通用智能系统的组块学习,类比学习与问题求解结合的基于案例方法已经成为经验学习的重要方向。

④ 各种学习方法的应用范围不断扩大,一部分已经形成商品。归纳学习的知识获取工具已经在诊断分类型专家系统中广泛使用,联结学习在声、图、文识别中占优势,分析学习已经用于设计综合型专家系统,遗传算法与强化学习在工程控制中有较好的应用前景,与符号系统耦合的神经网络联结学习将在企业的智能管理与智能机器人运动规划中发挥作用。

⑤ 数据挖掘和知识发现的研究已经形成热潮,并在生物医学、金融管理、商业销售等领域

得到成功应用，给机器学习注入新的活力。

7.3.3　机器学习类型

　　机器学习的类型，主要分成这三大类：有监督学习、无监督学习、半监督学习。有监督学习就像我们同学坐在教室里一样，老师可以告诉你这个答案是对的，那个答案是错的。也就相当于同学们知道了这个标准答案，然后就知道怎么去学习，学习的对错是什么，然后能够利用学习到的东西去解决新的问题。也就是通过有监督的机器学习找到某个模型，然后测试评估模型是否合格。

　　有监督学习是指有求知欲的学生（计算机）从老师（环境）那里获取知识、信息，老师提供对错知识（训练集）、告知最终答案的学习过程，学生通过学习不断获取经验和技能（模型），对没有学习过的问题（测试集）也能做出正确的解答（预测）。有监督学习是一种通过给模型提供带有标记的数据进行训练的方法，模型根据输入和输出之间的映射关系来进行预测和分类。然而，有监督学习的主要问题是数据标记的成本较高，特别是对于大规模的数据集。

　　无监督学习是在没有老师的条件下，学生自学的过程，没有明确问题的答案，因此，它的学习目标并不十分明确。无监督学习是利用无标签数据进行训练，模型试图从数据中学习隐含的结构和规律。尽管无监督学习具有广泛的适用性，但由于缺乏标签信息，模型学习的结果往往比较模糊和不确定。

　　半监督学习，是有监督学习与无监督学习相结合的一种学习方法。其核心思想是将有标签的数据和无标签的数据结合起来，充分利用未标记数据的信息来提高模型性能。在现实生活中，大量的数据往往是未标记的，而仅有一小部分数据是经过标记的。半监督学习的目标是通过有效的方法，利用这些未标记数据来提高模型的泛化能力，使其在新样本上表现更好。

　　把告诉计算机每一个训练样本是什么的过程叫作训练数据打标签，如在垃圾邮件识别当中，要收集很多垃圾邮件和非垃圾邮件，同时要告诉计算机这是垃圾还是非垃圾邮件；收集很多张人脸的图片，同时要告诉计算机每张人脸图片到底是谁。很多时候为数据打标签需要非常繁琐的人工，例如现代的人脸识别系统中需要数千万张带有标签的人脸图片，这经常要耗费上百个小时的工作时间。因此，近年来随着人工智能的发展为数据打标签成为一个独特的行业。

　　近年来半监督学习获得了越来越多的关注。相较于传统的有监督学习和无监督学习，半监督学习具有提高模型性能和降低标记成本的优点。利用未标记数据可以让模型学习到更加鲁棒和泛化能力更强的特征表示，从而提高模型在测试集上的性能。随着互联网技术的普及，网络中存在大量的数据，但是另一方面，标记数据却是成本巨大的工作。因此，研究如何利用少量的标记数据和大量没有标记的数据一起训练一个更好的机器学习算法，成为机器学习领域的热点之一。半监督学习在各个领域都有广泛的应用，包括图像识别、自然语言处理、计算机视觉等。

　　机器学习除了上述的分类方式外，还存在很多种分类。基于学习方法分为归纳学习、解释学习和神经学习；基于学习策略分为模拟人脑的机器学习和直接采用数学方法的机器学习。不同的分类方法只是从某个侧面来划分系统类别。无论哪种类别，每个机器学习系统都可以包含一种或者多种学习策略，用来解决特定领域的特定问题。不存在一种普适的、可以解决任何问题的学习算法。

7.3.4　机器学习过程

研究机器学习，离不开数据、模型和算法。机器学习基本流程如图 7-23 所示。

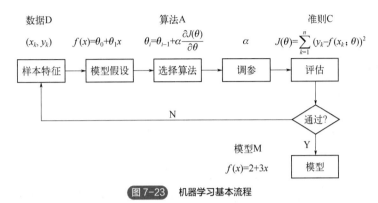

图 7-23　机器学习基本流程

（1）数据及特征

在机器学习项目中，数据是非常重要的。首先，需要收集与问题相关的数据集。数据集可能包含各种类型的数据，如数值型数据、文本数据、图像数据等。收集到的数据通常需要进行清洗和预处理，以去除噪声、处理缺失值并转换为适合机器学习模型的格式。

从原始数据中提取有用的特征，即样本特征，以供机器学习算法使用。好的特征可以帮助模型更好地理解数据和解决问题。提取特征的过程可以包括特征选择、特征变换和特征生成等。

（2）模型

模型指的是基于数据 x 做决策 y 的假设函数，可以有不同的形态，如计算型和规则型等。在机器学习项目中，模型函数并不是一下子就找到的，要经过模型假设、模型评估和模型验证几个阶段。

在选择模型时，需要考虑问题的性质和数据的特点。机器学习中常用的模型包括线性回归、逻辑回归、决策树、支持向量机和神经网络等。选择合适的模型后，可以使用训练数据对模型进行训练。训练的过程是通过调整模型的参数（调参），使其能够更好地拟合数据并提高预测准确性。

模型评估阶段使用测试数据集评估模型的性能，确定模型在新数据上的表现，以便做出正确的决策，通过即采用此模型，不通过则再进行新一轮的模型假设。最后把经过评估、训练好的模型部署到生产环境中，使其能够较好地处理新的、未见过的数据，完成机器学习任务。此外，在整个机器学习生命周期中，还需要不断地进行迭代和优化，以改进模型的性能。

（3）算法

在机器学习的发展过程中，涌现出了许多经典的算法，包括线性回归、逻辑回归、决策树、随机森林、支持向量机、朴素贝叶斯、K 近邻、神经网络、聚类和降维算法。利用算法可以实现电子邮件过滤、网络入侵者和计算机视觉检测。除此之外，机器学习算法应用十分广泛，已广泛应用于数据挖掘、自然语言处理、生物特征识别、搜索引擎、医学诊断、检测信用卡欺诈、证券市场分析、DNA 序列测序、语音和手写识别、机器人等领域。这些算法在不同的问题和场景中发挥着重要的作用，帮助我们理解和解决实际问题。接下来我们介绍线性回归、决策树、支持向量机等算法。

7.4 线性回归

7.4.1 线性回归概念

回归和分类是有监督学习方法中常见的算法。

分类方法可预测离散响应，例如，电子邮件是真正邮件还是垃圾邮件，肿瘤是恶性还是良性的。分类模型将输入数据划分成不同类别。典型的应用包括医学成像、语音识别和信用评分。

回归方法可用于预测连续响应，例如电池电荷状态等难以测量的物理量、电网的电力负荷或金融资产价格。典型的应用包括虚拟传感、电力负荷预测和算法交易。

以线性回归为例来说明回归问题，在我们的生活中应用很多，比如，房价的预测、身高的预测，还有餐厅可以根据营业数据，包括菜谱的价格、就餐的人数、预定的人数、特价菜的折扣等来预测就餐的规模或者是营业额。随机变量与确定变量之间只有一个的，那这个就称之为一元线性回归。如只考虑菜价对餐厅营业额的影响，那么就称之为一元线性回归。如果考虑多种影响因素，或者是预测多个变量的，那我们就称之为多元回归。显然一元线性回归是最简单，也就是要研究自变量和因变量之间的变化关系，它假设因变量和自变量之间存在线性关系，即因变量可以表示为自变量的线性组合加上一个随机误差项。线性回归的目标是找到一条直线，使得它能够最好地拟合数据，即使得误差项的平方和最小，如图 7-24 所示。线性回归的优点是简单、易于理解和实现，缺点是不能处理非线性关系和高维数据。

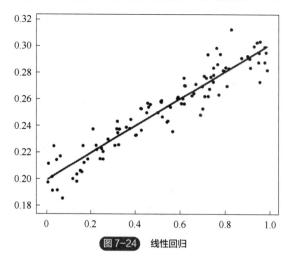

图 7-24 线性回归

7.4.2 线性回归基本思想

线性回归是回归中针对连续性的数值进行研究的，可以从很多例子来研究。现在我们以根据身高预测体重的例子来研究一元线性回归的基本思想和应用。

　　从某大学中随机选取 8 名女大学生，其身高和体重如表 7-2 所示。

表 7-2　身高和体重数据

编号	1	2	3	4	5	6	7	8
身高/cm	165	165	157	170	175	165	155	170
体重/kg	48	57	50	54	64	61	43	59

　　求根据女大学生的身高预测体重的回归方程，并预测一名身高 172cm 的女大学生的体重。

　　这是典型的一元线性回归问题。选取身高为自变量 x，体重为因变量 y。作散点图，如图 7-25 所示。

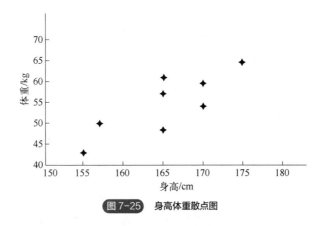

图 7-25　身高体重散点图

　　可以看出，样本点呈条状分布，身高和体重有比较好的线性关系，因此可以使用回归直线 $y=bx+a$ 来近似刻画它们之间的关系。那么现在我们需要求截距 a、斜率 b 的值，利用最小二乘法可得 a 和 b。因此，回归方程为 $y=0.849x-85.712$，如图 7-26 所示。

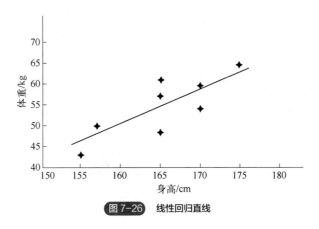

图 7-26　线性回归直线

　　从图 7-26 可以看出，各点分布在该条回归直线的附近，那么身高和体重的关系可以用线性回归模型 $y=0.849x-85.712$ 表示。找到模型后，求 172cm 的女大学生的体重，将 $x=172$ 代入方程，根据回归方程可得到预测体重为 $y=0.849×172-85.712=60.316$kg。

　　综上，我们利用根据身高预测体重的例子来研究了建立回归模型的基本步骤：确定研究对象，明确哪个是自变量，哪个是因变量；画出它们的散点图，观察它们之间是否存在线性关系；由经验确定回归方程的类型；按照一定的规则（如最小二乘法）估计回归方程中的参数；得出结果，分析残差，确定模型是否合适。

7.4.3 线性回归的应用

线性回归方程的应用有以下几个主要方面：
① 金融领域：预测股票价格、货币汇率、利率等，以指导投资决策。
② 市场营销：预测产品销售额、市场份额等，以制订营销策略。
③ 医疗保健：预测患者的健康状况和治疗效果，以辅助医生和医疗机构做出决策。
④ 交通运输：预测交通流量和拥堵情况，以指导交通规划和管理。

线性回归方程也被用于许多其他领域，如物理学、化学、生物学等。主要功能为预测连续变量的值，例如预测信用卡用户生命周期价值时，可以建立其与用户所在小区平均收入、年龄、学历等之间的线性模型，预测用户的生命周期价值，然后给用户评级。

7.5 聚类

7.5.1 聚类基本概念

聚类这两个字，让人想到了这样的一句话："物以类聚，人以群分。"在生活中存在着大量的分类问题，比如，同学有男生和女生，还有学习成绩的好坏等。可以按很多指标进行分类，分类是把不同的数据划分开，其过程是通过训练数据集获得一个分类器，再通过分类器去预测未知数据。与分类相类似的一个概念叫聚类。

聚类是按照某个特定标准（如距离）把一个数据集分割成不同的类或簇，使得同一个簇内的数据对象的相似性尽可能大，同时不在同一个簇中的数据对象的差异性也尽可能大。即聚类后同一类的数据尽可能聚集到一起，不同类数据尽量分离。聚类是指把相似的数据划分到一起，具体划分的时候并不关心这一类的标签。

聚类是一种无监督学习方法。就是数据还没有明确的答案，也可以理解为训练集没有标签，用计算机自己找出规律，把有相似属性的放在一起。聚类就是对没有标注的这些数据，进行物理的或者是抽象对象的集合的分组，如图7-27所示。

图7-27 聚类

7.5.2 聚类基本过程

划分式聚类方法需要事先指定簇类的数目或者聚类中心，通过反复迭代，直至最后达到"簇内的点足够近，簇间的点足够远"的目标。经典的划分式聚类方法有 k-means 及其变体 k-means++、bi-kmeans、kernel k-means 等。

k-means 是最简单的聚类算法之一，运用十分广泛。其基本步骤如下，如图 7-28 所示。

① 随机选取 K 个中心点，分几堆；

② 遍历所有数据，将每个数据划分到最近的中心点中；

③ 计算每个聚（堆）的平均值，并作为新的中心点；

④ 重复②到③的过程，直到 K 个中心点不再变化，即收敛了，或执行了足够多的迭代。

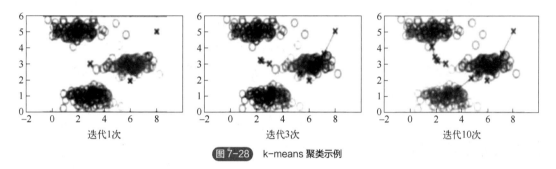

迭代1次　　　　　　　迭代3次　　　　　　　迭代10次

图 7-28　k-means 聚类示例

聚类是探索性数据挖掘的主要任务，也是统计数据分析的常用技术，用于许多领域，包括机器学习、模式识别、图像分析、信息检索、生物信息学、数据压缩和计算机图形学。

7.6　关联分析

关联分析是一种数据挖掘技术，用于发现数据集中项之间的关联规则。在商业领域，关联分析被广泛应用于市场篮分析、交叉销售分析、购物篮分析等领域。它可以帮助企业发现产品之间的关联性，从而制订更有效的营销策略，提高销售额和客户满意度。

关联分析实际上也就是我们常说的购物篮分析。比如，沃尔玛超市发现了一个奇怪的现象——啤酒的销量居然和纸尿裤有一定的关联，于是将啤酒和尿不湿摆在一起销售。这是因为沃尔玛超市通过数据分析发现，美国有婴儿的家庭中，一般是母亲在家照顾孩子，父亲去超市买尿不湿。父亲在购买尿不湿的时候，常常会顺便搭配几瓶啤酒来犒劳自己。于是超市尝试推出了将啤酒和尿不湿摆在一起的促销手段，这个举措居然使尿不湿和啤酒的销量都大幅增加。

啤酒和尿不湿的故事说明商品之间具有相关性，不同商品在销售中会形成相互影响的关系。在卖场中，商品之间的关联关系比比皆是，比如咖啡的销量会影响到咖啡伴侣方糖的销量，牛奶的销量会影响到面包的销量等。有些事物的相关性显而易见，有些则不是那么明显。

除了啤酒和纸尿裤、面包和牛奶，还有其他的例子，比如在一个商场的销售记录中，调查一下在商场中买电脑的人大约的年龄是多少，月收入又是多少，给出一个限定值，比如年龄在 25～35 岁之间，月收入是 3000～4000 之间，这群客户中大概有 60%的人已经买了电脑，也就是说这个人群购买电脑的概率是六成。如果卖电脑的卖家知道这个数据，就会觉得这类人对电脑需求比较高，那也就是说通过这些关联来进行分析，精准化的销售是非常有必要的。商店促销、超市打折、商场打折、都是通过数据关联分析来得到的，从而可以向已经购买相关产品的客户来推销关联的商品，这样获得成功的概率就比较高。由此联想到，现在网购时，以前买过的这一类型的衣服，经常给你新的推荐，也就是这个道理。超市在布置货品的时候，那就可以把关联度较高的商品放在一起，这样既能使客户满意，又可以增加销售量。对商品销售情况进行分析，可以提高销售质量，来降低促销成本。常用的关联挖掘的算法，比如这个购物篮分析，是商场常用的一种手段，就是利用这种关联分析进行更好的促销组合，这些思想也可以应用到生活和学习中。

关联分析的核心思想是寻找项集之间的频繁关联规则。在一个项集中，如果某些项经常出现在一起，就可以认为它们之间存在关联性。关联分析的常见算法包括 Apriori 算法和 FP-growth 算法，它们能够高效地发现频繁项集和关联规则。

Apriori 算法是一种经典的关联分析算法，它通过逐层搜索的方式发现频繁项集。该算法首先扫描数据集，统计每个项的支持度，然后根据最小支持度值生成候选项集。接下来，通过连接和剪枝操作，逐渐生成更大的候选项集，直到不能再生频繁项集为止。最后，根据频繁项集生成关联规则，并计算它们的置信度。

7.7　支持向量机

支持向量机的缩写是 SVM，它是一种有监督的机器学习算法，用于分类任务或者是回归任务，是由俄罗斯统计学家和数学家弗拉基米尔·万普尼克（Vladimir Vapnik）在 1995 年发表和创造的。有证据表明，在 20 世纪 70 年代万普尼克就已经创造了支持向量机的主要理论框架。但由于冷战时期苏联和西方世界的对立，西方学术圈并不知道他的研究。20 世纪 90 年代初，苏联解体，万普尼克来到美国，他逐渐将自己的理论发表于欧美主流的学术期刊上，获得了大家的认可。支持向量机在解决小样本、非线性及高维模式识别中表现出许多特有的优势。

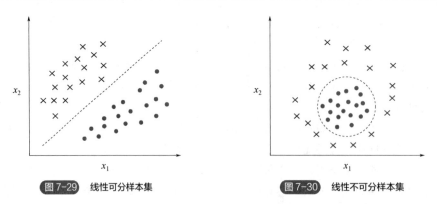

图 7-29　线性可分样本集　　　　图 7-30　线性不可分样本集

如图 7-29 所示的二分类问题，从各个训练样本在特征空间的分布可以看到，用 •代表一类，用×代表另一类，在这个训练样本集中可用一条直线将 •和×分开。因此，这个问题是线性可分的。在图 7-30 中的样本集是线性不可分的，就是找不到一条直线，可以将 •和×分开。图 7-30 中所有的 •都集中在里面，而所有的×都集中在外面，所以不管我们怎么画直线，都不可能将它们分开，这就是线性不可分的例子。

在图 7-29 和图 7-30 中，数据为二维，因此我们要找将其分开的直线。在三维空间我们要找到能够将样本数据分开的平面，就是到两类最近数据点距离最大的平面。离平面最近的点叫作支持向量，因为一旦确定，只有它们起到了支撑分类的作用，其他距离远的点已不再关注。我们的任务就是找不同的点作为支持向量，使中间的间隔最大化。由于人眼对空间的感知仅仅局限于三维，所以无法直观地画出一个图，在四维以及四维以上说明线性可分和线性不可分的情况，这个时候必须借助数学对线性可分和线性不可分给出一个精确的定义。

当特征空间是二维的情况，两个维度分别用 x_1 和 x_2 表示。同时假设在特征空间上分布着一些训练样本，这些训练样本·用类别标签 C_1 来表示，×用类别标签 C_2 来表示。在这个二维的特征空间上，可以从中找出一条直线，把它们分开。设这条直线的方程式 $w_1x_1+w_2x_2+b=0$。其中，w_1、w_2 是 x_1 和 x_2 的权重，b 叫作偏置。进一步假设，在×的一侧，$w_1x_1+w_2x_2+b$ 大于 0，而在另一侧，$w_1x_1+w_2x_2+b$ 小于 0。利用算法和优化最终确定分类决策函数，这里不详细阐述。SVM 的工作原理是将数据映射到高维特征空间，这样即使数据不是线性可分，也可以对该数据点进行分类。面对复杂问题，现在都可以通过编写程序来实现。

支持向量机是一款强大的分类模型，主要应用场景有图像分类、文本分类、面部识别、垃圾邮箱检测等领域。

7.8 决策树

很多同学都非常喜欢打球，但打球受天气的影响比较大。比如天下雨了，在室外就不适合打球，但是晴天，如果太阳特别刺眼，也不适合打球。除了有天气影响，还有温度、风的影响，比如风很大，也不适合打球。所以天气、温度、湿度和风，这些因素都会决定是否能去打球。如表 7-3 所示，把在什么样的情况下去打球一一列举出来。

表7-3 是否去打球的实例

编号	天气	温度	湿度	风	是否去打球
1	晴天	炎热	高	弱	不去
2	晴天	炎热	高	强	不去
3	阴天	炎热	高	弱	去
4	下雨	适中	高	弱	去
5	下雨	寒冷	正常	弱	去
6	下雨	寒冷	正常	强	不去
7	阴天	寒冷	正常	强	去
8	晴天	适中	高	弱	不去
9	晴天	寒冷	正常	弱	去
10	下雨	适中	正常	弱	去
11	晴天	适中	正常	强	去
12	阴天	适中	高	强	去
13	阴天	炎热	正常	弱	去
14	下雨	适中	高	强	不去

决策树的基本思想就是想要计算机模拟人类进行这样的级联选择，或者进行决策，按照这些属性或者是某一个优先级别来对这个决策树里面的数据进行属性的判别，从而得到输入数据所对应的预测性的输出。这些数据中，风是一个决策性的，或者是风所影响的权重比较大，风是影响是否去打球的一个非常重要的因素，当然天气、温度和湿度也会对其有影响，所以有这样的几个输入，那对于输出是否打球的预测就起到了决定性的作用。

决策树如图7-31所示，包含一个根节点、若干内部节点和叶节点。其中，叶节点表示决策的结果，内部节点表示对样本某一属性判别。把天气、湿度、风速都放到决策条件中，其中天气是一个很大的因素，它作为根节点，天气的晴、阴天、下雨，就决定了其他的内部节点是什么样。如果是晴天的情况下，再看湿度是高还是正常；下雨的情况下风速是强还是弱，以此来判别。在决策树里实例的编号，如果是正数，就代表去打球，负数就代表不去打球，风速强的时候是负的，风速弱的时候都是正的。

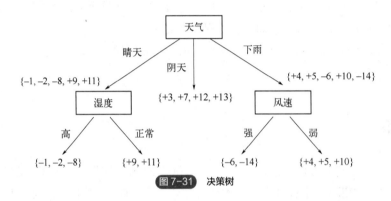

图7-31　决策树

决策树的构造是按分类规则得到最优的划分特征，然后计算这些最优的特征的子函数，并创建特征划分的这些节点。按照划分的分节点，把这些数据集划分到若干的子数据集里，然后在这些子数据集上重复使用判别规则，构建出新的节点，作为决策树的新枝干，然后重复这样去执行，直到满足终止的条件。

7.9　机器学习应用案例

7.9.1　案例实践——车牌号码识别

（1）案例描述

车牌号码是车辆的唯一标识，用于在道路上标识车辆身份，记录车辆信息。在高速公路收费站、停车场、交通卡口等场景中，通过识别车牌信息，实现自动化车辆管理、交通流量统计、违规车辆自动报警等功能，提高交通管理效率，实现安全管理。在小区及商业中心、机场、火车站等大型停车场中可以实现自动化车辆进出管理、计费缴费等功能，如图7-32所示。车牌识别技术可以应用于智慧城市建设中，通过识别车牌号码自动调节红绿灯的时长，提高交通流畅度和效率。

图 7-32　车牌识别应用在小区出入口

（2）案例分析

车牌识别是一个广泛的主题，涉及图像处理和机器学习等多个领域。在 Python 中，可以使用 OpenCV 库来进行图像处理，以及使用 TensorFlow 或 PyTorch 等深度学习框架来构建车牌识别模型。本例利用 OpenCV 库和 HyperLPR 实现车牌识别。

OpenCV 提供的视觉处理算法非常丰富，可用于人机互动、物体识别、图像分割、人脸识别、动作识别、运动跟踪、机器人等应用领域。

HyperLPR 是一个基于深度学习的高性能中文车牌识别开源项目，由 Python 语言编写，同时还支持 Linux、Android、iOS、Windows 等各主流平台。它拥有不错的识别率，目前已经支持的车牌类型包括单行蓝牌、单行黄牌、新能源车牌、白色警用车牌、使馆/港澳车牌、教练车牌等。

（3）案例实践

① 软件环境：

Python 版本：Python 3 及以上。

运行环境：PyChaRm。

安装环境：

pip3 install opencv-python -i

pip3 install hyperlpr -i

② 程序节选：本例中编写程序进行识别，主程序如图 7-33 所示。将车牌（如图 7-34 所示）放入车牌识别系统中，在 Python 程序中，将要识别的车牌图片，命名为 cp03.jpg，程序运行后结果如图 7-35 所示。

图 7-33　车牌识别主程序

图 7-34　车牌

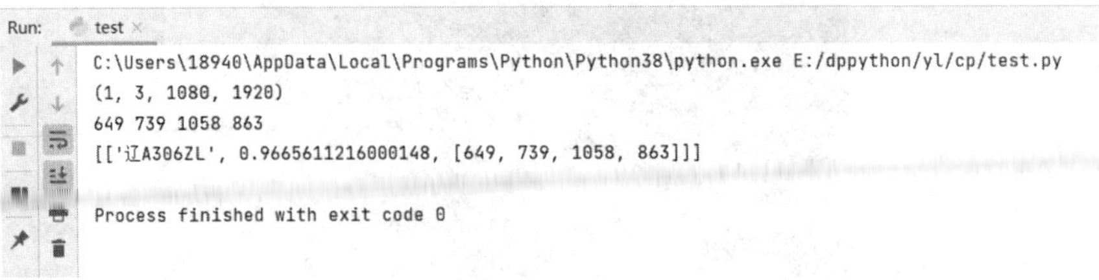

```
Run:    test ×
        C:\Users\18940\AppData\Local\Programs\Python\Python38\python.exe E:/dppython/yl/cp/test.py
        (1, 3, 1080, 1920)
        649 739 1058 863
        [['辽A306ZL', 0.9665611216000148, [649, 739, 1058, 863]]]

        Process finished with exit code 0
```

图 7-35 识别结果

通过结果，我们看出识别完全正确。

7.9.2 案例实践——疲劳预警系统

（1）案例描述

随着现代社会生活节奏的加快，疲劳驾驶已经成为一个普遍存在的问题。由于疲劳驾驶导致的交通事故频发，不仅给驾驶员本人带来安全隐患，同时也对他人的安全造成严重威胁。为了减少疲劳驾驶引发的交通事故，疲劳预警系统应运而生。

疲劳预警系统是一种旨在实时监测驾驶员疲劳状态的智能系统。通过对驾驶员的生理和行为信号进行采集和分析，疲劳预警系统能够对驾驶员的疲劳状态进行评估，并在必要时发出预警，以提醒驾驶员注意行车安全。

（2）案例分析

在技术实现方面，疲劳预警系统主要涉及以下几个方面：

① 传感器技术：疲劳预警系统需要采集驾驶员的生理和行为信号，因此需要使用各种传感器来检测不同的信号，如眼动追踪器、脑电传感器、心率监测器等。

② 信号处理：为了从采集到的生理和行为信号中提取有效的疲劳特征，需要运用信号处理技术对原始信号进行预处理和分析。这通常涉及数字信号处理、特征提取和模式识别等技术。

③ 疲劳评估：利用所提取的特征，通过机器学习、深度学习等方法可以对驾驶员的疲劳状态进行评估。常见的疲劳评估指标包括疲劳等级、疲劳预警程度等。

④ 预警模块：根据疲劳评估结果，通过警告音、视觉提示等方式向驾驶员发出疲劳预警信号。

在 Python 中，可以通过以下几个步骤实现一个简单的疲劳预警系统：

① 导入所需的库，如 numpy、scipy、sklearn 等，以便进行信号处理和机器学习。

② 读取和预处理生理和行为信号，如使用 numpy 和 scipy 进行信号滤波、降噪等操作。

③ 提取疲劳特征，可以使用 sklearn 等库实现特征提取和选择。

④ 使用机器学习或深度学习方法训练疲劳评估模型。在 Python 中，可以使用 sklearn、TensorFlow 或 PyTorch 等库实现模型训练和评估。

⑤ 实现预警模块，根据疲劳评估结果输出预警信号。在 Python 中，可以使用 matplotlib、pygame 等库实现视觉和听觉预警信号。

通过以上步骤，可以运用 Python 实现疲劳预警测试。需要注意的是，实际应用中的疲劳预警系统需要更加复杂的技术和算法，以实现更精确的疲劳评估和预警。

（3）案例实践

① 导入库：如图 7-36 所示。

图 7-36 导入库

② 程序节选

```
while True:
    _,frame = cap.read() #这个read是cv2中的方法,作用:按帧读取画面,返回两个值(True,frame),
有画面是True,且赋值给frame
    gray = cv2.cvtColor(frame, cv2.COLOR_BGR2GRAY) #方法、作用:将摄像头捕获的视频转换为灰
色并且保存,这样方便判断面部特征点
    faces = detector(gray) #利用dlib库,处理获取的人脸画面

    #循环每一个画面
    for face in faces:
        landmarks = predictor(gray, face)
        left_eye_ratio = get_blinking_ratio([36,37,38,39,40,41], landmarks)
        right_eye_ratio = get_blinking_ratio([42,43,44,45,46,47],landmarks)
        #利用函数获得左右眼的比值

        blinking_ratio =(left_eye_ratio + right_eye_ratio)/ 2
        #取平均数

    end = time.time() #记时,判断闭眼时间

    #检测眼睛状况
    if blinking_ratio > 4.5:
        cv2.putText(frame, "CLOSE",(75, 250), font, 7,(255, 0, 255)) #方法、作用:在图像
上打印文字,设置字体、颜色、大小
    else :
        cv2.putText(frame,"OPEN",(75, 250),font,7,(0, 255,0))
        start = time.time() #记时
    print("闭眼时间:%.2f秒"%(end-start)) #获取睁闭眼时间差

    #判断是否疲劳
    if(end-start)>2:
        cv2.putText(frame,"TIRED",(200, 325),font,7,(0,0, 255))
        duration = 1000
        freq = 1000
        winsound.Beep(freq, duration) #调用喇叭,设置声音大小与时间长短
```

本例中采用电脑自带摄像头,实时拍摄人脸画面,以对人员戴眼镜和不戴眼镜两种情况进行测试。戴眼镜情况测试,程序运行后结果如图 7-37 所示。

睁眼时,屏幕显示"OPEN";闭眼时,屏幕显示"CLOSE"。当闭眼时间超过 3s,出现警告音提醒。通过测试表明,能够识别出睁眼、闭眼情况,判断疲劳状态。

图 7-37　戴眼镜疲劳测试

不戴眼镜重复上述操作测试，睁眼时，屏幕显示"OPEN"；闭眼时，屏幕显示"CLOSE"，如图 7-38 所示。当闭眼时间超过 3s，出现警告音提醒。

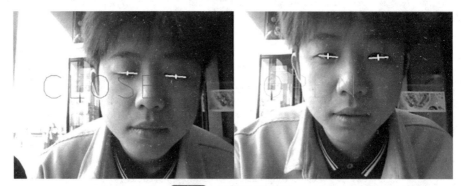

图 7-38　不戴眼镜疲劳测试

通过测试表明，本案例的疲劳预警系统能够识别出睁眼、闭眼情况，判断疲劳状态。

 本章小结

　　智能汽车：集成先进感知系统、决策系统、执行系统，运用新技术如信息通信、互联网、大数据等，具备自动驾驶功能的新一代汽车。

　　智能汽车组成：智能感知设备集成的硬件系统和智能驾驶辅助集成的软件系统。

　　自动驾驶分级：从 L0 到 L5，级别越高，自动化程度越高。

　　机器学习：让机器通过学习活动获得新知识，提升自身能力。

　　机器学习类型：有监督学习、无监督学习和半监督学习。

　　线性回归：用于预测连续响应的监督学习方法。

　　聚类：无监督学习方法，将相似数据划分到一起。

　　关联分析：发现数据集中项之间的关联规则，常用于市场篮分析。

　　支持向量机：有监督学习算法，用于分类和回归任务。

　　决策树：通过树状结构进行决策的算法。

思考题

（1）简述智能驾驶辅助系统有哪些类型。

（2）简述机器学习技术基本原理及应用。

（3）简述机器学习的类型有哪些。

扫码查看参考答案

 习题

（1）智能汽车的核心主要包括三个模块，分别为（　　）。

A．感知系统　　B．决策系统　　　C．软件系统　　　　D．执行系统

（2）机器学习的类型有（　　）。

A．有监督学习　B．无监督学习　　C．半监督学习　　　D．全监督学习

（3）智能汽车主要由智能感知设备集成的（　　）和智能驾驶辅助集成的（　　）组成。

A．硬件系统　　B．决策系统　　　C．软件系统　　　　D．执行系统

本章拓展阅读

第 8 章

智能医疗机器人

本章思维导图

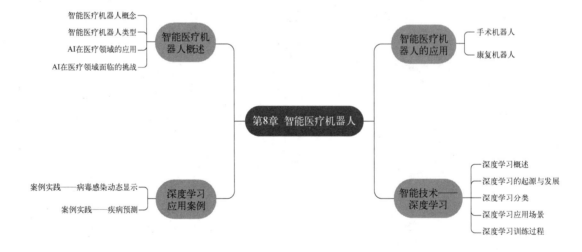

本章学习目标

（1）了解人工智能在医疗领域的应用场景；

（2）熟悉智能医疗机器人的类型和应用；

（3）掌握手术机器人和康复机器人的种类和应用；

（4）了解深度学习模型工作流程；

（5）掌握深度学习基本原理和应用。

据澳洲网报道，2016 年 6 岁的澳大利亚堪培拉女孩克里斯·蒂安森（Chris Tiensson）被确诊患有透明细胞肉瘤。因为，这块肉瘤生长在克里斯·蒂安森的颅骨中，专家们一度认为医治无望。在克里斯·蒂安森母亲和医生的不懈努力下，奇迹发生了，来自墨尔本 Epworth 医院的本·迪克逊（Ben Dixon）和马修·马加雷（Matthew Magarey）使用机器人为克里斯·蒂安森实施了手术，成功移除了部分肉瘤，如图 8-1 所示。克里斯·蒂安森成为澳洲首个接受机器人手术的患者。

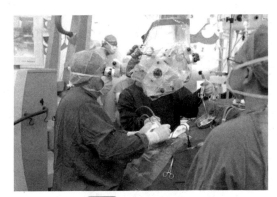

图 8-1 脑瘤手术机器人

实施上述手术的机器人属于医疗机器人范畴。医疗机器人是机器人技术、计算机网络控制技术、数字图像处理技术、虚拟现实技术和医疗外科技术的结合，用于实现机器人辅助外科手术、康复医疗和医院服务等。医疗机器人是近些年"人工智能+医疗"的产物，除能够代替人进行简单重复、处于脏乱危险环境、劳动强度大的工作外，还能够扩展人类的能力，它可以做人很难进行的高细微精密的作业，以及超高速作业。

近年来，借助人工智能技术，开展智慧医疗成为医疗领域的热点。"人工智能+医疗"是人工智能技术赋能医疗健康产业的现象。以机器学习和数据挖掘为两大核心技术的人工智能渗透到医疗行业，各应用场景下医疗人工智能公司开发出的产品和服务，带来了医疗健康行业的降本增效，衍生出医疗数据服务、机器学习服务、医疗研发服务等新的医疗细分行业，拓展了医疗领域的边界，重塑了医疗健康相关产业链。

本章先介绍智能医疗机器人应用、类型等，然后介绍手术机器人和康复机器人的应用和基本原理，接着讨论智能医疗机器人所利用的主要技术——深度学习的基本原理，最后介绍深度学习的应用案例。

8.1 智能医疗机器人概述

随着社会进步和人们健康意识的觉醒、人口老龄化问题的不断加剧，人们对于提升医疗技术、延长人类寿命及增强健康的需求也更加迫切，而实践中却存在着医疗资源分配不均，药物研制周期长、费用高，以及医务人员培养成本过高等问题，对于医疗进步的现实需求极大地刺激了以人工智能（AI）技术推动医疗产业变革升级的浪潮。AI 作为一门综合性极强的交叉学科，在医疗领域内得到越来越多的应用，并将成为影响医疗行业发展的重要科技手段。医疗机器人是"人工智能+医疗"的典型产品，越来越多地出现在医疗领域。

8.1.1 智能医疗机器人概念

智能医疗机器人（以下简称医疗机器人）是集医学、信息、物理、机械等多种学科于一体的技术密集型产品。通过计算机技术、传感器技术、导航技术等实现自动化、智能化操作。智能医疗机器人可以协助医生进行诊断和治疗，提高医疗水平和效率。

医疗机器人是属于医学治疗、康复和护理等方面的机器人，是机器人技术结合医疗领域需求而发展起来的一种新型医疗器械。自 20 世纪 80 年代以来，医疗机器人经历了从无到有、从简单到复杂的发展过程。如今，医疗机器人已经成为医疗领域的重要工具，其应用范围涵盖了手术、康复、护理等多个方面。包括目前临床使用的骨科手术机器人、胃镜机器人、康复机器人在内的，用于诊断与治疗环节的机器人，不仅提高了医疗服务的效率和质量，还为患者提供了更舒适和安全的医疗环境。医疗机器人为医疗行业带来了革命性的变化，全球医疗机器人市场空间巨大，未来其市场规模将快速增长。

8.1.2 智能医疗机器人类型

医疗机器人根据用途和结构可以分为多种类型。

（1）按用途分类

根据应用场景，国际机器人联合会（IFR）将医疗机器人分为手术机器人、康复机器人、辅助机器人、服务机器人四大类，如图 8-2 所示。

手术机器人：主要用于手术操作，包括骨科及神经外科手术机器人、肠胃检查与诊断机器人（包括胶囊内窥镜、胃镜诊断治疗辅助机器人）等。通过使用微创的方法，实施复杂的外科手术，医生可进行精确的微创远程手术，例如美国的 DaVinci 手术机器人系统和 Rosa 手术机器人系统。

康复机器人：用于患者的康复训练，包括康复机械手、智能轮椅、假肢和康复治疗机器人等在内的，应用在康复护理和康复治疗等方面的代替人工的机器人。辅助人体完成肢体动作，用于神经运动康复训练，对脑瘫、脑卒中等患者进行神经康复治疗，例如瑞士的 LOKOMAT 下肢康复机器人系统、以色列的 ReWalkRobotics。

辅助机器人：可以辅助医疗过程，用于照顾患者，可以用来分担护士护理的繁重和琐碎工作,提升医护质量的医疗机器装备。例如安翰医疗 Navicam 胶囊内镜机器人、卫邦科技 WEINAS 系列静脉药物调配机器人。

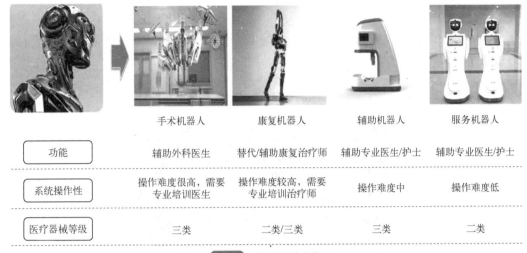

	手术机器人	康复机器人	辅助机器人	服务机器人
功能	辅助外科医生	替代/辅助康复治疗师	辅助专业医生/护士	辅助专业医生/护士
系统操作性	操作难度很高,需要专业培训医生	操作难度较高,需要专业培训治疗师	操作难度中	操作难度低
医疗器械等级	三类	二类/三类	三类	二类

图 8-2 医疗机器人分类

服务机器人:提供咨询、导诊等服务,用于减轻医护人员重复性劳动,提高其工作效率的医疗机器装置,包括消毒机器人和药品运送机器人等。

服务机器人中的智能导诊机器人,是一种可广泛应用于门诊大厅、连锁药房等场景,为患者提供智能分诊、业务咨询、问路指路等服务的机器人。如图 8-3 所示,智能导诊机器人的作用主要有:

图 8-3 智能导诊机器人

① 运用日常用语和患者交流。随着人们生活水平的提高,患者在就诊过程中偏向具备高医疗水平、高服务质量的医院。智能导诊机器人的使用更有助于患者掌握有效的医院相关信息,结合自身症状挂号。同时,机器人还能够运用日常用语和患者交流,开展健康宣教工作,促进患者健康认知的提高,确保他们能够积极地配合治疗。

② 精确迅速地引导患者。医护资源分布不均的情况使得传统导诊模式面临巨大挑战,长时间等待、场面混乱、无秩序等情况极易发生,智能导诊机器人的运用可以有效解决此问题。因为机器人中包含各类医疗信息,可以精确迅速地引导患者进行就医,实现分诊,提高患者挂号正确率和提高医师的看病接诊效率。

③ 规范就诊医疗管理流程。智能导诊机器人的应用立足于大数据技术，分析医院门诊、住院等相关业务数据，并构建知识库。智能导诊机器人可以结合患者原始问答进行自我学习，进而健全知识库，提供知识点维护和管理，并且后台能够实时监控智能导诊机器人状态，以便于医院随时掌握机器人的服务动态。

服务机器人可以通过智能大脑控制中心规划实现自动开闭、自动乘坐电梯、自动排除障碍物、自动充电等功能，无需工作人员直接参与。如图 8-4 所示的送药机器人，橱柜配有紫外线消毒灯，可以随时保持箱子和物品的安全。该机器人还具有远程语音和实时视频通信功能，可以通过调度系统与隔离室的护士或患者直接通信。

图 8-4　智能送药机器人

（2）按结构分类

按结构形式来分，医疗机器人可以分为轮式、足式、臂式、台式等。臂式医疗机器人如图 8-5 所示，轮式医疗机器人如图 8-6 所示。

图 8-5　臂式医疗机器人

图 8-6　轮式医疗机器人

8.1.3　AI 在医疗领域的应用

人口老龄化已成为全球现象，联合国数据显示，2018 年末全球 65 岁以上人口已超过 5 岁以下人口。联合国预计，全球生育率将从 2010—2015 年的 2.5 降至 2025—2030 年的 2.4，并在

2095—2100 年进一步降至 2.0。伴随着全球生育率的下降，人口老龄化成为未来一个世纪的大趋势。出生率下滑和平均寿命延长带来的人口老龄化时代刺激了医疗健康领域的需求。随着我国人口老龄化程度不断加深，慢性病、癌症发病率逐年上升，以人力为主的各类卫生资源配置不足、分布不均的困境越发突显。

2016 年 6 月，国务院印发了《关于促进和规范健康医疗大数据应用发展的指导意见》，10 月又颁布《关于加快发展康复辅助器具产业的若干意见》，支持研发健康医疗相关的人工智能技术、医用机器人、大型医疗设备、可穿戴设备以及相关微型传感器件，并提出推动"医工结合"，支持人工智能、脑机接口等技术在健康辅助器具产品中的集成应用。2017 年 7 月，国务院印发的《新一代人工智能发展规划》提出，要建立新一代人工智能基础理论体系和关键共性技术体系，加快培养聚集人工智能高端人才。2017 年 12 月，工业和信息化部印发《促进新一代人工智能产业发展三年行动计划（2018-2020 年）》，对医疗人工智能的发展作出了详细的规划，提出要着重在医疗影像辅助诊断系统等领域率先取得突破，推动医学影像数据采集标准化与规范化，支持典型疾病领域的医学影像辅助诊断技术研发，加快临床辅助应用。

AI 在医学领域有着广阔的前景，不仅可以对患者的医疗数据进行分析和挖掘，自动识别患者的临床变量和指标，还能够通过大量学习医学影像，帮助医生进行病灶区域定位，减少漏诊误诊问题。重要的是，通过计算机模拟，人工智能可以对药物活性、安全性和副作用进行预测，找出与疾病匹配的最佳药物。事实上，除了医疗影像辅助诊断对 AI 具有巨大的需求外，辅助诊断、辅助手术、辅助护理、辅助检查、辅助医院管理、辅助挂号、辅助减少计量误差、健康管理、药品研发等医疗健康领域对 AI 技术都有强大需求。AI+医疗典型应用前景如图 8-7 所示。

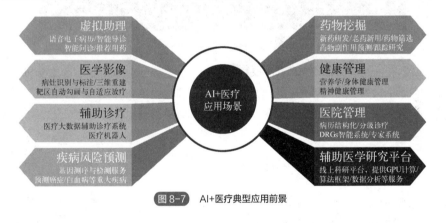

图 8-7　AI+医疗典型应用前景

（1）医学影像

据相关报道，90%左右的医疗数据都来自医学影像，而且还正以 30%的增长率逐年增长。X 射线成像、CT 检查、三维彩超、超声造影等在生活中都是人们常见的医疗检查手段，它们为医生进行病情分析和诊断提供精准数据，大大提高临床诊断的准确性，减少误诊的发生，应用十分普遍。目前绝大部分医学影像数据仍然需要人工分析，这对医生的专业能力提出高要求。人工分析存在比较明显的弊端，比如精准度低、容易造成失误等。这种方法受人为因素如医生年龄、经验、身体素质等影响较大，也常由于人工分析失误导致误诊的发生。

随着人工智能辅助影像和病理诊断在国内发展迅速，2006 年，上海复旦临床病理诊断中心成立，这是首家独立临床病理诊断专业机构，启用数字病理远程会诊平台，免去患者来回奔波。

2015年，沸腾医疗软件科技有限公司以"E诊断医学影像服务平台"为核心，通过"E诊断"医学影像技术专业输出及专业精准的远程医学影像诊疗合作，实现了远程医学影像信息交互的目标。2017年，腾讯正式推出了"腾讯觅影"，如图8-8所示。最开始的时候，"腾讯觅影"还只可以对食道癌进行早期筛查，但发展到现在，已经可以对多个癌症（例如乳腺癌、结肠癌、肺癌、胃癌等）进行早期筛查。而且值得一提的是，已有超过100家的三甲医院成功引入了"腾讯觅影"。腾讯觅影是一款将人工智能（AI）技术运用在医学领域的AI产品。该产品将图像识别、大数据处理、深度学习等领先的技术与医学跨界相融合，辅助医生对食管癌早期、肺癌早期、糖尿病性视网膜病变、乳腺癌早期、结直肠癌早期、宫颈癌早期等疾病进行筛查，有效提高筛查准确度，促进准确治疗，提供智能导诊技术、病案智能化管理、诊疗风险监控等AI辅助诊疗。

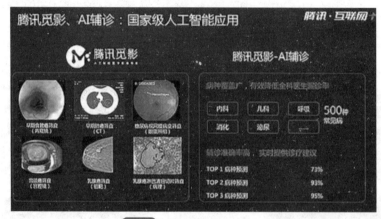

图8-8　腾讯觅影-癌症早筛AI

从临床上来看，"腾讯觅影"的敏感度已经超过了85%，识别准确率也达到90%，特异度更是高达99%。不仅如此，只需要几秒的时间，"腾讯觅影"就可以帮医生"看"一张影像图，在这一过程中，"腾讯觅影"不仅可以自动识别并定位疾病根源，还会提醒医生对可疑影像图进行复审。

（2）辅助诊疗

辅助诊疗主要有两大类：一类是医疗大数据辅助诊疗系统，另一类为医疗机器人。

医疗大数据辅助诊疗系统包括基于认知计算、以IBM Waston for Oncology为代表的辅助诊疗解决方案，基于海量医疗数据与人工智能算法发现病症规律，为医生诊断和治疗提供参考。目前主要面临医院数据壁垒、样本量小、成本高和数据结构化比例低（数据未实现电子化、以纸质形式保存）等问题。

在Watson门诊处，如图8-9所示，患者把病历交给医生，由医生把病历输入Watson系统里。之后，Watson会出一个页数很多的报告。在报告里，Watson会给出15～20种诊疗方案。这些诊疗方案里既包括推荐采用的药物、治疗方式（比如介入、手术、放化疗），也包括流程上的建议（比如建议患者直接转诊到相关其他科室）。Watson把这15～20种诊疗方案分成三个级别：推荐、中性、有风险不推荐。

据报道，印度Manipal连锁医院从2016年开始使用该产品。肿瘤学家S.P. Somashekhar说，在医院发现该软件"在大多数情况下都与医生的意见一致"后，医院决定只对约占 30% 的、诊断难度较大的疑难病症患者使用 Watson。该名医生表示，Watson 给出的建议影响了 9% 的治疗方案，可见该医院还是比较信任 Watson 的。Watson 为医生提供辅助诊断的建议。

图 8-9　Watson 门诊

（3）疾病风险预测

疾病风险预测是指通过基因测序与检测，预测疾病发生的风险。通过建立统计模型，来预测具有某些特征的疾病风险。疾病风险预测核心解决的问题是预测个体在未来一段时间内患某种疾病或发生某种事件的风险概率。疾病风险预测会根据某种人群定义，例如全人群、房颤人群、心肌梗死住院人群等，针对某个预测目标，例如脑卒中、心衰、死亡等，设定特定的时间窗口，包括做出预测的时间点和将要预测的时间窗，预测目标的发生概率。

英国医学研究委员会伦敦医学研究所的研究小组说，人工智能软件能够通过分析血检以及心脏扫描结果发现心脏即将衰竭的迹象。研究人员是通过对肺高压患者的研究得到上述结果的。肺内血压的增高会破坏部分心脏，大约三分之一的患者会在确诊之后的五年内死亡。研究人员向人工智能软件输入了 256 名心脏病患者的心脏核磁共振扫描结果，以及血液检测结果。人工智能软件对于每一次心跳都测量了心脏结构中 3 万个不同点的运动状况。把上述检测结果同患者八年的健康状况记录结合起来，人工智能软件就可以发现哪些异常状况会导致患者的死亡。人工智能软件能够对未来五年的情况作出预测，预测患者在一年后仍然存活的准确率大约为80%，而医生对于这项预测的准确率为 60%。

匹兹堡大学医学院和卡内基梅隆大学工程学院的研究人员创建了一种机器学习算法，可以从 MRI（磁共振成像）中根据医生肉眼看不到的细微征兆，在症状开始之前几年预测出骨关节炎的发生。常规诊断关节炎的金标准是 X 射线，随着软骨的恶化，骨骼之间的间隙减小。问题是，当在 X 射线上看到关节炎时，损伤已经发生。研究人员集中关注了其中在开始时几乎没有软骨损伤迹象的患者。由于现在可以知道这些受试者中哪些后来发展出了关节炎、哪些没有，计算机使用这些信息来学习症状发生之前其 MRI 中的微妙征兆，用来预测未来的骨关节炎风险。研究人员采用一部分数据进行了模型训练，随后用另一部分在训练时未采用的患者数据进行了验证。结果显示，该算法在症状发作前三年通过 MRI 预测骨关节炎的准确性达到了 78%。研究人员指出，目前虽然有几种有效药物可以预防患者发展相关病症（类风湿关节炎），但尚无药物用于预防症状前骨关节炎发展恶化，希望可以利用这种人工智能技术尽快为患者带来新药。

2023 年 11 月第三届粤港澳大湾区卫生健康合作大会上，澳门科技大学的韩子天教授介绍了"大规模传染病的早期预警与预测模型"。他表示："目前我国已经基本建立了一批预测模型体系，各有优缺点。我们希望好的模型是在疫情前发出预警；在疫情刚刚开始时就可以预测其规模以及波峰、波谷等特点。"

（4）医院管理

人工智能技术在医院的应用，能提高医院为患者提供正确治疗方案的精准性，减少了患者的不必要支出，并且能合理地为患者安排治疗计划。澳门仁伯爵综合医院应用人工智能技术，在电子处方系统内设置安全警示，确保用药规范，防止滥用抗生素等药物。美国 IBM 公司应用机器学习方法，自动读取患者电子病历相关信息，得出辅助诊断信息，实现医疗辅助诊断。

（5）健康管理

健康管理主要包含营养学、身体健康管理及精神健康管理三大场景。目前国内有如云医疗等企业提供"健康管理"服务，公司大多集中于身体健康管理。通过对健康数据实时采集、分析和处理，给出个性化、精准化的基本管理方案和后续治疗方案。健康管理机构可以通过手机APP 或智能可穿戴设备，检测用户的血压、血糖、心率等指标，进行慢性病管理。

国外 Welltok 公司利用"CaféWell 健康优化平台"，将人工智能应用于健康管理，管理用户健康，包括压力管理、营养控制以及糖尿病护理等，并在用户保持健康生活习惯时给予奖励。同时，为用户提供更灵活、全方位的健康促进方案，包括阶段性临床护理、长期保持最佳健康状态等多个方面。爱尔兰都柏林的 Nuritas 公司将人工智能与生物分子学相结合，进行肽的识别，致力营养学方面的研究。根据每个人的身体情况，使用特定的肽来激活健康抗菌分子，改变食物成分，消除食物副作用，从而帮助个人预防糖尿病等疾病的发生、杀死抗生素耐药菌。

此外，人工智能还在药物挖掘、虚拟助理、辅助医学研究平台等方面有着广泛应用和研究。

8.1.4 AI 在医疗领域面临的挑战

（1）患者隐私保护

在今天和未来，当移动互联网、大数据和机器智能三者叠加后，人们生活在一个"无隐私的社会"。信息技术、人工智能技术的快速发展，给广大患者提供就医便利的同时，也给患者隐私保护带来了巨大的挑战。

信息技术的快速发展和应用，使得每个人在医疗方面的信息或隐私都在虚拟的网络系统中留下痕迹。如果管理不善，就有可能被不法分子所利用。在人工智能技术快速发展及应用的过程中，智能移动终端和可穿戴设备的广泛使用，为收集人们健康相关的信息提供了非常有效的手段，但同时也给不法分子提供了途径。公民健康信息和患者隐私保护是医疗人工智能面临的重大挑战，应对该挑战需从技术、法律制度等多方面着手，需要患者、医疗机构、人工智能公司、政府和社会各界共同努力。

（2）风险责任

通过医疗人工智能系统或平台进行看病就诊过程中，医患关系由原来的患者与医疗机构和医务人员之间的关系变成了患者、医疗人工智能系统或平台、医疗机构、医务人员之间关系，法律关系的主体增加了一方。此外，很多看病就医行为是通过虚拟的信息系统或人工智能系统进行，可能发生医疗风险的主体、环节和因素增多了，医疗风险不可控性增强了。因此，有必要加强医疗人工智能背景下的风险责任规制，确保患者和公众的健康权益。

（3）医务人员接受人工智能的程度

医疗行业是一个技术和准入门槛很高的行业，医务人员是医疗行业的核心和主体，医疗人工智能能否快速发展和应用，离不开医务人员的支持和推动。如果担心医疗人工智能的发展抢了医务人员的"饭碗"，使大量医务人员失业，一些医务人员可能会抵制或消极对待医疗人工智能的发展，那将会极大地降低医疗人工智能的发展速度。因此，如何对医疗人工智能进行科学、合理的科普宣传，让医务人员认识到人工智能技术对医疗服务的意义和价值，让医务人员接受并主动应用和推广医疗人工智能技术，也是医疗人工智能发展面临的挑战之一。

8.2 智能医疗机器人的应用

8.2.1 手术机器人

近年来，医疗机器人的技术研究和产品开发持续推进，手术机器人是医疗机器人范畴中占比最大也是最重要的领域。手术机器人是集临床医学、生物力学、机械学、计算机科学、微电子学等诸多学科于一体的新型医疗器械。手术机器人通过清晰的成像系统和灵活的机械臂，以微创的手术形式，协助医生实施复杂的外科手术，完成术中定位、切断、穿刺、止血、缝合等操作。现已应用于普腹外科、泌尿外科、心血管外科、胸心外科、妇科、骨科、神经外科等多个领域。

如图 8-10，达·芬奇机器人是美国研发的一种通用型的手术机器人系统，其具有两个显著优势，广泛应用于医疗中：一是成像系统可提供清晰放大的 3D 视野，有效手术视野范围大，其视觉辅助功能可帮助医生更好地对病灶处开展手术；二是配套有多种具有 7 个自由度且可转腕的手术器械，带有动作缩放功能，让医生在狭窄腔体内的操作更加灵活、精准，并且避免了医生术中的手部颤抖。

图 8-10 达·芬奇机器人

上海微创医疗机器人（集团）股份有限公司研发的多臂腔镜手术机器人在 2022 年世界人工智能大会上斩获最高荣誉 SAIL 奖。

（1）手术机器人起源与发展

① 国外起源与发展。首次将机器人技术与手术场景相结合是在 1985 年，美国洛杉矶医院工业机器人 PUMA 560 被应用于神经外科颅内活检，实现了机器人辅助定位下的精准采样。这一探索性的大胆尝试，拉开了机器人作为智能手术工具的划时代序幕。

1992 年，IBM 与美国加州大学合作研发的 ROBODOC 骨科机器人诞生。它可协助外科医生进行髋关节置换手术，也成为首个获得 FDA（美国食品药品监管局）批准的手术机器人。

20 世纪 90 年代中期，欧美等发达国家迎来了手术机器人领域的产品突破期。由美国斯坦福研究所成立的 Computer Motion 公司开发出的自动内窥镜优化定位系统（AESOP）实现了手术机器人的商业化。这款机器人可由医生通过声音指令控制机器人手臂，操纵内窥镜摄像机来辅助腹腔镜手术，从而避免了扶镜手生理疲劳造成的镜头不稳定。

2000 年，在以上前期研究基础上，美国直觉外科公司根据腹腔镜手术临床需求，对 AESOP 机器人系统进行重新设计，研发出一款通用型的手术机器人系统，即达·芬奇机器人，并获得 FDA 批准。

② 国内起源与发展。我国最早的手术机器人出现于 1997 年，原中国海军总医院与北京航空航天大学共同研制出第一台医用机器人 CRA-S，并在海军总医院神经外科实施了立体定向颅咽管瘤内放射治疗术，已完成第五代的研制和临床应用，该系统能通过互联网实施远程操作手术。

2005 年 12 月 12 日，在北京与延安之间利用互联网成功进行了 2 例立体定向手术。虽然如此，CAR-S 手术机器人在扩大适用范围和实用性方面还是有许多问题需要解决。2010 年，天津大学、南开大学和天津医科大学总医院联合研制"妙手 A"腹腔镜微创手术机器人。2013 年，由哈尔滨工业大学机器人研究所研制成功的"微创腹腔外科手术机器人系统"，具有我国自主知识产权。在手术机器人系统的机械设计、主从控制算法、三维（3D）腹腔镜与系统集成等关键技术上都进行了重要突破，并申请了多项国家发明专利。2014 年，"妙手 S"国产机器人顺利完成了 3 例手术，这是我国自主研制的手术机器人系统首次运用于临床。同年，天智航公司第一代骨科手术机器人获得 CFDA（原国家食品药品监督管理总局）批准。2016 年，香港理工大学成功研发了首台内置电机单切口手术机器人系统 NSRS，并已成功应用于动物实验。

我国手术机器人的科研与产业在经历多年发展后，也呈现出"遍地开花、争相斗艳"的态势，它们已成为越来越受医生欢迎的手术助手。目前，"大健康"产业进入了快速发展期，医疗装备产业发展既面临重大机遇，又面临极大挑战，手术机器人也迎来了更宽阔的发展跑道。

（2）手术机器人类型

按照手术对象，手术机器人一般可分为硬组织机器人、软组织机器人等。也可通过更为直观的分类方法，按照临床应用领域将其划分为骨科机器人、神经外科机器人、腔镜机器人、经自然腔道机器人、血管介入机器人等。

① 骨科机器人。骨科机器人为手术机器人中的一个细分领域。骨科机器人比较著名的有 ROBODOC 手术系统，由已并入 CUREXO 科技公司的 Integrated Surgical Systems 公司发布。该系统能够完成一系列的骨科手术，如全髋关节置换术及全膝关节置换术（THA & TKA），也用于全膝关节置换翻修术（RTKA），其包括两个组件：一个是配备了三维外科手术前规划专用软件的电脑工作站 ORTHODOC（R），以及一个用于髋、膝置换术精确空腔和表面处理的电脑操控外科机器人 ROBODOC（R）Surgical Assistant。该设备已经广泛用于全球 20000 多例外科手术，如图 8-11 所示。德国 Orto Maquet 公司在 1997 年推出了 CASPAR 手术系统，该系统用于 THA&TKA 中的骨骼磨削，以及前交叉韧带重建术的隧道入点定位，磨削精度达到了 0.1mm，在欧洲一些医院里得到应用。

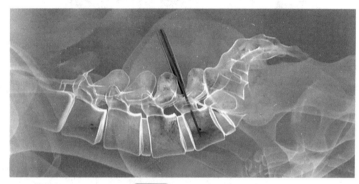

图 8-11　骨科机器人

② 神经外科机器人。神经外科手术是对中枢神经系统和外周神经系统进行的手术治疗，对医生手术技术要求高。传统神经外科手术中容易受到操作困难、操作风险等因素的影响。如图 8-1 所示的医疗机器人手术系统可以精准地切除脑瘤、神经鞘瘤、脊髓瘤等，减少手术风险和并发症的发生。

神经外科机器人具有精确度高、创伤小、术后恢复快等优点。由于神经外科机器人系统具有高精度的机械臂，可以提供更准确的切割和抓取功能，从而减少对周围组织的损伤；手术是在头部外部进行的，因此减少了传统开颅手术中的创伤和出血风险；由于手术创口小，患者通常可以在较短的时间内康复，不需要像传统的开放性手术那样长时间卧床休息。

③ 胶囊胃镜机器人。胃肠外科手术是对胃肠道进行的手术治疗。传统手术在胃肠外科手术中容易受到手术切口的影响，而医疗机器人手术系统可以通过机械臂的灵活操作，达到难以触及的手术位置，减少了手术的创伤和并发症的发生。

如图 8-12 所示，是利用胶囊胃镜进行检查的过程。胶囊胃镜是一款可以替代传统胃镜的新型医疗机器人，随水吞服后，它以 2 帧/s 的速度进行拍照，对食管、胃进行全方位检查，短短 15min 即可拍摄上万张照片，完成无痛、无创、无麻醉、无交叉感染的精准胃部检查，检查后胶囊机器人随消化道排泄。

据了解，整个检查过程在体外通过手机遥控实现，可以无痛检测胃部的状况，成为将众多患者从传统胃镜痛苦检查中解放出来的妙招。目前，胶囊胃镜机器人已经在 100 多家医院和 300 多家体检机构开始使用。

手术机器人市场存在着实在的需求，与发达国家相比，中国还有很大的市场空间；从供给方来看，手术机器人有较高的技术壁垒，但是目前国家有政策支持，行业整体处在"一起做大蛋糕"的阶段。

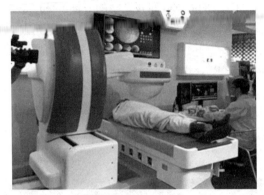

图 8-12　胶囊胃镜手术

随着机器人技术与人工智能的发展，手术机器人的智能化水平被赋予了更多期待。业界学者曾类比自动驾驶技术分级，对手术机器人的自主化水平进行了 0 至 5 级的划分。从 0 级没有任何自主化，到最高 5 级机器人可完全取代医生，手术机器人的发展还有漫漫长路。目前，全球应用最为广泛的达·芬奇手术机器人所代表的还只是 0 级，美国史赛克公司的 MAKO 交互式骨科机器人则达到了自主化 1 级。目前，自主化 2 级手术机器人正受到越来越多科研人员的关注。美国约翰斯·霍普金斯大学和美国国立儿童医院联合开发了一种监督式的自主软组织手术机器人，它可在医生指出需要缝合的位置自主进行缝合，医生也可在必要时进行干预。需要指出的是，完全自主化的 5 级目前属于"科幻级"的设想。由于当前手术机器人的研究都是以"医生助手"为目标，故而与之相关的伦理、法律、安全性等将是一系列大问题。

8.2.2　康复机器人

康复机器人作为医疗机器人的一个重要分支，它的研究贯穿了康复医学、生物力学、机械学、电子学、材料学、计算机科学以及机器人学等诸多领域，已经成为国际机器人领域的一个研究热点。康复机器人是康复医学和机器人技术的完美结合，不再把机器人当作辅助患者的工具，而是把机器人和计算机当作提高临床康复效率的新型治疗工具。这是一个囊括了生物力学或生物物理化学、竞技运动控制理论、训练技术和人机接口问题等诸多方面的复杂问题。目前，康复机器人已经广泛地应用到康复护理、假肢和康复治疗等方面，这不仅促进了康复医学的发展，也带动了相关领域的新技术和新理论的发展。

如图 8-13 所示的康复机器人，相对于传统的人工康复训练模式，康复机器人带动患者进行康复运动训练，具有很多优点。

机器人更适合执行长时间简单重复的运动任务，能够保证康复训练的强度、效果与精度，且具有良好的运动一致性。通常康复机器人具备可编程能力，可针对患者的损伤程度和康复程度提供不同强度和模式的个性化训练，增强患者的主动参与意识。康复机器人通常集成了多种传感器，并且具有强大的信息处理能力，可以有效监测和记录整个康复训练过程中人体运动学与生理学等数据，对患者的康复进度给予实时反馈，并可对患者的康复进展做出量化评价，为医生改进康复治疗方案提供依据。

（1）康复机器人概念

康复机器人是辅助人体完成肢体动作，实现助残行走、康复治疗、负重行走、减轻劳动强度等功能的一种医用机器人。康复机器人的核心理念是机器人、患者、治疗师之间全新的协作关系，形成更有效且个性化的康复效果，涵盖物理运动、日常生活能力、社交活动、环境控制、听觉、视觉、口头表达等应用领域。相较于传统训练的局限性，康复机器人能够节省人力、重复训练、减少误差、全面护理、最大化持续时间和强度。

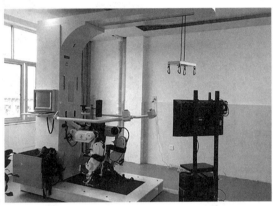

图 8-13　康复机器人

目前，针对肌电、脑电及运动和力学信息识别人体运动意图，已经有大量的研究工作成果可以借鉴。通过肌电来估计关节力或者运动、通过力位信息来估计关节力等已经获得了较高的识别准确率，而基于脑机接口的意图识别一般只是限定在有限的动作模式上，与人体自然运动还有差距。如何设计出可靠性高、识别精度高、实时性能好的意图识别系统，还是有许多待突破的技术难点。而如何增强患者神经、肌骨以及认知等的参与水平，目前还处在探索性的起步阶段。

（2）康复机器人起源与发展

① 国外起源与发展。康复机器人的发展历程可以追溯到 20 世纪 50 年代，当时美国的一位肢体残疾者设计出了一台能够辅助自己行动的机器人，这也是世界上第一台康复机器人的雏形。从那时起，康复机器人的研究和开发就逐渐展开，随着科技水平的不断提高，康复机器人得到了快速的发展。

20 世纪 80 年代是康复机器人研究的起步阶段，美国、英国和加拿大在康复机器人方面的研究处于世界的领先地位。1990 年以前，全球的 56 个研究中心分布在 5 个工业区内：北美、英联邦、加拿大、欧洲大陆和斯堪的纳维亚半岛及日本。1987 年，最早的商业化康复机器人 Handy1 问世，它有 5 个自由度，残疾人可利用它在桌面高度吃饭。1990 年以后，康复机器人的研究进入全面发展时期。

最成功的康复机器人为以色列 Rewalk Robotics 公司研发的 Rewalk 系列机器人，如图 8-14 所示。公司创始人古菲是一名四肢瘫痪者，所有产品都由他研发，历经 10 年完成。Rewalk 于 2012 年获得欧盟认证，打入欧洲市场。2014 年，Rewalk 的外骨骼产品通过了美国 FDA 的审批，是迄今首款获得 FDA 批准的外骨骼产品。当患者开始走路时，Rewalk 的缆绳监控并分析患者的步态，包括他们抬脚和放回地面时的步态，并通过弯曲或松开缆绳，确保他们以正确的方式行走。近期推出的 Rewalk6.0，可以帮助腰部以下瘫痪者摆脱轮椅，重新获得行走能力，将背负式电池舱安装在侧部位，增加了穿戴的舒适度。

图8-14　Rewalk 康复机器人

目前，康复机器人的研究主要集中在康复机械手、医院机器人系统、智能轮椅、假肢和康复治疗机器人等几个方面。2023 年全球康复机器人的市场销售额达到了 38.26 亿美元，预计 2030 年将达到 67.67 亿美元，年复合增长率为 8.5%。

② 国内起源与发展。21 世纪初期，中国开始涉足康复机器人领域。当时的发展主要集中在一些高校和科研机构，探索使用机器人技术辅助康复治疗。这个阶段以试验性项目和研究为主。

2010 年左右，中国康复机器人行业开始逐渐迈入发展的中期阶段。政府对科技创新的支持逐步促进一些企业开始涉足康复机器人的研发和生产。一些基于机器人技术的康复辅助设备开始出现，但市场规模相对较小。

2010 年后期，中国康复机器人行业迎来了快速的增长。政府将康复机器人列为战略性新兴产业，并出台一系列政策鼓励发展。多个企业涌现，涵盖了康复机器人的各个领域，如康复辅助器具、康复训练设备、智能康复机器人等。市场规模逐步扩大，技术不断创新，应用场景逐步拓展。

在国内，康复机器人的应用主要集中在医疗机构和康复中心，其中以肢体康复机器人和智能助行机器人应用最为广泛。上海傅利叶智能科技有限公司 2015 年 7 月成立，主要致力于康复机器人的研发和产业化，拥有多项自主研发核心技术和产品，涵盖上肢、下肢、关节处康复机器人，以及为企业、研究机构、个人提供交流和学习的平台 EXOPS™。

自 2016 年起，各政府部门发布了一系列政策促进康复机器人行业发展，《"十四五"国民健康规划》进一步鼓励技术创新，特别是人工智能在康复领域的应用，同时强调康复辅助器具和智慧老龄化技术的推广；《"机器人+"应用行动实施方案》明确了开发医疗机器人产品的重点，涵盖了手术、辅助检查、急救、康复等多个领域。此外，政策也着重突破脑机交互等技术，为损伤康复开发辅助机器人产品提供支持。通过这些政策支持，中国康复机器人领域在研发和应用方面取得了积极的发展，为促进医疗、康复等领域的创新应用提供了有力的基础。目前，康复机器人的创新不断，"提高舒适度，走向智能化"是行业发展重要趋势。中国康复机器人 2018 年市场规模为 2.1 亿元，2026 年预计将达约 79.5 亿元，到 2028 年，中国康复机器人行业市场规模或将达到 197.2 亿元，市场前景广阔。

（3）康复机器人类型

康复机器人根据其功能和应用部位的不同，可以被划分为多个类别，并在不同方面发挥着独特的作用。

① 按躯体部位分类。从康复机器人针对的躯体部位的作用，康复机器人可分为上肢机器人、下肢机器人和手部机器人。

上肢机器人是以神经可塑性原理为理论基础，实时模拟人体上肢运动规律设计的一款先进的上肢康复训练设备。针对手臂和上肢功能的恢复，这类机器人采用先进的外骨骼设计和生物反馈技术，帮助患者进行肌肉锻炼和关节活动，提高上肢协调性和力量。上肢机器人的应用范围广泛，包括脑卒中、脊髓损伤和手部功能障碍等患者。

下肢机器人通过智能的运动学算法和力反馈系统，能够模拟自然步态，帮助患者重建行走能力。这类机器人专注于协助下肢康复训练，广泛应用于脊柱损伤、脑卒中等患者。

手部机器人通常采用精密的机械结构和先进的传感技术，协助患者进行手部肌肉锻炼和手指协调训练。它满足手部功能受损患者的个性化需求，例如脑卒中后的手部康复或手部运动功能障碍恢复，如图 8-15 所示。

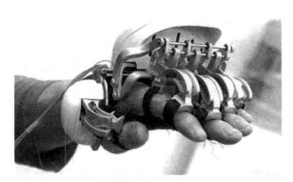

图 8-15　手部机器人

② 按功能分类。康复机器人从功能上可分为康复类和辅助类。

康复类主要适用于脑卒中、脑部损伤、脊柱损伤、神经性损伤、肌肉损伤和骨科疾病等原因造成的上肢或下肢运动功能障碍，帮助患者重塑大脑运动神经，恢复大脑对肢体运动的控制，从而提高患者日常生活能力。辅助类是指以辅助为核心功能的康复机器人，用于为残障人士或行动不便的人提供特定的生活辅助，以安全、舒适、方便为基本目标。

目前康复机器人的应用范围十分广泛，包括了各种康复训练和治疗，如物理治疗、运动训练、语言康复、神经康复等。以物理治疗为例，康复机器人可以帮助患者进行各种肢体运动，如手臂伸展、膝盖屈伸、踝关节活动等，以强化肌肉力量和关节运动能力。在神经康复方面，康复机器人可以通过刺激神经系统，促进神经重建和恢复。

未来的康复机器人将更加智能化，通过引用先进的人工智能和机器学习技术，能够实时了解患者的康复状态，动态调整康复方案。康复机器人将医学、工程学、计算机科学等多个领域的专业知识汇聚，共同推动康复机器人的创新。跨学科的合作将加速技术的演进，使康复机器人能更全面地应对复杂的康复需求。

8.3 智能技术——深度学习

8.3.1 深度学习概述

深度学习（deep learning，DL）是机器学习的子集，它基于人工神经网络。其概念由杰弗里·辛顿（Geoffrey Hinton）等人于 2006 年提出，基于深度置信网络（DBN）提出非监督贪心逐层训练算法，为解决深层结构相关的优化难题带来希望，随后提出多层自动编码器深层结构。此外，杨立昆（Yann LeCun）等人提出的卷积神经网络是第一个真正多层结构的学习算法，它利用空间相对关系减少参数数目以提高训练性能。

想了解深度学习，先从神经网络谈起，对世界的认知就是依靠神经元的相互作用。通过神经发出控制信息，以此来实现机体与内外环境的联系，协调全身的各种机能活动。神经元是人工神经网络中最基本的处理单元，由连接、求和节点、激活函数组成。神经网络的 M-P 模型、BP 网络、Hopfield 网络等都是常见的人工神经网络。神经网络包含输入层、输出层、隐藏层等，通过隐藏层的处理，得到输出的结果。神经网络主要运用到 BP 算法来调优，不断地前向迭代得到结果，再反向传播纠正结果。

深度学习的卷积神经网络（CNN）是 BP 网络的改进，与 BP 类似，都采用了前向传播计算输出值，反向传播调整权重和偏置。CNN 与标准的 BP 最大的不同是，CNN 中相邻层之间的神经元并不是全连接，而是部分连接，也就是某个神经元的感知区域来自于上层的部分神经元，而不是像 BP 那样与所有的神经元相连接。

深度学习是基于深层神经网络的深度学习算法，可以把神经网络的隐含层增加到数十层，甚至数百层。卷积神经网络（CNN）、递归神经网络（RNN）是深层结构的典型代表。

卷积神经网络（CNN）由纽约大学的杨立昆（Yann Lecun）于 1998 年提出，其本质是一个多层感知机，成功的原因在于其所采用的局部连接和权值共享的方式一方面减少了权值的数量使得网络易于优化，另一方面降低了模型的复杂度，减小了过拟合的风险。

CNN 的基本组成部分与前馈神经网络有很紧密的关联，可以粗略地理解，CNN 是在前馈神经网络的基础上加入了卷积层和池化层。卷积结构可以减少深层网络占用的内存量，有效地减少了网络的参数个数，缓解了模型的过拟合问题。

图 8-16（a）为全连接神经网络，如果有 1000×1000 像素的图像，有 100 万个隐藏层神经元，每个隐藏层神经元都连接图像的每一个像素点，就有 $1000×1000×1000000=10^{12}$ 个连接，也就是 10^{12} 个权值参数。图 8-16（b）为局部连接神经网络（CNN），每一个节点与上层节点同位置附近 10×10 的窗口相连接，则 100 万个隐藏层神经元就只有 1000000 乘以 100，即 10^8 个参数。其权值连接个数比原来减少了 4 个数量级。全连接神经网络中的主要运算为矩阵相乘，而 CNN 中主要为卷积计算。CNN 通过局部感知和权值共享，减少了神经网络需要训练的参数个数。

卷积神经网络的各层中的神经元是三维排列的：宽度、高度和深度。对于输入层来说，宽度和高度指的是输入图像的宽度和高度，深度代表输入图像的通道数，例如，对于 RGB 图像有 R、G、B 三个通道，深度为 3；而对于灰度图像只有一个通道，深度为 1。对于中间层来说，宽度和高度指的是特征图的宽和高，通常由卷积运算和池化操作的相关参数决定；深度指的是特征图的通道数，通常由卷积核的个数决定。当网络的输入为图像时，这些优点将表现得更加明显。

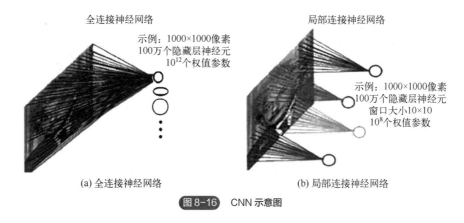

图 8-16　CNN 示意图

卷积的过程，其实是一种滤波的过程。如图 8-17 所示，当权重系数数组像滑窗一样滑过另外一组数，即含噪声信号时，将对应的数据相乘并求和得到一组新的数据，即滤波结果。这个过程类似卷积计算，其中权重系数都为 1/3，变换不同的权重系数，卷积核将展现出不同的滤波特性。

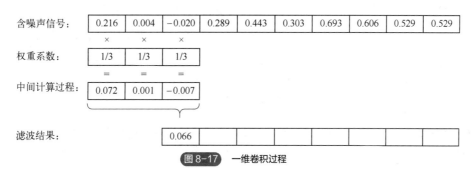

图 8-17　一维卷积过程

将上述卷积过程拓展到二维，如图 8-18 所示。卷积中间的矩阵就是所谓的卷积核。一般情况下，卷积核在几个维度上滑动，就是几维。图 8-18 所示的卷积核在 x、y 轴上滑动，因此，为二维卷积过程。这个卷积运算过程为：

① 定义一个卷积核：卷积核是一个小的矩阵（例如 3×3 或 5×5），包含一些数字。这个卷积核的作用是在图像中识别特定类型的特征，例如边缘、线条等，也可能是难以描述的抽象特征。

② 卷积核滑过图像：卷积操作开始时，卷积核会被放置在图像的左上角。然后，它会按照一定的步长（stride）在图像上滑动，可以是从左到右，也可以是从上到下。步长定义了卷积核每次移动的距离。

③ 计算点积：在卷积核每个位置，都会计算卷积核和图像对应部分的点积。这就是将卷积核中的每个元素与图像中对应位置的像素值相乘，然后将所有乘积相加。

④ 生成新的特征图：每次计算的点积结果被用来构建一个新的图像，也称为特征图或卷积图。

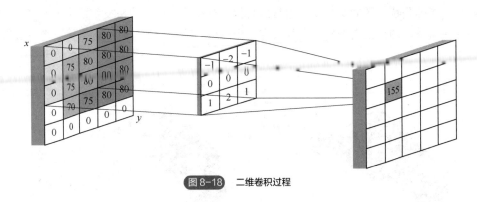

图 8-18　二维卷积过程

⑤ 重复以上过程：通常在一个 CNN 中会有多个不同的卷积核同时进行卷积操作。这意味着我们会得到多个特征图，每个特征图捕捉了原始图像中的不同特征。

其中每一次运算的分解图如图 8-19 所示。

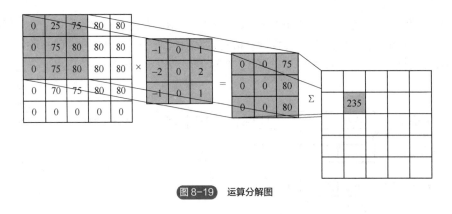

图 8-19　运算分解图

卷积神经网络是一种多层神经网络，擅长处理图像特别是大图像的相关机器学习问题。卷积神经网络通过一系列方法，成功将数据量庞大的图像识别问题不断降维，最终使其能够被训练。这方面的详细阐述见 8.3.5 节。

8.3.2　深度学习的起源与发展

（1）深度学习与机器学习

深度学习是机器学习领域中一个新的研究方向，其关系如图 8-20 所示。深度学习使机器模仿视听和思考等人类的活动，解决了很多复杂的模式识别难题，使得人工智能相关技术取得了很大进步。深度学习是一个复杂的机器学习算法，在语音和图像识别方面取得的效果，远远超过先前相关技术。深度学习在搜索技术、数据挖掘、机器学习、机器翻译、自然语言处理、多媒体学习、语音、推荐和个性化技术以及其他相关领域都取得了很多成果。深度学习是学习样本数据的内在规律和表示层次，这些学习过程中获得的信息对诸如文字、图像和声音等数据的解释有很大的帮助。它的最终目标是让机器能够像人一样具有分析学习能力，能够识别文字、图像和声音等数据。

图 8-20　深度学习与机器学习关系图

（2）发展历程

从人工智能这一学科诞生以来，就有两种学派争鸣。第一种学派认为，人工智能模拟的是人类大脑对于世界的认识，因此研究大脑认知机理，总结大脑处理信息的方式是实现人工智能的先决条件。我们把这一学派叫作人工智能的仿生学派。仿生学派认为计算机算法只有深入地模拟大脑的认知机制和信息处理方式，才能最终实现人工智能。而另一种学派却认为，在现在以及可预知的未来，我们无法完全了解人脑的认知机制。另外，计算机与人脑具有截然不同的物理属性和体系结构，因此片面强调计算机对人脑的模仿既不可能，也不必需。人工智能的研究应该立足于现有计算机的物理属性和体系结构，用数学和逻辑推理的方法，从现有的计算机结构中获得确定的知识，而不是一味地强调对人脑的模仿。就好比飞机的飞行并不像鸟，但却能比鸟飞得更快。这一学派是人工智能的数理学派。支持向量机就是人工智能数理学派的典型代表，而人工神经网络是仿生学派的典型代表。这两种学派在历史上存在冲突和斗争，主导了人工神经网络这一具体领域的起落涨跌。

人工神经元的研究起源于脑神经元学说。1943 年，心理学家沃伦·麦卡洛克（Warren McCulloch）和数理逻辑学家沃尔特·皮茨（Walter Pitts）建立了神经网络和数学模型，称为M-P 模型，从而开创了人工神经网络研究的时代。20 世纪 60 年代，人工神经网络得到了进一步发展，直到 1982 年，美国加州工学院物理学家约翰·霍普菲尔特（John Hopfield）提出了Hopfield 神经网格模型，1986 年，BP 算法（反向传播算法）的发展，才使得人工神经网络研究再度兴起。迄今，BP 算法已被用于解决大量实际问题。人工神经网络也经历了低潮期，到了无人问津的地步。近些年来，人工神经网络又被广泛提及，主要原因是基于此基础的深度学习在许多领域被广泛采用。有人也将人工神经网络的起源与发展归纳为启蒙期（1890～1969 年）、低潮时期（1969～1982 年）、复兴时期（1982～1986 年）和新时期（1986 年至今）。

2006 年，杰弗里·辛顿（Geoffrey Hinton）出版了 *Learning Multiple Layers of Representation*，奠定了神经网络的全新架构，它是人工智能深度学习的核心技术，后人把辛顿称为深度学习之父。2007 年，在斯坦福任教的华裔科学家李飞飞，发起创建了 ImageNet 项目，为了向人工智能研究机构提供足够数量、可靠的图像资料，ImageNet 号召民众上传图像并标注图像内容。ImageNet 目前已经包含了 1400 万张图片数据，超过 2 万个类别。自 2010 年开始，ImageNet每年举行大规模视觉识别挑战赛，全球开发者和研究机构都会参与贡献最好的人工智能图像识别算法进行评比。尤其是 2012 年，由多伦多大学在挑战赛上设计的深度卷积神经网络算法，被业内认为是深度学习革命的开始。

华裔科学家吴恩达及其团队在 2009 年开始研究使用图形处理器（GPU）进行大规模无监督式机器学习工作，尝试让人工智能程序完全自主地识别图形中的内容。2012 年，吴恩达取得了惊人的成就，向世人展示了一个超强的神经网络，它能够在自主观看数千万张图片之后，识别哪些包含有小猫的图像内容。这是历史上，在没有人工干预下，机器自主强化学习的里程碑式事件。

2014 年，伊恩·古德费罗（Ian Goodfellow）提出 GAN（generative adversarial networks）生成对抗网络算法，这是一种用于无监督学习的人工智能算法，这种算法由生成网络和评估网络构成，以左右互博的方式提升最终效果，该算法很快被人工智能很多技术领域采用。2016 年和 2017 年，Google 发起了两场轰动世界的围棋人机之战，其人工智能程序 AlphaGo 连续战胜围棋世界冠军韩国的李世石以及中国的柯洁。此外，如 Google、百度的无人汽车，科大讯飞的语音翻译系统等，都显示了深度学习强大优势及广阔应用前景。

8.3.3　深度学习分类

深度学习有多种不同的分类方法，可以按有无监督分为有监督深度学习、无监督深度学习和有监督无监督混合式深度学习三类；也可按其作用分为生成式深度学习、判别式深度学习两种类型。我们这里把二者结合起来考虑。

① 无监督生成式深度学习。无监督深度学习是指在训练过程中不使用与特定任务有关的监督信息。生成式深度学习方法是指通过样本数据生成与其相符的有效目标模型。典型的无监督生成式深度学习模型包括受限玻耳兹曼机（RBM）、深度置信网络（DBN）、深度玻耳兹曼机（DBM）等。

② 有监督判别式深度学习。有监督深度学习是指由训练样本的期望输出来引导的学习方式。它要求样本集中的每个训练样本都要有明确的类别标签，并通过逐步缩小实际输出与期望输出之间的差别来完成网络学习。典型的有监督判别式深度学习方法包括卷积神经网络（CNN）、深度堆叠网络（DSN）、递归神经网络（RNN）等。

③ 有监督无监督混合式深度学习。有监督无监督混合式深度学习是一种将有监督深度学习和无监督深度学习相结合的学习方式，其目标是有监督的判别式模型。典型的有监督无监督混合式深度学习模型有递归神经网络（RNN）等。

8.3.4　深度学习应用场景

深度学习技术已经在许多领域得到了广泛应用，以下是一些主要的应用场景：

① 计算机视觉。深度学习技术可以用于图像分类、目标检测、图像分割、人脸识别、行人重识别等领域。例如，卷积神经网络（CNN）可以用于图像分类和目标检测，而生成对抗网络（GAN）可以用于图像生成和风格迁移。

② 自然语言处理。深度学习技术可以用于文本分类、情感分析、命名实体识别、机器翻译、语音识别等领域。例如，循环神经网络和长短时记忆（LSTM）网络可以用于语言模型和机器翻译，而变换器模型（Transformer）可以用于序列到序列的学习任务。

③ 医疗保健。深度学习技术可以用于医学图像分析、病理诊断、基因序列分析等领域。例如，卷积神经网络可以用于乳腺癌检测，而递归神经网络可以用于基因序列分析。

④ 自动驾驶。深度学习技术可以用于自动驾驶汽车的感知和决策。例如，深度卷积神经网络可以用于视觉感知，而强化学习可以用于决策制订。

⑤ 金融。深度学习技术可以用于金融风险控制、信用评估、股票预测等领域。例如，递归神经网络可以用于时间序列预测，而卷积神经网络可以用于图像识别。

总的来说，深度学习技术在很多领域都能够提供非常有用的功能和应用，未来还有很大的发展空间和应用前景。

8.3.5　深度学习训练过程

深度学习是一种机器学习方法，其基本原理是通过构建具有多个隐藏层的神经网络模型，利用这些层来逐层提取和学习数据的特征，从而实现对数据的表征和学习。深度学习的核心在于特征学习，它能够通过分层网络获取分层次的特征信息，解决传统机器学习中需要人工设计特征的问题。

（1）LeNet 结构

人类对一张图片的识别过程通常为：读一张图片→找到图片的特征→对图片做出分类。其实，CNN 的工作原理也是这样。CNN 做的就是三件事：读取图片、提取特征和图片分类。下面介绍一种典型的手写数字识别系统的 CNN——LeNet。

LeNet 由杨立昆提出，是一种经典的卷积神经网络（CNN），是现代卷积神经网络的起源之一。杨立昆将该网络用于邮局的邮政编码识别，有着良好的学习和识别能力。下面以 LeNet-5 为例说明 CNN 工作过程。LeNet-5 是最早的卷积神经网络之一，曾广泛用于美国银行手写数字识别，其准确率在 99% 以上。LeNet-5 共有 8 层，具有一个输入层、三个卷积层、两个池化层、一个全连接层、一个高斯连接层（输出层），如图 8-21 所示。

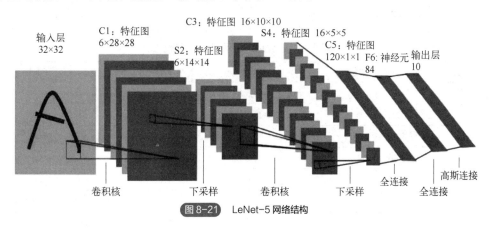

图 8-21　LeNet-5 网络结构

C1、C3、C5 是卷积层，S2、S4 为池化层，F6 为一个全连接层，输出是一个高斯连接层，该层使用 softmax 函数对输出图像进行分类。

输入层由 32×32 个感知节点组成，接收原始图像。这样能够使一些重要特征，如笔画、断点或角点等，出现在最高层特征监测子感受域的中心。

C1 卷积层由 6 个大小为 5×5 的不同类型的卷积核组成。即 C1 层是一个卷积层，由 6 个特征图构成。在输入层和 C1 层之间有单通道卷积核，步幅为 5。卷积核大小为 $5 \times 5 \times 1 = 25$，有一个可加偏置，6 种卷积核得到 C1 层的 6 个特征图。通过卷积运算，可以使原信号特征增强，并且降低噪声。特征图中每个神经元与输入中 5×5 的邻域相连。特征图的大小为 28×28，这样能防止输入的连接掉到边界之外。C1 层可训练参数有 $(5 \times 5 \times 1 + 1) \times 6 = 156$ 个。C1 层的连接共有 $156 \times (28 \times 28) = 122304$ 个。

S2 层是池化层，有 6 个 14×14 的特征图。对图像进行池化，可以减少数据处理量，同时保留有用信息。特征图中的每个单元与 C1 层中对应特征图的 2×2 邻域相连接。C1 层每个单元的 4 个输入相加，乘以一个可训练参数，再加上一个可训练偏置，可得到 S2 层。各个单元的 2×2 感受域并不重叠，因此 S2 层中每个特征图的大小是 C1 层中特征图大小的 1/4（行和列各为 1/2）。S2 层有 $6 \times (1+1) = 12$ 个可训练参数和 $14 \times 14 \times 6 \times (2 \times 2 + 1) = 5880$ 个连接。

C3 层也是卷积层。C3 卷积层由 16 个大小为 5×5 的不同卷积核组成，卷积核的步长为 1，没有零填充，卷积后得到 16 个 10×10 像素大小的特征图。它同样通过 5×5 的卷积核卷积 S2 层，然后得到的特征图只有 10×10 个神经元，但是它有 16 种不同的卷积核，所以就存在 16 个特征映射。

S4 为最大池化层，池化区域大小为 2×2，步长为 2，经过 S2 池化后得到 16 个 5×5 像素大小的特征图。C5 卷积层由 120 个大小为 5×5 的不同卷积核组成，卷积核的步长为 1，没有零填充，卷积后得到 120 个 1×1 像素大小的特征图；将 120 个 1×1 像素大小的特征图拼接起来作为 F6 的输入。F6 为一个由 84 个神经元组成的全连接层，激活函数使用 sigmoid 函数。最后一层输出层是一个由 10 个神经元组成的 softmax 高斯连接层，可以用来做分类任务。总结一下，LeNet-5 网络参数配置如表 8-1 所示。

LeNet-5 包含近似 100000 个突触连接，但只有大约 2600 个自由参数（每个特征映射为一个平面，平面上所有神经元的权值相等）。参数在数量上显著的减少是通过权值共享获得的，使用权值共享使卷积并行计算变得可能。

表 8-1 LeNet-5 网络参数配置

网络层	输入形状	参数	输出形状	参数量
卷积层 C1	[1,32,32]	kernel_size=[5,5,1,6],stride=1	[6,28,28]	$(5 \times 5 \times 1 + 1) \times 6 = 156$
池化层 S2	[6,28,28]	kernel_size=[2,2],stride=2	[6,14,14]	$6 \times (1+1) = 12$
卷积层 C3	[6,14,14]	kernel_size=[5,5,6,16],stride=1	[16,10,10]	1516
池化层 S4	[16,10,10]	kernel_size=[2,2],stride=2	[16,5,5]	$(1+1) \times 16 = 32$
卷积层 C5	[1,400]	weight_size=[400,120]	[1,120]	$(400+1) \times 120 = 48120$
全连接层 F6	[1,120]	weight_size=[120,84]	[1,84]	$(120+1) \times 84 = 10164$
输出层	[1,84]	weight_size=[84,10]	[1,10]	$(84+1) \times 10 = 850$

（2）LeNet 训练过程

LeNet-5 的训练过程使用 BP 算法（反向传播算法），通过最小化误差函数（通常使用交叉熵损失函数）来优化网络的权重和偏置。网络的权重和偏置是通过随机初始化得到的，然后，网络通过反向传播算法不断地调整权重和偏置，使得误差函数最小化。

8.4 深度学习应用案例

8.4.1 案例实践——病毒感染动态显示

（1）案例描述

尽管当今社会医疗水平不断提高，但病毒种类及变异速度也在增加，人类始终在与病毒做斗争，仍面临诸多挑战。病毒的变异速度可能会超过科学家们研发疫苗和治疗药物的速度，导致疫苗和药物的有效性受到挑战。此外，全球化和人口密集的城市化趋势使得病毒更容易传播，加剧了疫情的蔓延速度。同时，一些病毒可能具有潜在的跨物种传播能力，增加了疾病的传播范围和难度，导致公众对病毒传播和防控措施的误解和不信任，影响了疫情防控的有效性。为了尽可能预防疾病，借助机器学习提前发现易感人群是一种有效的手段。

（2）案例分析

SIR 是 susceptible-infected-recovered 的缩写，是在机器学习中比较常见的模型。SIR 模型翻译过来就是易感-感染-康复，即易感（susceptible）人群中有 α 的概率被某种疾病感染，成为感染（infected）人群，而感染（infected）人群又有 β 的概率康复，成为康复（recovered）人群，如图 8-22 所示。

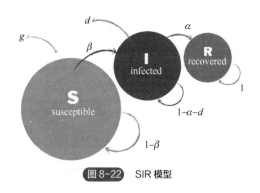

图 8-22 SIR 模型

SIR 模型是一种常见的传染病传播模型，用于描述人群中传染病的传播过程。SIR 模型将人群分为三个互相转化的状态：易感者、感染者和康复者。SIR 模型的基本假设为：

① 人群是封闭的，没有外部输入和输出；

② 人群中的每个个体只能处于三个状态之一，即易感者、感染者或康复者；

③ 感染者在一段时间内可以传染给易感者，但不会再次感染；

④ 康复者对疾病具有免疫力，不再感染。

利用 SIR 模型模拟病毒感染过程，如图 8-23 所示。

编写程序前需要先调用所需的数据库，分别是 matplotlib、numpy 和 networkx，使用 import 调用下列函数：

```
import matplotlib.pyplot as plt
import numpy.random as rdm
import networkx as nx
```

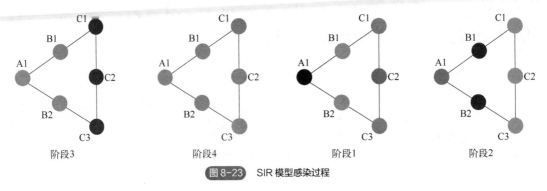

图 8-23　SIR 模型感染过程

（3）案例实践

① 软件环境：

Python 版本：Python 3 及以上。

运行环境：PyChaRm。

② 程序节选：首先我们要先定义"易感""感染"和"康复"人群，分别用 susceptible、infected 和 recovered 表示。

```
n = 100
g = nx.erdos_renyi_graph(n, 0.01)
susceptible = 'S'
infected = 'I'
recovered = 'R'
```

随后需要构建模型并试运行，程序如下：

```
def build_model(pInfect,pRecover):#模型构建
    def model(g, i):
        if g.node[i]['state']== infected:
            for m in g.neighbors(i):
                if g.node[m]['state']== susceptible:
                    if rdm.random () <= pInfect:
                        g. node[m]['state']= infected
            if rdm.random () <= pRecover:
                g. node[i]['state'l= recovered
    return model
def model_run(g, model):#单次模型运行
    for i in g.node.keys ():
        model(g,i)
```

为了加强机器学习，我们需要让模型进行多次循环，程序如下：

```
def model_iter(g, model, iter):#多次模型循环
    for i in range(iter):
        model _run(g, model)
```

最后，编辑最终显示的结果网络图的节点大小与位置参数，绘制连线并运行程序。结果生成的网络图如图 8-24 所示。

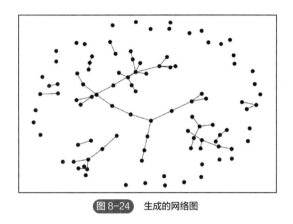

图 8-24　生成的网络图

8.4.2　案例实践——疾病预测

（1）案例描述

心脏病是常见的疾病，是全球范围内导致人们死亡的主要原因之一。早期预测和干预对于降低心脏病发病率和死亡率具有重要意义。尽管现代医学的发展和医疗设备的开发能有效延缓疾病的进展，但是心脏病的患病率仍然呈逐年增加的趋势。目前，研究发现人工智能能够对心脏病数据进行分析，建立联防预警机制，在心脏病前期筛查和预警方面前景广阔。心脏病预测通常涉及大量的医疗数据分析和机器学习技术。

（2）案例分析

编写程序前需要先调用所需的数据库，引入函数库进行数据分析预测：

import pandas as pd

import numpy as np

import seaborn as sn

simport matplotlib as mp

limport matplotlib.pyplot as plt

导入数据：由于数据存放在.CSV 文件中，所以需要通过 pandas 的 rend_csv（）方式进行导入，但是由于数据中不包含标签信息，需要新建 name 函数用以存放标签并与存放数据函数 data 进行映射。

数据属性说明：

age: 年龄。

sex: 性别（1 = 男性，0 = 女性）。

cp: 经历过的胸痛类型（值 1：典型心绞痛，值 2：非典型性心绞痛，值 3：非心绞痛，值 4：无症状）。

trestbps: 静息血压（入院时），单位为 mmHg。

chol: 胆固醇测量值，单位为 mg/dL。

fbs: 人的空腹血糖（>120mg/dL，1=真；0=假）。

restecg: 静息心电图测量（0=正常，1=ST-T 波异常，2=根据 Estes 的标准显示可能是左心室肥大）。

thalach: 最大心率。

exang: 运动引起的心绞痛（1=有过；0=没有）。

oldpeak: ST 抑制，由运动引起的["ST" 与 ECG（心电图）上的位置有关]。

slope: 最高运动 ST 段的斜率（值 1：上坡，值 2：平坦，值 3：下坡）。

ca: 萤光显色的主要血管数目（0~4）。

thal: 一种称为地中海贫血的血液疾病（3=正常；6=固定缺陷；7=可逆缺陷）。

target: 心脏病（0=否，1=是）。

（3）案例实践

① 软件环境：

Python 版本：Python 3 及以上。

运行环境：PyChaRm。

② 程序节选：年龄分析是心脏病指标中较为重要的因素，随着年龄的增长，大多数人身体的基本功能开始下降，由此会引发各类亚健康体征，间接促使心脏病的形成。在此实验中，age 标签下的数据的平均数约为 54 岁，中位数为 56 岁，众数为 58 岁，反映了实验数据的来源多为中老年人，其作为心脏病的高发群体，应给予足够的重视。

长期的高胆固醇的身体情况会致使心脏负担加重，由此导致的血栓会进一步加剧心脏病的出现，为此将胆固醇维持在合理的区间内对中老年人群是十分必要的。此实验以胆固醇 200mg/dL 作为基准线❶，高于 200mg/dL 则归类为胆固醇异常人群，低于 200mg/dL 则归类为正常人群，程序如下：

```
45  # 获取不正常胆固醇人员的年龄数据
46  age1 = data.loc[data['chol']>200]
47  age1 = age1.iloc[:,0]
48  # 作年龄的直方图
49  plt.hist(age1,bins=10,edgecolor='black',density=True)
50  plt.title('不正常胆固醇人员年龄数据')   # 折线图标题
51  plt.show()
52
53  # 获取正常胆固醇人员的年龄数据并输出直方图
54  age2 = data.loc[data['chol']< 200]
55  age2 = age2.iloc[:,0]
56  # 作年龄的直方图
57  plt.hist(age2,bins=10,edgecolor='black',density=True)
58  plt.title('正常胆固醇人员年龄数据')   # 折线图标题
59  plt.show()
```

通过与年龄列 age 进行相互映射输出分类直方图，如图 8-25 所示。

---

❶ 成年人正常的胆固醇值在 2.86~5.98mmol/L，即 110~230mg/dL。

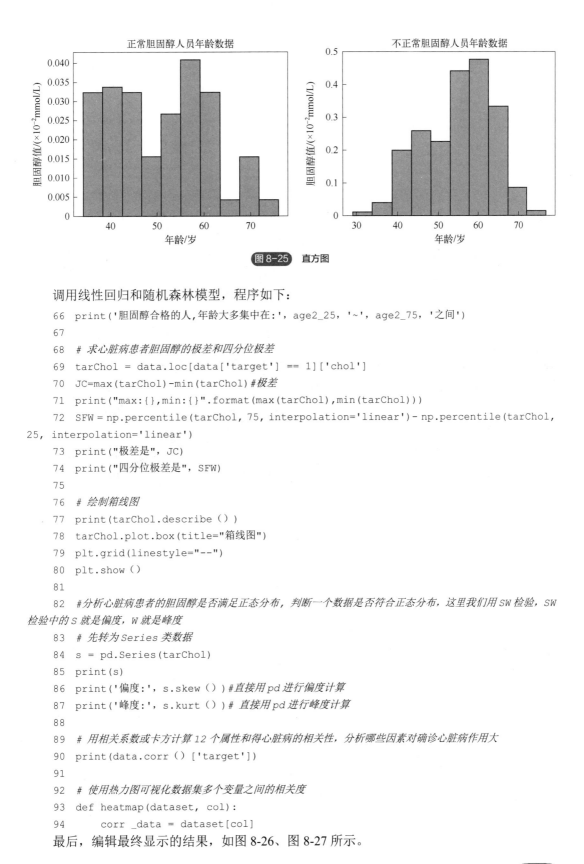

图 8-25　直方图

调用线性回归和随机森林模型，程序如下：

```
66  print('胆固醇合格的人,年龄大多集中在:', age2_25, '~', age2_75, '之间')
67
68  # 求心脏病患者胆固醇的极差和四分位极差
69  tarChol = data.loc[data['target'] == 1]['chol']
70  JC=max(tarChol)-min(tarChol) #极差
71  print("max:{},min:{}".format(max(tarChol),min(tarChol)))
72  SFW = np.percentile(tarChol, 75, interpolation='linear')- np.percentile(tarChol,
25, interpolation='linear')
73  print("极差是", JC)
74  print("四分位极差是", SFW)
75
76  # 绘制箱线图
77  print(tarChol.describe())
78  tarChol.plot.box(title="箱线图")
79  plt.grid(linestyle="--")
80  plt.show()
81
82  #分析心脏病患者的胆固醇是否满足正态分布,判断一个数据是否符合正态分布,这里我们用 SW 检验, SW
检验中的 S 就是偏度, W 就是峰度
83  # 先转为 Series 类数据
84  s = pd.Series(tarChol)
85  print(s)
86  print('偏度:', s.skew()) #直接用 pd 进行偏度计算
87  print('峰度:', s.kurt()) # 直接用 pd 进行峰度计算
88
89  # 用相关系数或卡方计算 12 个属性和得心脏病的相关性,分析哪些因素对确诊心脏病作用大
90  print(data.corr()['target'])
91
92  # 使用热力图可视化数据集多个变量之间的相关度
93  def heatmap(dataset, col):
94      corr _data = dataset[col]
```

最后，编辑最终显示的结果，如图 8-26、图 8-27 所示。

随机森林分类准确率为：

0.9772727272727273

	precision	recall	f1-score	support
Not sick	0.98	0.97	0.98	149
sick	0.97	0.98	0.98	159
accuracy			0.98	308
macro avg	0.98	0.98	0.98	308
weighted avg	0.98	0.98	0.98	308

图 8-26　结果 1

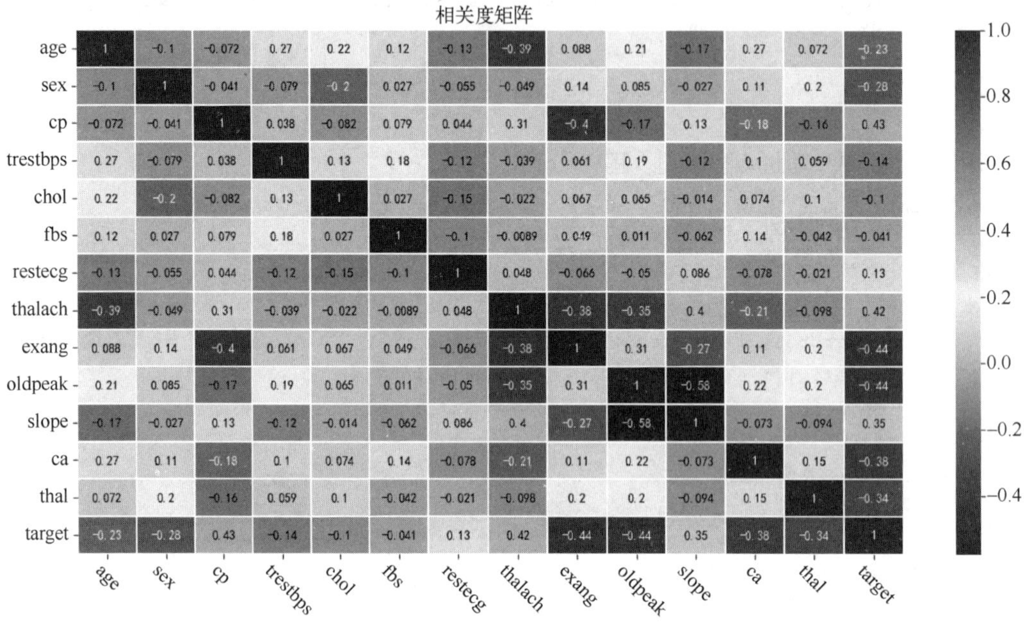

相关度矩阵

图 8-27　结果 2

本章小结

　　智能医疗机器人：集医学、信息、物理、机械等多种学科于一体的技术密集型产品，通过计算机技术、传感器技术、导航技术等实现自动化、智能化操作。

　　医疗机器人分类：手术机器人、康复机器人、辅助机器人、服务机器人四大类。

　　手术机器人：集临床医学、生物力学、机械学、计算机科学、微电子学等诸多学科于一体的新型医疗器械。

　　康复机器人：用于患者的康复训练，包括康复机械手、智能轮椅、假肢和康复治疗机器人等在内的，应用在康复护理和康复治疗等方面的代替人工的机器人。

　　手术机器人分类：骨科机器人、神经外科机器人、腔镜机器人、经自然腔道机器人、血管介入机器人等。

疾病风险预测：通过基因测序与检测，预测疾病发生的风险。

健康管理：AI 通过对健康数据实时采集、分析和处理，给出个性化、精准化的管理方案。

深度学习：是机器学习的子集，基于人工神经网络，通过多层次网络学习数据的深层特征。

深度学习结构组成：输入层、卷积层、池化层、全连接层和输出层。

深度学习典型结构：卷积神经网络（CNN）、递归神经网络（RNN）。

深度学习分类：有监督深度学习、无监督深度学习和有监督无监督混合式深度学习三类或生成式深度学习、判别式深度学习两种类型。

思考题

（1）神经网络在医疗领域的具体应用有哪些？

（2）CNN 除了能够进行手写字符识别，还可以应用到哪些场景？

扫码查看参考答案

习题

（1）（　　）建立了神经网络和数学模型，称为 M-P 模型。

　　A．麦克洛克　　B．皮茨　　　　　C．霍普菲尔特　　　D．辛顿

（2）（　　）提出了生成对抗网络（GAN）算法。

　　A．麦克洛克　　B．皮茨　　　　　C．古德费罗　　　　D．辛顿

（3）康复机器人的核心理念是（　　）之间全新的协作关系。

　　A．机器人　　　B．患者　　　　　C．计算机　　　　　D．治疗师

（4）深度学习（DL）的概念主要是由（　　）等人提出。

　　A．麦克洛克　　B．皮茨　　　　　C．古德费罗　　　　D．辛顿

本章拓展阅读

第9章

智能农业机器人

本章思维导图

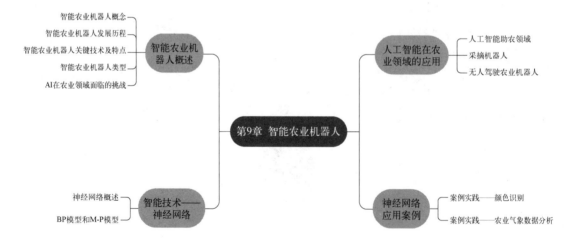

本章学习目标

（1）了解人工智能在农业领域的应用场景；
（2）熟悉智能农业机器人基本原理及类型；
（3）掌握农业机器人种类及应用。

在农业养殖领域，牲畜饲养的料量补给及比例调整是关键部分之一。传统养殖模式中剩料评估、供料补给等环节需要投入大量的人力物力资源，尤其是与饲料铺相距很远的大型站点，需要消耗更多的专用资源。基于此，澳大利亚机器人公司发明了养殖场铺位余料精准评估的机器人 BunkBot（图 9-1），通过目视评估料仓余料，推断饲料消耗量，作为饲料重分配的主要影响参数。在实际运行中发现，BunkBot 对于饲料调配补给比传统人工操作更完善合理，因为它可以更精准全面地了解牛的采食量、更及时地调整饲料分配策略，进而提高饲料有效利用率。

图 9-1　BunkBot 机器人

BunkBot 是通过将 Bunk Scanner 专利技术与 Clearpath Robotics 坚固耐用的 Warthog 机器人底座相结合而制成的。传感器被用来读取铺位并测量剩余饲料，推算消耗用量。该设备还具有饲养场路线导航的 GNSS（全球导航卫星系统）接收器，以及用于避免碰撞的雷达，使机器人可以在作业领域实现自主导航、安全行驶、精准投喂。

本章首先介绍智能农业机器人概念、发展、关键技术等，然后介绍智能农业机器人的应用和基本原理，着重介绍采摘机器人和无人驾驶农业机器人的组成及应用，接着讨论智能农业机器人所利用的主要技术——神经网络的基本原理，最后介绍神经网络的应用案例。

9.1　智能农业机器人概述

9.1.1　智能农业机器人概念

智能农业机器人（以下简称农业机器人）是指运用在农业生产中的智能机器人，是一种可由不同程序软件控制，来适应各种作业，且能感觉并适应作物种类或环境变化，有检测（如视觉等）和演算等人工智能的新一代无人自动操作机械。

农业机器人的发展由来已久，最早开始于美国和英国等众多发达国家。我国 20 世纪 70 年代开始着手农业机器人研究工作，直至 90 年代，机器人作业执行的精准性问题得以解决后，机器人的研究才取得了突破性进展。如今农业机器人已经广泛应用于农业自动化领域，大幅提升了农民的劳动生产率。农业机器人，从本质上讲是一种应用于农业生产和生活的机器。农业机器人在农业自动化中的应用主要体现在作物采摘、作物嫁接、农作物喷涂等方面，和农业机器人相关的关键技术有路线规划和导航技术、数据集成和分析技术、多维信息的融合技术等。

同工业机器人或者其他领域机器人相比，农业机器人工作环境多变，以非结构环境为主，工作任务具有极大的挑战性。因此，一般而言，农业机器人对智能化程度的要求要远高于其他领域机器人。

农业机器人将信息技术进行综合集成，集感知、传输、控制、作业为一体，将农业的标准化、规范化大大向前推进了一步。不仅节省了人力成本，也提高了品质控制能力，增强了自然风险抗击能力。并通过智能感知、识别技术与普适计算等通信感知技术将农作物与物联网连接起来，进行信息交换和通信，以实现智能化识别、定位、跟踪、监控和管理等功能。

9.1.2　智能农业机器人发展历程

（1）国外发展历程

由于国外发达国家在第一次工业革命和第二次工业革命中起步较早，因此，其工业技术和机械化领域具有显著的先发优势。这种技术先进性推动了对机械化和自动化的早期研究，包括对农业机器人的研究。

20 世纪中期，国外发达国家逐渐认识到农业机器人在农业领域的巨大潜力和价值，开始大力投入资金和招募科研人员，根据自身国家农业发展需求进行农业机器人的研发。随着时间的推移，农业机器人在国外发达国家的农业领域取得了显著的成效和一定的应用规模。

目前，在农业机器人理论、技术以及应用方面处于领先的国家有美国、日本、荷兰等，中国、英国以及西班牙等国家也在农业机器人的研究领域取得了较为显著的成果。美国作为全球农业最发达、技术最先进的国家之一，其农业机械化和智能化发展水平也在全球名列前茅。早在 20 世纪 50 年代，美国就开始了对农业机器人的研究。如今，美国的农业机器人已经实现了高度自主化和智能化的结合，包括多用途自动化联合收割机器人、园丁机器人、无人驾驶拖拉机以及果实分拣机器人等多种农业机器人，这些农业机器人可以提高农业生产效率和农产品的质量，降低生产成本，减少对环境的影响，以及解决劳动力不足的问题。

（2）国内发展历程

与一些发达国家相比，由于我国在第一次工业革命和第二次工业革命中受到的影响相对较小，导致我国在 20 世纪 90 年代中期才开始研发农业机器人。

近年来，我国已经认识到农业机械化发展的重要性，政府已出台一系列政策措施，旨在推动农业机械化、自动化和智能化发展。目前，我国已经成功研发并在一定规模上应用了各种类型的机器人，包括除草机器人、施肥机器人、全自动收获机器人、耕耘机器人、蔬菜嫁接机器人、蔬菜采摘机器人以及植保无人机等。

其中，大疆公司研发的多旋翼飞行器（如 Matrice100 和 Matrice600 等）最具代表性。这些飞行器利用先进的遥感、图像处理和自动控制技术，用于实现农作物的管理和保护。

同时，它们能够监测土地健康状况，管理水资源，实现精确的农药和化肥施用，从而有助于减少对化学品的使用，减少环境污染，提高生产效率。例如，江苏大学团队研制的番茄采摘机器人，利用传感器、机器视觉等技术，实现了对番茄的高效采摘，并且对形状大小相近的柑橘、苹果等水果也具有一定的适用性。

中国农业大学团队研发的农业采摘机器人，利用机器视觉、自主导航以及传感器等技术，并搭载双目视觉系统，实现了高效率、高质量地采摘果实，同时减少了对人工劳动力的需求。

（3）农业机器人的发展趋势

在劳动力短缺、产业升级需求增长、前沿技术加快发展等多重因素影响下，农业机器人正加速拓展应用范围。如今，农业机器人不仅越发多元化、智能化，而且还推动了"无人农场"等新兴概念的实现，未来市场前景十分广阔。

人工智能、大数据、物联网等前沿技术的发展正在改变着这个时代，农业生产方式从机械化向数字化迈进，精准农业技术已经悄然改变了传统的农业生产模式，高端智能化阶段已然到来。农业机器人相比传统的农用设备来说，简化了农业生产的步骤，更具备现代信息化特点，在运用于农业各个环节时，具有推动农业领域发展、提高生产效率、降低人力成本和运营成本等优势。

现代农业依然被视为一种深具艺术性的行业。从播种之刻起，无数变量开始影响着种子的成长，而应对这些变化的策略很大程度上依赖于农民的直觉、经验和判断力。推动农业机器人的长期发展，关键在于培养人们对智能解决方案的信任，并让他们接受将生产决策交由算法处理所带来的风险。只有这样，农业的未来才能真正拥抱技术革新和智能化的可能性。

农业机器人已得到广泛应用，在自动化松土、播种、打药、采收等方面已开始替代传统生产方式。大幅度提高农业生产效率，推动农业绿色可持续发展，促进我国从农业大国转变为农业强国。

9.1.3 智能农业机器人关键技术及特点

（1）农业机器人的关键技术

全球人口数量的剧增，对食品的质量和安全提出了很大的挑战。为满足世界人民对粮食产量、价格和品质的要求，农业技术的创新和改善变得尤为迫切，在此背景下，农业机器人便是解决这一问题的最好方式之一。从对土壤的状态监控、产品性状的分析、产品的收割到机械除草，均是农业机器人在为产出更加安全的产品做努力。采用小型专业农业机器人代替现有收割机，可降低土地的紧实程度，从而达到能源节约的目的。以上举措不仅可以降低农业成本，而且还能更加高效产出安全的产品，因此农业机器人的使用范围变得更加广泛。农业机器人发展的关键技术如下。

① 线路规划和导航技术。如果把机器人比作"正常人"，首要任务是为其设计大脑和眼睛，

如果没有大脑，机器人便无法思考，如果没有眼睛，机器人便会误入歧途，因此线路规划和导航便是机器人的核心技术。在实际应用中，机器人在运动过程中需要自行确定工作路线，对自己的路线和目标自行进行规划和导航。现如今机器人采用 GPS 技术就可以实现基于厘米精度的定位，同时，还可用信号检测和移动环境定位技术实现机器人的智能定位和方位感知。此种技术虽然迭代次数较多，对控制系统的计算能力要求比较高，但其信息感知量较丰富，从而可以更好地促进和改善自身的工作环境。

② 数据集成和分析技术。农业机器人需暴露在农业作业环境中，不断接收不同数据。由于数据多种多样，因此需要数据集成和分析技术。分析数据以及未来的行走路径和行走环境，把分析结果传递给执行系统，执行系统进行具体的作业执行。通过数据集成和分析技术提升了系统的稳定性，提升了机器人的测量空间和移动空间，保障了系统具备在困难条件下的超强适应能力。

（2）农业机器人的特点

① 农业机器人作业季节性较强。农产品生产的季节性较强，并且农业机器人的针对性较强、功能单一。因此，农业机器人的使用也具有较强的季节性，从而造成农业机器人的利用率低，增加了农业机器人的使用成本。

② 农业机器人作业环境复杂多变。工业机器人作业环境比较固定，而农业机器人的作业环境一般难以预知。因此，农田作业的机器人需要有较强的环境识别能力，且还要对不同环境有不同的动作反应，比如大棚环境下具有识别能力的机器人，如图 9-2 所示。

图 9-2　大棚环境识别机器人

③ 作业对象娇嫩、具有复杂性。农业机器人的作业对象是农作物，而农作物的娇嫩性对农业机器人的动作提出了更高的要求，农业机器人的执行末端与作业对象接触时需要进行柔性处理；农业机器人的作业对象形状复杂，农作物的生长发育受周围环境的影响较大，因此农作物的空间形态具有很大的不确定性，从而要求农业机器人对不同的空间形态进行判断，以实现不同的动作。

④ 农业机器人使用对象的特殊性。农业机器人的使用对象是农民。随着人口老龄化程度的提高，从事农业生产的人口也将步入老龄化时代。因此，农业机器人必须具有高可靠性和操作简单等特点。

⑤ 农业机器人价格的特殊性。农业机器人的前期研发投入较大，结构复杂，制造成本较高，导致价格昂贵，超出了一般农民的承受能力。

9.1.4　智能农业机器人类型

农业机器人是一种新型智能农业机械，可用于农业生产中的诸多环节。农业机器人的诞生，不仅是机器人技术发展的产物，更是农业现代化发展的必然成果。随着农业机器人广泛应用，传统的农业生产模式得以升级，现代农业得以加速变革。农业机器人根据功能和结构等有多种分类。

（1）按照作业功能分类

① 植保机器人，主要用于植物病虫害防治，具有自主巡视、识别、定位和喷洒药剂等功能，相比传统灭虫方式，可以减少使用化学农药对环境造成的污染，提高防治效果和作业效率。

② 收获机器人，是指能够自主完成收割、摘果等作业任务的智能化机器人。它可以减轻劳动力负担，提高作业效率，并且可以在夜间或恶劣天气下进行作业。

③ 智能播种机器人，是指能够自主完成播种、覆土等作业任务的智能化机器人。它可以根据土壤条件和植物需求进行精准播种，提高播种效率和作物产量。

④ 田间管理机器人，是指能够自主完成田间管理任务的智能化机器人。它可以对土壤进行检测和分析，根据植物生长情况进行施肥、灌溉等作业，提高作业效率和农产品质量。

（2）按照机器人结构分类

① 轮式农业机器人，是指采用轮子作为运动方式的农业机器人，具有灵活性强、适应性广等优点，可以在不同的地形条件下进行作业。

② 履带式农业机器人，是指采用履带作为运动方式的农业机器人，具有通过性好、稳定性强等优点，可以在复杂地形条件下进行作业。

③ 多足式农业机器人，是指采用多条腿作为运动方式的农业机器人，具有适应性强、通过性好等优点，可以在不同地形条件下进行作业。

（3）按照智能化程度分类

① 单一任务农业机器人，是指只能完成单一任务的农业机器人，通常具有专门的结构和功能，可以完成特定的作业任务。

② 多功能农业机器人，是指能够完成多种作业任务的农业机器人，通常具有较高的智能化程度，可以根据不同的作业需求进行自主调整

③ 无人驾驶农业机器人，是指不需要操作员控制就能够自主完成作业任务的农业机器人，通常具有高度自主性和智能化程度，可以通过传感技术和算法实现自主导航、避障等功能。

（4）按照使用场景分类

① 温室内使用的农业机器人，是指用于温室内作物生产管理的智能化机器人，通常需要考虑到空间限制和环境要求等因素，具有特殊设计和结构，比如温室巡检机器人。

在山东淄博现代农业产业园内，一台温室巡检机器人正按照管理人员设定的路线前进，携带的摄像头随时记录沿线作物的生长情况，并将相关数据实时反馈到手机终端，工作人员针对相关数据进行分析，即可实现作物种植科学管理。温室巡检机器人如图 9-3 所示。

图 9-3　温室巡检机器人

这是针对温室果蔬种植智能化程度低、人工管理成本高涨的难题，产业园引进的耕云科技研发的温室巡检机器人，辅助生产管理作业，提升生产效率和种植效益。

温室巡检机器人结合数字技术与农业场景，是数字技术在农业应用的标志性成果。机器人配备温度、湿度、辐照强度、二氧化碳浓度传感器和高清摄像头，并融合大数据与 AI 技术，为农作物提供精准的识别与分析。

② 室外田间使用的农业机器人，是指用于室外田间作物生产管理的智能化机器人，通常需要考虑到地形、气候等因素，具有较高的适应性和稳定性，比如大田生产农业机器人。大田生产农业机器人有大田播种机器人、大田收获机器人、大田植保机器人、大田耕作机器人、大田喷药机器人以及大田采摘机器人等，如图 9-4 所示。

大田果蔬采摘作业是生产链中最耗时和费力的生产环节之一。另外，采摘作业季节性强，劳动强度大，费用高，因此保证果实适时采收、降低收获作业强度及用工费用是保证农业增收的重要途径。

图 9-4　大田生产农业机器人

但由于采摘作业的复杂性，采摘自动化程度仍然很低。目前，国内外水果采摘作业基本上都是人工进行，其费用约占成本的 30%～50%，并且时间较为集中，劳动量大，工时紧张。

大田采摘机器人作为农业机器人的重要类型，在降低工人劳动强度和生产费用、提高劳动生产率和产品质量、保证果实适时采收等方面具有巨大的发展潜力。

9.1.5　AI 在农业领域面临的挑战

尽管机器人技术在农业范围内已经得到广泛应用，但其局限性仍然存在，这也阻碍了机器人的大范围全面应用。首先其研发成本是首要问题，在农业机器人的研发过程中，不论国外还是国内均投入了大量的研究资金，但这远远不够，还需要更多的资金在将来的研究中逐步投入，因此资金不足也成为机器人技术发展缓慢的关键因素之一。另外，在外界环境识别和技术判断上仍存在很大缺陷，这使机器人因外界环境的变化而受到很大影响。各类分析算法和路径规划算法的执行效率还需要得到不同程度的提升，机器人的智能化水平仍有待提升。除了机器人技术层面挑战，隐私安全、应用普及、经济成本方面也面临着多种机遇与挑战。

（1）数据质量和隐私保护

人工智能技术需要大量的数据进行训练和学习，而农业数据的质量和准确性是保证算法有效性的关键。农业数据涉及大量的农田信息、农作物品种、生长情况等，如何保证数据的可靠性和完整性是一个挑战。同时，必须确保农业数据的隐私得到有效保护，防止被滥用。

应建立农业数据采集、传输和存储的标准，确保数据的可靠性和安全性。同时，加强隐私保护措施，明确数据使用的范围和目的，并采取相应的加密和权限管理措施。

（2）技术普及和应用培训

人工智能技术在农业领域的应用需要农民具备一定的技术知识和操作能力。然而，很多农民缺乏相关的培训和教育，对于人工智能技术的了解和应用存在困难。

应加强技术普及和培训，向农民提供相关的培训材料和培训课程，提高农民对于人工智能技术的认知和应用能力。

（3）成本投入和回报

在人工智能技术应用于农业领域时，需要进行相应的硬件设备和软件系统的投入，因此需要大量的技术和人力成本。这些投入成本对于一些中小规模产业的农民来说可能是一个挑战，妨碍小型农业生产者跨入使用人工智能技术的阶段，而回报的时间和效益对于他们而言也是一个考量因素。

政府可以加大对农业领域人工智能技术的支持力度，提供相应的补贴和优惠政策，降低农民应用人工智能技术的成本压力，同时加强农业科技示范基地的建设，提供技术咨询和支持。

总体而言，人工智能技术在农业领域中的应用前景非常广阔，各种应用场景也逐渐被明确。虽然人工智能技术在农业领域中的应用面临着一些难以避免的挑战，但我们始终可以找到解决方法来克服这些挑战，使之成为可能。人工智能技术的应用，必然会成为未来农业发展的新引擎。

9.2　人工智能在农业领域的应用

农业是人民生产和生活的根本，农业的发展水平在一定程度上决定了国家的发达程度。近年来，随着新一代信息技术和人工智能技术的不断发展，农业已经逐步从手工、机械化农业向智能化农业方向发展。传统农业机械，借助智能化技术成为智能化农业机械。智能化农业机械在农业领域的应用，实现了先进智能化技术和传统作业模式的深度融合，降低了人工劳动作业程度，提高了劳动生产率，促进了农业的快速发展。其中，大力发展具备知识学习和创造能力的智能机器人是促进农业发展的主要举措之一。

长久以来，人类一直渴望从繁重的劳作中解放出来。在这个愿望的推动下，农业机器人应运而生。农业机器人是人的四肢在农业场景中的延伸，它将人与土地剥离，再将其二者更好地融合，组成了智慧农业的重要部分。随着智慧农业的不断进步，人们对于先进智能农机的需求变得更为迫切，人们理想中的智能农机场景如图 9-5 所示。

图 9-5　理想智能农机场景

在《中国制造 2025》的《农机装备发展行动方案（2016-2025）》中，将"智能农机装备"纳入"十三五"国家重点研发计划。《"十四五"全国农业机械化发展规划》指出，我国农业生产已从主要依靠人力畜力转向主要依靠机械动力，进入了机械化为主导的新时期。"十四五"时期，"三农"工作进入全面推进乡村振兴、加快农业农村现代化的新阶段，对农业机械化提出了新的更为迫切的要求，也为农业机械化带来了新的发展机遇。

以政策利好为向导，我国智能农机推进颇有成就，近年来，我国不断通过加快农业机械化的方式，积极提升自身的现代农业水平。其中，农业机器人的出现和应用，极大地改变了传统耕作模式，给我国的现代农业发展带来了全新改变。

9.2.1　人工智能助农领域

近年来，农业机器人在技术和应用方面取得了显著进展，可以在众多农业活动中替代人工，如作物采摘、作物灌溉和作物喷涂等。农业机器人的广泛使用，将会减少对人工劳动力的依赖，在很大程度上改变传统的农业劳动方式，为农业可持续发展提供支持，促进农业从传统向现代过渡，为农业发展和社会进步作出贡献。而这些应用只是冰山一角，下面介绍一些较有希望改变农业领域的人工智能应用。

（1）作物的播种

传统的播种方式需要农民进行大量的体力劳动，而且由于人为的限制，难以保证播种的均匀性。智能播种机器人配备了高精度定位系统和摄像头，能够通过图像识别技术判断土地的状态和植物的生长情况，从而可根据需求进行准确的播种操作。它还采用了自主导航技术，可以自动避开障碍物，并且通过云端数据实时更新，适应不同的农作物。智能播种机器人的应用，极大地提高了播种的效率和均匀性，减轻了农民的劳动强度，同时也降低了种植成本，智能播种机器人如图 9-6 所示。

图9-6　智能播种机器人

（2）作物的嫁接

在嫁接机器人方面，日本处于领先水平。近年来，日本 TGR 研究院开发了嫁接机器人，主要实现各类作物的嫁接执行工作。嫁接主要包含三个过程：切割、连接和拣选。首先是要选择嫁接幼苗，嫁接机器人可实现自动筛选含有缺陷幼苗，对适合嫁接的幼苗进行嫁接，并自动跳过不适合嫁接的幼苗。经实际应用验证，机器人对嫁接的移植成功率接近百分之百。和日本的全自动嫁接机器人不同，国内开发的机器人主要是使用计算机控制系统控制，这样可更好地对扦插苗、幼苗及秧苗进行嫁接工作。

（3）作物的喷涂

在农作物喷涂方面，日本的智能化机器人技术较为领先，其灵感来源于汽车行业，采用仪表、压力装置，并且含有自动喷雾装置。其基本原理为：机器人的行走路径受电缆控制，电缆中通有电流，电流流经电缆会产生电磁场，喷药机器人控制装置在收到电缆发出的电磁信息后，可控制机器人的行走方向，而具体喷洒作业是由自动喷雾控制器负责。喷药机器人如图9-7所示。

图9-7　喷药机器人

喷药机器人可对各类树木和农作物进行喷药操作，在药物喷洒过程中，还可智能判断行走方向，如进行转向或者拐弯操作。此种机器人还包含接触传感器和超声波传感器控制系统，主要用于检测周围的环境。一旦药物喷洒系统遇到障碍物后，传感器会自动发出告警信息，对自身执行响应保护措施。机器人具备自动和手动两种操作模式，在机器人的两侧位置，有手动按钮可进行手工操作，将机器人切换至手动模式。

（4）自动除草

喷药机器人并不是唯一进入自动除草领域的人工智能，还有其他计算机视觉机器人采用更直接的方法来消除不需要的植物。为了给农民提供更大的帮助，人工智能需要识别并清除杂草。能够以物理方式清除杂草，不仅为农民节省了大量工作量，而且还减少了对除草剂的需求，从而使整个农业经营更加环保和可持续。

物体检测可以很好地识别杂草并将它们与农作物区分开来，于是将计算机视觉算法与机器学习相结合来构建执行自动除草的机器人。例如 BoniRob 农业机器人，它使用摄像头和图像识别技术来寻找杂草并通过将螺栓插入地里清除它们，如图 9-8 所示。

图 9-8　自动除草机器人

它通过对叶子大小、形状和颜色的图像训练来学习区分杂草和农作物。这样一来，BoniRob就可以在田间滚动，消除不受欢迎的植物，而不会破坏任何有价值的东西。一组科学家正致力于设计用于检测杂草和土壤水分含量的农业机器人，它可以穿过田地，清除杂草并在移动过程中将适量的水输送到土壤中。该系统的实验结果表明，其植物分类和除草率均在 90% 以上，同时保持深层土壤含水量在 80% ±10%。

（5）作物的采摘

针对不同作物，智能机器人的样式和作业方式也不同，每一类作物的采摘机器人会根据作物的特点、成熟度等表征特点而设计，如西瓜、黄瓜、冬瓜和西红柿的采摘作业各不相同。本书以西红柿和苹果采摘机器人为例介绍智能机器人在作物采摘中的应用，自动采摘机器人如图9-9 所示。

图 9-9　自动采摘机器人

西红柿采摘机器人主要由视觉检测、采摘作业执行装置组成。其中视觉检测装置配置有彩色摄像装置，主要用于视觉的检测，用来检测果实的成熟度，以便更好地选择果实。为了避免采摘过程中对农作物造成损害，采集作业执行装置搭载了较长的机器人手臂，具备一定范围的操作面。为了避免采摘过程中对果实造成损害，还在采摘机器人的底端设置了柔软的衬里，以及相应的压力传感器装置，保障机器人可高效地采摘西红柿。在具体采摘过程中，机器人可根据光传感器和反射装置，自动确定西红柿的采摘时间，每个西红柿的采摘时间一般会在 1.5s 左右，采摘的成功率接近 80%。

苹果采摘机器人如图 9-10 所示，设计的采摘空间尺寸大约有 $5m^2$，由 1 个移动机构和 3 个旋转机构组成，同时还安装了果实收集结构，避免果实在收集过程中受到损伤，保证了水果采摘的新鲜度。经过实际应用验证，该装置的果实采集成功率接近 90%。

图 9-10　苹果采摘机器人

采摘类的机器人，其基本作业流程为：视频检测装置首先根据传感器和红外遥控器反馈的信息确定果实的成熟度，如果果实成熟则进入采摘作业流程，否则转移到下一个检测点。

采摘作业流程：设备在主控制器的作用下，主控制板输出控制指令给控制模块，使得履带底盘结构的机器人调动机械臂，完成果实的抓取。果实抓取完成后，会自动进入收集装置，最大限度降低果实的受损程度，保障果实的新鲜度。

（6）作物分拣

作物成熟采摘后，人工智能、计算机视觉也可以继续帮助农民。正如它们能够在植物生长过程中发现缺陷、疾病和害虫一样，成像算法也可用于将"好"产品与有缺陷的产品或仅仅是丑陋的产品进行分类。通过检查水果和蔬菜的大小、形状、颜色和体积，计算机视觉可以实现自动化分拣和分级过程，其准确率和速度甚至比训练有素的专业人员还要高。

比如胡萝卜分类通常是手工完成的，费时费力。因此，研究人员开发了一种自动分拣系统，该系统使用计算机视觉来挑选出有表面缺陷或形状和长度不正确的胡萝卜。设定"好"胡萝卜是一种形状正确（"凸多边形"）且不含任何须根或表面裂缝的胡萝卜。在这三个标准上，计算机视觉模型能够对胡萝卜进行分类和分级，准确率分别为 95.5%、98% 和 88.3%。另一项研究发现，机器学习人工智能能够使用具有 7 个输入特征的图像数据以 95.5% 的准确率对西红柿质量进行评分。在这两种情况下，节省的劳动量都是巨大的。这一切都要归功于一些关于"好"胡萝卜或西红柿长什么样子的人工智能模型训练。胡萝卜自动分拣机器人如图 9-11 所示。

图9-11　胡萝卜自动分拣机器人

　　农业机器人的应用场景非常广泛，但机器人并不是万能的，经过实际考察发现，机器人对地形特点和作业面积也有一定要求，只有满足一定条件的地形特点以及作业环境，才能保证机器人顺利完成各类作业。因此，现如今我国农业作业执行中，大部分还是采用自动化机械和手工作业相结合的方式，距离实现完全自动化和智能化机器人作业还有很长的路要走，这一切都取决于农业机器人的关键技术。

9.2.2　采摘机器人

　　采摘机器人是一类针对水果或蔬菜收获作业，具有感知系统的自动化机械收获装备，是集机械、电子信息、计算机科学、人工智能、农业及生命科学等于一体的交叉性边缘学科，其涉及本体结构、传感技术、视觉图像处理、机器人正逆运动学与动力学、控制驱动技术以及信息处理等多学科领域知识。相对于在结构性环境下工作的工业机器人，在进行采摘机器人等农业机器人研究中，要充分考虑机器人作业对象的自身特征和外界的生长环境等诸多因素，对作业对象进行充分了解。采摘机器人如图9-12所示。

图9-12　采摘机器人示例

（1）采摘机器人的起源与发展

　　① 国外起源与发展。1968年，美国学者舍尔茨（Schertz）和布朗（Brown）最早提出应用机器技术进行果蔬收获的理念，被学术界认为是农业采摘机器人研究的开端。但最初采摘机器研制采用的收获方式主要是机械振摇式和气动振摇式，其自动化和智能化程度不高。1987年，

学者西塞尔（Sistler）在总结果蔬采摘机器人领域研究进展时指明，当时研发的采摘机器人一般都需要人员参与协调，因此严格来讲其只能被认为是半自动化收获装备。

自 20 世纪 80 年代中叶，随着工业机器人技术、视觉和图形处理技术以及人工智能技术日益成熟，欧美、日本等相继立项开展了多种果蔬采摘机器人研究，日本果蔬采摘机器人场景如图 9-13 所示。

图 9-13　日本果蔬采摘机器人场景

1984 年，日本京都大学的川村等人基于番茄采摘的研究，研制出一台五自由度关节型机器人，标志着第一台严格意义上的采摘机器人在日本诞生。20 世纪 90 年代起，日本学者近藤直等人在农业机器人领域做了大量研究，其 1993 年研制的番茄采摘机器人在当时影响很大。该机器人机械本体主要由一具有单自由度的关节型机械臂、能前后和上下移动的二自由度笛卡儿直动关节及移动承载平台组成，之后其也以 SCARA 为主体设计了另一款番茄采摘机器人。日本宇都宫大学等研究机构针对草莓的传统土培模式和高架栽培模式研制了相应的采摘机器人。日本冈山大学也研制了葡萄、黄瓜等采摘机器人，并为了提高机器人使用率，为其配置了相应的末端执行器，并可经过改进后能完成喷洒、套袋和修枝等作业。日本著名农机公司久保田集团成功研制柑橘采摘机器人，该机器人移动机架上安装升降悬臂，悬臂前端的底座上安装有三自由度垂直多关节机械臂。日本蔬菜茶叶研究所与中央农研院研制了茄子采摘机器人。日本松下公司研发的大棚番茄采摘机器人能完好无损地摘取果实，并搬运至推车，自动更换新的收获箱，旨在通过实现夜间自动采摘以减少白天的工作量。日本 Monta 等开发了基于激光测距仪的葡萄采摘机器人，采用激光测距的扫描方式获得葡萄串的空间位置。同时，该机器人更换末端执行器后还可以进行其他的葡萄园管理作业。

1996 年，由荷兰农业环境工程研究所（IMAG）研制出一款应用于大棚作业的黄瓜采摘机器人，目标作物为高拉线缠绕方式吊挂生长。其搭载七自由度垂直多关节型机械臂，移动机构沿行进方向滑行，并能在更换末端执行器后实现摘叶功能。2010 年 10 月，以瓦赫宁根大学为主的欧盟团队开始研制甜椒采摘机器人，其为欧盟第七框架计划（FP7）项目，该机器人包括采摘机械臂、导轨压缩机、控制电路、工控机、末端执行器及移动载运平台等。该团队于 2014 年 9 月完成最终的机器人样机与研究。荷兰的亨滕（Henten）等研制的黄瓜采摘机器人，适合对斜拉线模式种植、没有叶片遮挡干扰的 0.8～1.5m 高度范围黄瓜进行采摘。该机器人以温室供热管道为轨道，行驶速度达 0.8m/s。机器人通过单目相机在不同位置采集 850nm 和 970nm 黄瓜近红外图像形成立体视觉，实现对黄瓜的目标识别和果梗采摘点定位。采摘机械臂采用三菱六自由度工业机械臂，采用夹持方式夹紧果实后，用高压电极烧断果梗，有利于防止细菌感染。

采摘成功率约80%，单根黄瓜采摘平均耗时45s。

随着科学技术的不断发展，传统的土地利用型农业将逐渐形成以作物栽培技术为基础，以生物技术为先导，集机械化作业、自动化培育设施和人工可控环境等尖端科技的现代新型产业。目前，许多国家都相继开展了果蔬采摘机器人领域的研究工作。涉及的研究对象主要包括橙子、苹果、柑橘、番茄、芦笋、黄瓜、甜瓜、葡萄、甘蓝、菊花、草莓、蘑菇、甜椒等。

② 国内起源与发展。我国在农业采摘机器人方面的研究始于20世纪90年代中期，随着20多年的陆续研究，也取得了一些可喜的成果。中国农业大学李伟团队开发的采摘机器人具有四自由度关节型机械臂和夹剪一体式两指气动式末端执行器，并配置双目视觉系统。试验结果表明，每一果实采摘平均耗时为28s，采摘成功率为86%，其中阴影、亮斑、遮挡对识别效果造成影响，且在茂盛冠层间机械臂会剐蹭到茎叶并造成果实偏移，同时末端执行器可能会无法实施夹持，也存在较粗果梗无法剪断或拉拽过程中果实掉落的问题。国家农业智能装备工程技术研究中心冯青春等，针对吊线栽培番茄开发的采摘机器人采用轨道式移动升降平台，配置四自由度关节式机械臂，并设计了吸力拉入套筒、气囊夹紧进而旋拧分离的末端执行器结构，配置了线激光视觉系统，分别由CCD相机和激光竖直扫描实现果实的识别和定位。试验结果发现，番茄单果的采摘作业耗时约24s，在强光和弱光下的采摘成功率分别达83.9%和79.4%。国内围绕大白菜采摘机器人技术开展了持续研究，现有开发的新型末端执行器，具备多维力位感知能力，配置了真空吸盘装置和由光纤激光器、聚焦透镜及微型电机系统构成的果梗激光切割装置，并以此为平台先后开展了果实夹持碰撞与快速柔顺采摘、果梗激光切割、真空吸持拉动建模与控制、手臂协调控制等研究。大白菜采摘机器人如图9-14所示。

图9-14　大白菜采摘机器人

中国农业大学张铁中团队最早开展了草莓采摘机器人的研究，分别对垄作和高架草莓栽培推出了不同样机。针对垄作草莓推出的机器人采摘系统，由三直动直角坐标机械臂配置夹持剪切式末端执行器，并分别在机架和臂上安装CCD相机构成视觉系统。针对高架草莓推出的采摘机器人"采摘童1号"样机，采用微型履带底盘，配置三直动的直角坐标机械臂和夹剪一体式末端执行器，末端执行器下方安装摄像头用以检测果实并判断位置偏差，爪上安装光纤传感器用以检测果柄的存在。试验结果采摘成功率达88%，单果采摘平均耗时为18.54s。

（2）采摘机器人存在的问题及发展趋势

中国的采摘机器人技术起步较晚，随着人口红利的消失，劳动力紧缺问题已快速成为制约农业发展，特别是劳动密集型的果蔬产业发展的瓶颈，采摘机器人技术已从前瞻性研究开始成为现实需求。但是果蔬采摘机器人研究进行了 20 多年，鲜有合适的机器人推出，缺乏成熟的市场化产品，其原因如下：

① 采摘机器人结构复杂，采摘效率较人工相对偏低；

② 对于鲜食果蔬，采摘机器人机械臂采摘时容易使果实表皮破损，影响鲜食果蔬的商品化，且存在漏采现象；

③ 采摘机器人零部件价格高，整机价格昂贵，而果蔬价格相对便宜，经济性不高；

④ 果蔬的种植方式及生产模式较多，果园建设、果树种植标准化程度较低，不适合采摘机器人作业，制约着采摘机器人推广应用。

未来采摘机器人发展的趋势在于以下四个方面：

① 多种视觉与超声波传感器融合的果蔬快速定位识别方法；

② 针对不同果蔬，专业化、轻型化、柔性采摘机械臂的研发；

③ 采摘后果蔬放置、导航、移运等多环节装备的研究；

④ 果蔬种植环境的标准化，果蔬种植标准化、规模化、专一化、工厂化，将有利于减少采摘作业的复杂因素，提高果蔬采摘机器人的工作效率，有利于采摘机器人与运送机器人及换行机器人多机协同的作业，有利于采摘机器人未来推广及规模化应用。

随着计算机和自动化技术的快速发展、农业高新技术的应用和普及，机器人技术逐步进入农业生产领域中，促使现代农业走向装备机械化、生产智能化道路。农业机器人大致可以分为果蔬采摘机器人、蔬菜嫁接机器人、果蔬分选机器人以及农田作业机器人。而果蔬采摘机器人一般在非结构性环境中作业，其研发难度远大于其他类型的机器人。

9.2.3　无人驾驶农业机器人

我国每年主要农作物病虫害发生面积巨大，近 5 年的年均发生面积为 3.667 亿 hm^2。目前化学防治仍是防治病虫草害最主要和最有效的方式。近年来，伴随着我国城镇化建设进程的加快，农村劳动力短缺与农业劳动力需求的矛盾日益严峻，亟须高效作业机具服务于农业生产。植保无人机（无人驾驶农业机器人）施药作业具有快速高效、适应性广等显著特征，克服了传统植保机械作业效率低、下地难、转场难和劳动力投入大的问题，已逐渐成为我国农业生产不可或缺的一部分。当前植保无人机的市场潜力巨大，是科技下乡解决"三农"问题的代表性成果，如图 9-15 所示。

图 9-15　植保无人机

（1）无人驾驶农业机器人起源与发展

① 国外起源与发展。农业航空的发展已有 100 多年历史。美国是农业航空应用技术最成熟的国家之一，所采用的农用有人驾驶飞机有 20 多个品种，根据机型划分，可分为固定翼飞机和直升机 2 大类。目前美国具有农业航空相关企业 2000 多家，有完善的协会管理制度。日本是最早将单旋翼无人机应用于农业生产的国家，自 20 世纪 80 年代已经开始飞防作业，是植保无人机作业技术发展最成熟的国家之一。

日本的植保无人机机型以油动单旋翼为主。1985 年，日本雅马哈公司率先推出世界第一架植保无人机 Yamaha-R50，如图 9-16（a）所示，其有效载荷为 5kg，主要用于农药的喷洒。经过 10 年的作业实践和改进，日本于 1997 年研发出了具有飞行姿态控制系统且性能大幅提升的 RMAX 新机型［图 9-16（b）］。2017 年，投入市场的 FAZER R G2 型无人直升机［图 9-16（c）］，载药质量为 40kg，续航距离为 90km。2020 年发布的油动单旋翼 FAZER R AP，有效载荷为 32kg，增加了自动飞行功能，无需手动遥控进行自动起降。

(a) Yamaha-R50机型　　　　(b) Yamaha RMAX机型　　　　(c) Yamaha FAZER R G2机型

图 9-16　日本植保无人机

2012 年，日本植保无人机作业面积为 96.3 万 hm^2/年，占种植面积的 50%～60%；2015 年，日本植保无人机保有量为 2668 台，雅马哈公司在日本植保无人机市场占有率达 90%。从 2015 年开始，一些日本企业开始推出四旋翼、六旋翼等多旋翼植保无人机，如 Yamaha Nile-JZ［图 9-17（a）］与 SkymatiX X-F1［图 9-17（b）］等。

(a) Yamaha Nile-JZ机型　　　　　　　(b) SkymatiX X-F1机型

图 9-17　多旋翼为主的植保无人机

② 国内起源与发展。我国植保无人机起步较晚，但是近年来在政府、科研单位、高校、企业以及服务组织的探索下，植保无人机作业技术发展迅速。自 2015 年起，随着以飞控技术为核心的高科技企业极飞科技股份有限公司、大疆创新科技有限公司进入农业，产业规模呈现逐年

翻番的高速发展状态，已形成了集研发、生产、销售、服务一条龙的完整产业链，产品的市场保有量、作业量、驾驶员人数逐年递增。截至 2022 年，全国的植保无人机保有量已达到 16 万台，作业面积为 0.933 亿 hm²，占我国病虫害防治面积的 20%左右。植保无人飞机研发及组装的生产企业 100 多家，其中龙头企业 10 余家，产品覆盖单旋翼、多旋翼以及油动、电动等多个品种。行业带动了超过 8000 家飞防专业社会化服务组织的发展。

在国家"863"计划项目"水田超低空低量施药技术研究与装备创制"的支持下，由农业农村部南京农业机械化研究所牵头，中国农业大学、中国农业机械化研究院、南京林业大学、总参谋部第六十研究所等单位参加植保无人机的研究。与日本植保无人机手动操控技术路线不同，我国植保无人机是全新的自主飞行模式无人机，N-3 油动单旋翼植保无人机配备基于 GPS 导航施药作业系统，药箱有效载荷 20kg，搭载 2 个超低量离心雾化喷头。N-3 油动单旋翼植保无人机如图 9-18 所示。

图 9-18　N-3 油动单旋翼植保无人机

2010—2015 年，全国涌现了一批植保无人机企业，其中包括无锡汉和、安阳全丰、高科新农、珠海羽人，作业面积达 66.667 万 hm²。市场上主要机型包括油动与电动单旋翼、电动多旋翼，如图 9-19 所示，但机具以手动遥控为主，载药量在 10～15kg。

图 9-19　2010—2015 年国内部分企业研发植保无人机

2015 年，广州极飞科技股份有限公司开始发布电动四旋翼植保无人机 P20，采用全自主作业模式，并在 2016 年将植保无人机加入了 RTK（实时差分）定位技术，P20 载药量达 10kg 如图 9-20（a）所示。P 系列作为广州极飞科技股份有限公司主流机型，当前已发展到 P100，载重达 50kg。2021 年，极飞又推出新系列，即电动双旋翼 V 系列植保无人机，最新的 V50 具备20kg 的有效载重，如图 9-20（b）所示。除植保作业功能外，极飞的 P 系列与 V 系列还支持种子、肥料等固体颗粒的播撒作业功能，作物对象主要为大田作物与果园。

2015 年底，深圳市大疆创新科技有限公司发布了电动八旋翼 MG-1 植保无人机，载药量为10kg，如图 9-21（a）所示。之后，该公司陆续推出电动八旋翼 MG-1S、MG-1P，载药量均为

10kg。在 2019 年后陆续推出电动四旋翼 T 系列植保无人机 T20 与 T25，并在 2021 年发布了电动八旋翼植保无人机 T50，如图 9-21（b）所示，其采用共轴双旋翼动力系统，载药量为 50kg，集航测与飞防于一体，面向大田与果园作业。

(a) 广州极飞P20　　　　　　　　　(b) 广州极飞V50

图 9-20　电动四旋翼和电动双旋翼植保无人机

(a) 深圳大疆MG-1　　　　　　　　(b) 深圳大疆T50

图 9-21　大疆电动八旋翼植保无人机

2015 年至今，无锡汉和、安阳全丰、深圳高科、北京韦加等公司陆续发布了电动单旋翼、油动单旋翼、电动四旋翼与电动八旋翼的植保无人机产品，如图 9-22（a）～（e）所示。总参谋部第六十研究所（总参六十所）、中国科学院沈阳自动化研究所（沈自所）、北京航空航天大学(北航)等科研机构也研制出一批油动大载荷单旋翼植保无人机产品或者样机，如图 9-22(f)～(h) 所示。

国内植保无人机的发展不断吸引科技公司的加入，如拓攻机器人与苏州极目机器人等公司。2020 年，拓攻机器人发布了电动四旋翼植保无人机 F 系列，并在之后陆续推出电动六旋翼 TG 系列，最新的电动四旋翼丰鹏系列可配备 55kg 播撒料箱或者 35L 喷洒药箱，如图 9-22（i）所示。2021 年，苏州极目机器人科技有限公司开始发布电动四旋翼植保无人机 EA2021，目前已发布了 5 种机型，其中 EA-30XP 植保无人机支持植保喷洒与播撒作业，具备双目视觉三维感知技术，可实时检测障碍物，实现超低仿地飞行，进行丘陵山地全场景作业，药箱容量达到 30L，如图 9-22（j）所示。

目前国内市场已拥有一批操作简单、稳定性高、可靠性高、作业效果较为理想的植保无人机产品，适合我国不同农业生产区经营模式和地貌特点。比如，适合丘陵和小规模植保与辅助授粉作业的电动单旋翼无人机、适合复杂地形植保与遥感作业的电动多旋翼无人机、适合平原大规模种植区植保作业的大载荷油动无人机、适合多种作物混植区植保作业的轻型油动无人机。

(a) 汉和水星一号　　　　(b) 安阳全丰全球鹰　　　　(c) 高科S40

(d) 安阳全丰自由鹰　　　(e) 北京韦加3WJF01-20　　　(f) 总参六十所Z-3N

(g) 沈自所云鸮100无人飞机　　(h) 北航F120　　　(i) 拓攻丰鹏　　　(j) 极目EA-30XP

图 9-22 国内部分企业和科研机构研发的植保无人机

（2）无人驾驶农业机器人存在的问题及发展趋势

无人驾驶农业机器人存在以下几点问题：

① 农业机器人需要具备对环境感知和决策能力，但是目前的技术水平难以实现复杂环境下的精准感知和决策。

② 农业机器人需要实现精确的导航和定位，但面对复杂的农田环境，如作物遮挡、土地不平整等因素，容易导致定位误差和导航失效。

③ 农业机器人需要适应各种气候、土壤和作物条件，机器人的适应性和可靠性仍存在挑战。

未来，无人驾驶农业机器人的发展需要持续的技术创新，以解决现有的问题和挑战，但技术创新需要大量的资金和人力资源投入。政府对无人驾驶农业机器人的政策支持是推动发展的重要因素，包括资金支持、税收优惠、研发项目等，但目前政策支持力度还需加大。无人驾驶农业机器人的市场推广需要更多的宣传和教育，以提高农民对机器人的认知度和接受度，但目前市场推广力度仍需加大。

9.3 智能技术——神经网络

9.3.1 神经网络概述

神经网络主要研究人工神经元的模型和学习算法。自 20 世纪 80 年代中期以来，世界上许多国家都掀起了神经网络的研究热潮。目前，以深度神经网络为代表的深度学习方法逐渐成为机器学习的主流方法。

（1）神经网络基本概念

在生物学上的生物神经网络就是人工神经网络的技术原型。一个成人的大脑中大概有 1000 亿个神经元，而人工神经网络的主要任务是根据生物神经网络的原理和实际应用的需要建造实用的人工神经网络模型，并设计相应的学习算法，模拟人脑的某种智能活动，最后在技术上实现出来用以解决实际问题。人脑的神经网络如图 9-23 所示。

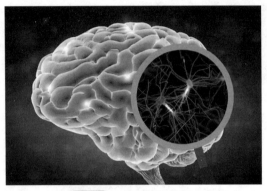

图 9-23　人脑的神经网络图

人类对世界的认知就是依靠神经元的相互作用，如图 9-24 所示。通过神经发出控制信息，来实现机体与内外环境的联系，协调全身的各种机能活动。人工神经网络（artificial neural network，ANN）简称神经网络（NN），是基于生物学中神经网络的基本原理，在理解和抽象了人脑结构和外界刺激响应机制后，以网络拓扑知识为理论基础，模拟人脑的神经系统对复杂信息的处理机制的一种数学模型。

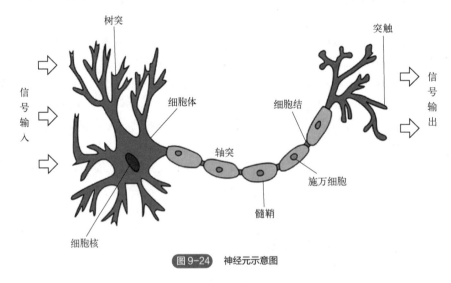

图 9-24　神经元示意图

神经网络可看成以人工神经元为节点，用有向弧连接起来的有向图。在此有向图中，人工神经元就是对生物神经元的模拟，而有向弧则是轴突-突触-树突对的模拟。有向弧的权值表示相互连接的两个人工神经元间相互作用的强弱。人工神经元结构如图 9-25 所示。神经网络是一种运算模型，由大量的节点相互连接构成。每个节点代表一种特定的输出函数，称为激活函数。每两个节点间的连接都代表一个对于通过该连接信号的加权值，称之为权重。因此，神经网络就是通过这种方式来模拟人类的记忆。网络的输出则取决于网络的结构、网络的连接方式、权重和激活函数。

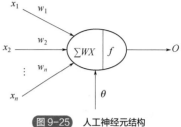

图 9-25　人工神经元结构

神经网络包含多个简单且高度相连的元素的系统，每个元素都会根据输入来处理相关信息。神经网络是由节点（神经元）组成，这些节点相互连接，信息传入输入层之后由多个隐藏层进行处理，处理完后再传递给输出层进行最终处理。这里所说的最终处理有可能是输出结果，也有可能是作为输入数据传入另外的神经网络或者节点进行下一轮的处理。

神经网络能够模拟生物神经系统真实世界及物体之间所作出的交互反应。神经网络处理信息是通过信息样本对神经网络的训练，使其具有人大脑的记忆、辨识能力，完成各种信息处理功能。它不需要任何先验公式，就能从已有数据中自动地归纳规则，获得这些数据的内在规律，具有良好的自学习、自适应、联想记忆、并行处理和非线性转换的能力，特别适合于因果关系复杂的非确定性推理、判断、识别和分类等问题。对于任意一组随机的、正态的数据，都可以利用神经网络算法进行统计分析，做出拟合和预测。

（2）神经网络的发展历程

神经网络的研究始于 20 世纪 40 年代，大致经历了兴起、萧条和兴盛三个阶段。

① 神经网络的兴起：20 世纪 40 年代～20 世纪 60 年代。早在 1943 年，美国心理学家沃伦·麦卡洛克（Warren McCulloch）和数学家沃尔特·皮茨（Walter Pitts）联合提出了形式神经元的数学模型，即 M-P 模型，从此开创了神经科学理论研究的新纪元，揭开了神经网络研究的序幕。

1949 年，心理学家唐纳德·赫布（Donald Hebb）提出了改变神经元间连接强度的 "Hebb 规则"，为神经网络的学习算法奠定了基础。1957 年，弗兰克·罗森布拉特（Frank Rosenblatt）提出感知机模型。次年，又提出了一种新的解决模式识别问题的监督学习算法，并证明了感知机收敛定理。

② 神经网络的萧条：20 世纪 60 年代末～20 世纪 70 年代末。1969 年，马文·明斯基（Marvin Minsky）和西蒙·派珀特（Seymour Papert）发表的 *Perdeptron*（《感知器》）一书指出感知器无科学价值，处理能力十分有限，甚至连分类这样的问题也不能解决。由于 Minsky 在学术界的地位和影响，这些论点使大批研究人员对于人工神经网络的前景失去信心，从此神经网络的研究进入了萧条期。

另一方面，传统的冯·诺依曼电子数字计算机正处在发展的全盛时期，整个学术界都陶醉在成功的喜悦之中，从而掩盖了新型计算机的发展的必然。尽管如此，在此期间仍然有不少有识之士不断努力，在极端艰难的条件下致力于这一研究，为神经网络研究的发展奠定了理论基础。

③ 神经网络的兴盛：20 世纪 80 年代以后。1982 年，加州大学的物理学家约翰·霍普菲尔德（John Hopfield）提出了 Hopfield 网络模型，并用电路实现。1984 年，杰弗里·辛顿（Geoffrey Hinton）等结合模拟退火算法提出了 Boltzmann 机（BM）网络模型。1985 年，大卫·鲁梅尔哈特（David Rumelhart）提出了 BP 算法，把学习的结果反馈到神经网络的隐层，来改变权系矩阵，它是迄今为止最普遍的网络。

近年来，神经网络理论引起了美国、欧洲与日本等国家和地区的科学家和企业家的巨大热情，新的研究小组、实验室、风险公司等与日俱增，世界各国也正在组织和实施与此有关的重大研究项目，如美国 DARPA 计划、日本 HFSP 计划、法国 Eureka 计划、德国欧洲防御计划等。神经网络领域的研究取得了新进展，许多关于神经网络的新理论和新应用层出不穷。尤其是 20世纪 90 年代初期弗拉基米尔·万普尼克（Vladimir Vampnik）等提出了以有限样本学习理论为基础的支持向量机。现在，随着人工智能技术的快速发展，人工神经网络再一次迎来了研究热潮，特别是深度学习、卷积神经网络等概念的出现，为人工神经网络的研究开辟了新方向，注入了新活力。

在国际研究潮流的推动下，我国在神经网络这个新兴的研究领域取得了一些研究成果，形成了一支多学科的研究队伍，组织了不同层次的讨论会。1986 年，中国科学院召开了"脑工作原理讨论会"。1989 年 5 月，在北京大学召开了"识别和学习国际学术讨论会"。1990 年 10 月，中国人工智能学会、中国计算机学会、中国心理学会、中国电子学会、中国生物物理学会、中国自动化学会、中国物理学会、中国通信学会 8 个学会联合召开"中国神经网络首届学术大会"。会议内容涉及脑功能及生物神经网络模型、神经生理与认知心理模型、人工神经网络模型、神经网络理论、新的学习算法、神经计算机、VLSI 及光学实现、联想记忆、神经网络与人工智能、神经网络与信息处理、神经网络与模式识别、神经网络与自动控制、神经网络与组合优化、神经网络与通信。1992 年 11 月，国际神经网络学会、IEEE 神经网络学会、中国神经网络学会等联合在北京召开了神经网络国际会议。为了培养神经计算方面的研究人才，不少高等院校开设了"神经计算""人工神经网络"等有关课程。

（3）神经网络的应用

神经网络的应用领域很广泛，如流程建模与控制、机器故障诊断、证券管理、目标识别、医学诊断、目标市场和经济预测等。

在流程建模与控制方面，为物理设备创建一个神经网络模型，通过该模型来决定设备的最佳控制设置。当检测到机器出现故障时，系统可以自动关闭机器。在证券管理方面，以一种高回报、低风险的方式分配证券资产进行投资。在目标识别方面，通过视频或者红外图像数据检测是否存在敌方目标，被广泛运用于军事领域。在医学诊断方面，通过分析报告的症状和 MRI、X 射线图像数据，协助医生诊断、医疗诊断。在目标市场方面，根据统计学，找出对营销活动反响率最高的人群，确定目标市场。在经济预测方面，通过历史安全数据预测未来经济活动的安全性。

现代信息处理要解决的问题是很复杂的，人工神经网络具有模仿等与人的思维有关的功能，可以实现自动诊断、问题求解，解决传统方法所不能或难以解决的问题。现有的智能信息系统有智能仪器、自动跟踪监测仪器系统、自动控制制导系统、自动故障诊断和报警系统等。

模式识别是对表征事物或现象的各种形式的信息进行处理和分析，来对事物或现象进行描述、辨认、分类和解释的过程。经过多年的研究和发展，模式识别已成为当前比较先进的技术，被广泛应用到文字识别、语音识别、指纹识别、遥感图像识别、人脸识别、手写体字符的识别、工业故障检测、精确制导等方面。

大部分医学检测设备都是以连续波形的方式输出数据的，这些波形是诊断的依据。人工神经网络是由大量的简单处理单元连接而成的自适应动力学系统，具有巨量并行性、分布式存储、自适应学习的自组织等功能，可以用它来解决生物医学信号分析处理中常规方法难以解决或无法解决的问题。以非线性并行处理为基础的神经网络为专家系统的研究指明了新的发展方向，解决了专家系统的以上问题，并提高了知识的推理、自组织、自学习能力，从而神经网络在医学专家系统中得到广泛应用和发展。

9.3.2 BP 模型和 M-P 模型

（1）BP 模型

BP 神经网络全称是 Back Propagation Neural Network，它被认为是最常用的神经网络预测方法，BP 神经网络模型（BP 模型）的一般结构如图 9-26 所示，它由输入层、隐层和输出层三层组成，其中隐层在输入层和输出层之间传递着重要的信息，一般包含一个或多个隐层。

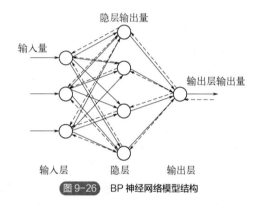

图 9-26 BP 神经网络模型结构

学习过程由信号的正向传播与误差的逆向传播两个过程组成。正向传播时，模式作用于输入层，经隐层处理后，进入误差的逆向传播阶段，将输出误差按某种形式通过隐层向输入层逐层返回，并"分摊"给各层的所有单元，从而获得各层单元的参考误差或称误差信号，以作为修改各单元权值的依据。权值不断修改的过程，也就是网络学习过程。此过程一直进行到网络输出的误差逐渐减少到可接受的程度或达到设定的学习次数为止。BP 模型包括其输入输出模型、作用函数模型、误差计算模型和自学习模型。

BP 算法通过"训练"这一事件来得到这种输入和输出间合适的线性或非线性关系。"训练"的过程可以分为向前传输和向后传输两个阶段。

① 向前传输阶段：

a. 从样本集中取一个样本 P_i, Q_j，将 P_i 输入网络；

b. 计算出误差测度 E_1 和实际输出 $O_i = F_L(...\{F_2[F_1(P_iW^{(1)})W^{(2)}]...\}W^{(L)})$；

c. 对权重值 $W^{(1)}, W^{(2)}, \cdots, W^{(L)}$ 各做一次调整，重复这个循环直到 $\sum E_i < \varepsilon$。

② 向后传播阶段——误差传播阶段：

a. 计算实际输出 O_p 与理想输出 Q_i 的差；

b. 用输出层的误差调整输出层权矩阵；

c. $E_i = \dfrac{1}{2}\sum_{j=1}^{m}(Q_{ij} - O_{ij})^2$；

d. 用此误差估计输出层的直接前导层的误差，再用输出层前导层误差估计更前一层的误差，以此获得其他各层的误差估计；

e. 用这些估计对权矩阵进行修改，形成将输出端表现出的误差沿着与输出信号相反的方向逐级向输出端传递的过程。

一般地，BP 神经网络（BP 网络）的输入变量即为待分析系统的内生变量（影响因子或自变量），是根据专业知识确定。若输入变量较多，一般可通过主成分分析方法压减输入变量，也可根据控制某一变量引起的系统误差与原系统误差的比值的大小来压减输入变量。输出变量即为系统待分析的外生变量（系统性能指标或因变量），可以是一个，也可以是多个。一般将一个具有多个输出的网络模型转化为多个具有一个输出的网络模型效果会更好，训练也更方便。

增加隐层数可以降低网络误差，提高精度，但也使网络复杂化，从而增加了网络的训练时间和出现"过拟合"的倾向。在设计 BP 网络时，确定隐层节点数的最基本原则是：在满足精度要求的前提下，取尽可能紧凑的结构，即取尽可能少的隐层节点数，可以优先考虑 3 层 BP 网络（即有 1 个隐层）。一般地，靠增加隐层节点数来获得较低的误差，其训练效果要比增加隐层数更容易实现。对于没有隐层的神经网络模型，实际上就是一个线性或非线性（取决于输出层采用线性或非线性转换函数型式）回归模型。

（2）M-P 模型

1943 年，美国心理学家沃伦·麦卡洛克（Warren McCulloch）和数学家沃尔特·皮茨（Walter Pitts）参考了生物神经元的结构，把神经元视为二值开关，通过不同的组合方式来实现不同的逻辑运算，并且将这种逻辑神经元称为二值神经元模型（McCulloch-Pitts model，M-P 模型），结构如图 9-27 所示。

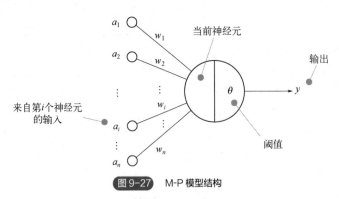

图 9-27 M-P 模型结构

M-P 模型是一个包含输入、输出与计算功能的模型。可以将输入功能类比为神经元的树突，而将输出功能类比为神经元的轴突，计算功能则可以类比为细胞体。神经元接收来自其他神经元传递过来的输入信号，这些输入信号通过带权重的连接进行传递，神经元接收到的总输入值将与神经元的阈值进行比较，然后经过"激活函数"（activation function）的处理才能够产生神经元的输出。

在 M-P 模型中，非线性的激活函数是整个模型的核心。在数学上的定义为：当函数的自变量大于某个阈值时，等于 1，否则等于 0。具体函数为 $f(x)$：

$$f(x) = \begin{cases} 1, x > \theta \\ 0, x \leqslant \theta \end{cases}$$

实际上，M-P 模型的原理非常好理解，有点类似于考试，把模型中很多个影响因素看成很多道题目的得分，不同的题目重要程度不同，我们对每道题的掌握程度也不同，将题目的重要程度与掌握程度相乘，就是我们这次考试的分数。

老师如何评判考得好不好呢？最简单的方法就是设置一条阈值线，看看得分有没有超过阈值线，如果超过了就是及格了，即对应的输出值为 1；如果没有超过就是不及格，对应的输出值为 0。

那么为什么 M-P 模型中也需要使用激活函数？为什么不用总输出值直接与阈值比较，然后直接判断输出结果？原因很简单，和逻辑回归函数一样，如果没有激活函数，无论我们如何训练神经网络的参数，得到的模型都是一个线性模型，在二维空间是一条线，在三维空间是一个平面。而线性模型是有非常大的局限性的，因为在现实世界中线性模型的应用十分有限，如图 9-28 所示。

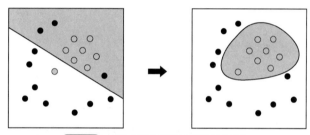

图 9-28　线性模型的局限和激活函数的作用

激活函数能够帮助我们通过对加权的输入进行非线性组合，产生非线性决策边界。简单理解就是将线性模型转变成非线性模型，扩大使用场景。

接下来用一个例子帮助理解 M-P 模型的决策过程。小李今天的工作比较忙，正在犹豫中午饭是与同事出去吃还是叫外卖。影响他决定的因素主要有如下三个方面。

① 工作量：今天的工作是否能在下班前完成？

② 同伴：有没有同事一起出去吃饭？

③ 餐厅远近：午休时间较短，选择的餐厅距离是否合适？

遇到这样的问题你是否马上想起了决策树算法？在这里我们用另外一种思路来解决这个问题。值得注意的是，在决策树算法中这三个问题存在先后顺序，但是对于 M-P 模型来说，上面三个问题是并列的，三个影响因素就是三个外部输入，最后小李决定去还是不去是模型的输出。如果三个问题的答案都是 "YES"，则对应的输出值为 1，即去外面吃；如果三个问题的答案都是 "NO"，则对应的输出值为 0，即点外卖。

以上两种情况是最理想的情况，判断比较简单。但是在生活中最让人纠结的地方在于，有一部分因素成立，另一部分因素不成立，这种情况最后的输出会是什么呢？比如今天的工作能做完，但是没有人陪小李出去吃饭，餐厅也比较远。

在我们实际考虑问题时，每个因素的影响都是不同的。某些因素是决定性因素，有些因素是次要因素。因此可以给这些因素指定权重，表示不同的重要性。比如，工作量：6，同伴：2，餐厅远近：2。

通过以上权重可以看出来，工作量是决定性因素，同伴和餐厅远近都是次要因素。如果三个因素的初始赋值都为 1，它们乘以权重的总和就是 6+2+2=10。如果工作量和餐厅远近因素的初始赋值为 1，同伴因素为 0，则总和就变为 6+0+2=8。

最后，我们还需要指定一个阈值。如果总和大于阈值，模型输出 1，否则输出 0。假定阈值为 7，那么当总和超过 7 时表示小李决定出去吃饭，当总和小于 7 时表示小李决定叫外卖。

以上就是一个 M-P 模型的直观解释。1943 年发布的 M-P 模型，虽然简单小巧，但已经建立了神经网络大厦的地基。M-P 模型最大的缺陷在于，权重的值（权值）都是预先设置的，模型没有办法根据数据的情况进行学习，这让当时的研究人员意识到，M-P 模型与人类真正的思考方式仍然有很大区别。直到心理学家唐纳德·赫布（Donald Hebb）经过研究后指出，人脑神经细胞连接的强度是可以变化的，于是科学家们开始考虑用调整权值的方法让机器学习，这为后面的神经网络算法奠定了基础。

9.4 神经网络应用案例

9.4.1 案例实践——颜色识别

（1）案例描述

在人们的日常生活中，颜色识别应用很广泛，如布料色差在线检测、导线颜色分类等。水果和蔬菜的外观被普遍认为是决定质量的第一因素。颜色是一个重要的参数，因为它直接影响最终产品的外观。因此，在农业生产的各环节对蔬果的颜色识别十分重要。如图 9-29 所示，颜色是识别果实是否成熟的重要标志。随着人工智能技术的发展和广泛应用，农业生产中进行颜色识别已经很普遍和广泛了。

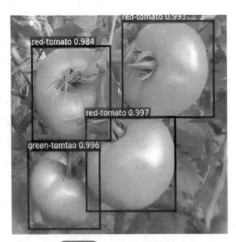

图 9-29　识别西红柿颜色

（2）案例分析

利用学校实验室现有实验设备，搭建机器人系统，进行颜色识别案例实践与分析。具体要求是一些长方体的箱体在不同侧面涂装成红色和蓝色,在这些长方体的箱体(物块)搬运码垛的过程中,往往需要把物块按一定方向码垛,便于存储的安全性、可靠性、条理性和便利性。现以红蓝两种颜色区分物块的不同方向,要求按颜色相同、方向一致的方式规范码垛,如图 9-30 所示。

图 9-30　具有颜色识别的码垛工作站

机器人抓取托盘上的物块,放置到颜色识别设备处,码垛至料架上,如果物块蓝色面向上,则直接码垛到料架上;如果物块红色面向上,则机械手将物块移动至旋转机构旋转 90°,使蓝色面向上之后,吸取物块置于料架上。

(3)案例实践

① 软硬件实践环境:

硬件:ABB 工业机器人、颜色识别工作站。

软件:RobotStudio6.04 以上版本。

② 实践过程:

a. 机器人安装末端执行器,将吸盘移动至物块上方并与物块垂直贴合,如图 9-31 所示。

b. 机器人将物块搬运至颜色识别检测处,如图 9-32 所示。

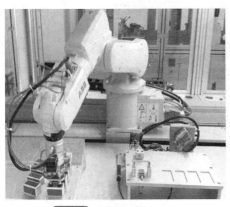

图 9-31　吸盘与物块吸合

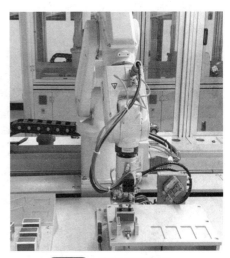

图 9-32　物块颜色识别检测

c. 颜色识别设备进行颜色检测,检测立面为红色。识别颜色正确,无需翻转物块,将其直接放置于料架相应位置，如图 9-33 所示。

如识别立面不为红色，说明颜色与程序设定不同，物块方向不对，需进一步调整。

d. 机械臂回到托盘吸取第二个物块，如图 9-34 所示。

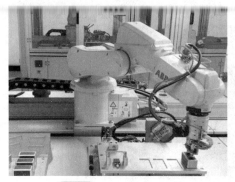

图 9-33 物块置于料架台面

图 9-34 吸取第二个物块

e. 机器人将物块搬运至颜色识别检测处，如图 9-35 所示。

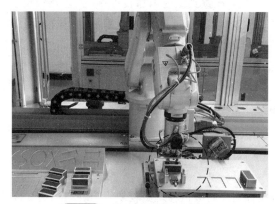

图 9-35 第二个物块颜色识别检测

f. 检测立面为蓝色（即上面为红色），需要搬运至翻转机构，旋转 90°，使得上面为蓝色，如图 9-36 所示。

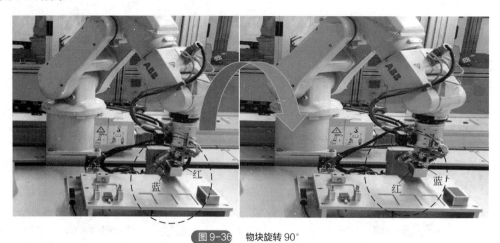

图 9-36 物块旋转 90°

g. 将物块放置料架目标位置，如图 9-37 所示。

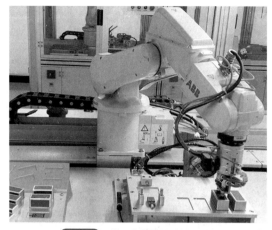
图9-37　第二个物块置于料架台面

后续如此循环往复，将红蓝面混置的物块，都蓝面向上置于料架存储区。
③ 主程序主要内容节选：如图 9-38 所示。

```
任务与程序 ▼        模块 ▼        例行程序 ▼
714  VelSet 90,2000;
715  MoveJ home,v2000,z5,tool0\WObj:=wobj0;
716  WHILE TRUE DO
717      IF D_N_DI5=1 AND reg1=0 THEN
718          YSSB1;
719      ELSEIF D_N_DI6=1 AND reg1=1 THEN
720          YSSB2;
721      ELSEIF D_N_DI7=1 AND reg1=2 THEN
722          YSSB3;
723      ELSEIF D_N_DI8=1 AND reg1=3 THEN
724          YSSB4;
725      ELSE
726          MoveJ home,v500,z50,tool0;
727      ENDIF
728  ENDWHILE
729 PROC
```

图9-38　颜色识别主程序节选

主程序中，如果数字信号 DI5 为 1，且变量赋值为 0，执行子程序 YSSB1；如果数字信号 DI6 为 1，且变量赋值为 1，执行子程序 YSSB2；如果数字信号 DI7 为 1，且变量赋值为 2，执行子程序 YSSB3；如果数字信号 DI8 为 1，且变量赋值为 3，执行子程序 YSSB4；否则，回到 home 点。
子程序主要内容节选如图 9-39～图 9-42 所示。

```
PROC YSSB1()
    MoveJ home,v2000,z10,tool0\WObj:=wobj0;
    MoveJ P5,v2000,z10,tool0\WObj:=wobj0;
    MoveL Offs(Q_1,0,0,30),v500,z1,toolXP\WObj:=wobj0;
    MoveL Q_1,v100,fine,toolXP\WObj:=wobj0;
    WaitTime 0.5;
    Set do1;
    WaitTime 0.5;
    !qu fang liao l wei zhi dian
    MoveL offs(Q_1,0,0,50),v500,z10,toolXP;
    MoveJ P5,v2000,z10,tool0\WObj:=wobj0;
    MoveL offs(JC,0,0,50),v500,Z1,toolXP\WObj:=wobj0;
    MoveL JC,v100,fine,toolXP\WObj:=wobj0;
    WaitTime 1;
    !Reset do1;
    !WaitTime 0.5;
    !jian ce shi bie wei zhi dian
    !MoveL offs(JC,0,0,50),v500,Z1,toolXP\WObj:=wobj0;
```

图9-39　子程序节选1

```
    IF D_N_DI11=1 THEN
        GOTO AA;
    ELSEIF D_N_DI11=0 THEN
        GOTO BB;
    ENDIF
AA:
!MoveL Offs(JC,0,0,0),v80,fine,toolXP\WObj:=wobj0;
!WaitTime 0.5;
!Set do1;
!WaitTime 0.5;
MoveL Offs(JC,0,0,70),v500,z10,toolXP\WObj:=wobj0;
MoveL Offs(F_1,0,0,30),v500,z1,toolXP\WObj:=wobj0;
MoveL F_1,v80,fine,toolXP\WObj:=wobj0;
WaitTime 0.5;
Reset do1;
WaitTime 0.5;
MoveL offs(F_1,0,0,50),v500,z10,toolXP\WObj:=wobj0;
GOTO CC;
```

图9-40　子程序节选2

241

由 home 点出发，经由过渡点 P5 移至抓取点上方 30mm 处，垂直下落至抓取点 Q_1，吸取物块移至检测位置 JC。

如果检测信号 DI11 为 1，执行子程序 AA；如果检测信号 DI11 为 0，执行子程序 BB。子程序 AA 为将物块抓取至检测位置 JC 上方 70mm 处，然后放置到目标库位 F_1，跳转到子程序 CC。

```
BB:
!MoveL Offs(JC,0,0,0),v80,fine,toolXP\WObj:=wobj0;
!WaitTime 0.5;
!Set dol;
!WaitTime 0.5;
MoveL Offs(JC,0,0,70),v500,z10,toolXP\WObj:=wobj0;
MoveL Offs(QG_F,0,50,50),v500,z5,toolXP\WObj:=wobj0;
MoveL Offs(QG_F,0,50,0),v500,z1,toolXP\WObj:=wobj0;
MoveL QG_F,v80,fine,toolXP\WObj:=wobj0;
WaitTime 0.5;
Set D_N_DO2;
WaitDI D_N_DI14,1;
WaitTime 0.5;
Reset dol;
WaitTime 0.5;
MoveL Offs(QG_F,0,0,50),v500,z5,toolXP\WObj:=wobj0;
WaitTime 0.5;
Set D_N_DO1;
WaitDI D_N_DI13,1;
MoveL Offs(QG_Q,0,0,50),v500,z5,toolXP\WObj:=wobj0;
```

图 9-41　子程序节选 3

```
MoveL QG_Q,v80,fine,toolXP\WObj:=wobj0;
WaitTime 0.5;
Set dol;
WaitTime 0.5;
Reset D_N_DO2;
WaitDI D_N_DI15,1;
!xuan zhuan qi gang wei zhi dian
MoveL Offs(QG_Q,0,50,0),v500,z10,toolXP\WObj:=wobj0;
!MoveL XZ, v300, z10, toolXP;
Reset D_N_DO1;
WaitDI D_N_DI12,1;
MoveL Offs(F_1,0,0,30),v500,Z1,toolXP\WObj:=wobj0;
MoveL F_1,v80,fine,toolXP\WObj:=wobj0;
```

图 9-42　子程序节选 4

子程序 BB，将物块抓取至检测位置上方 70mm，经过渡点移至旋转机构，旋转机构夹爪将物块夹紧，吸盘离开物块，物块旋转 90°，吸盘再次吸取物块，旋转机构夹爪松开，将物块放置于目标点 F1 处。

子程序 CC，机械臂回到 P5 点位置，变量 reg1 加 1。

最终结果如图 9-37 所示，完成颜色识别并码垛。

9.4.2　案例实践——农业气象数据分析

（1）案例描述

"靠天吃饭"的农业，生动说明了农业与气象密切相关，气候变化对农业的系列影响。因此，气象数据分析对农业生产起着至关重要的作用。

农业气象数据可以提供气温、降水、日照等信息，帮助农民了解农作物生长所需的气候条件，合理安排播种、施肥、浇水、除草等管理活动，从而提高产量和质量。还可以用于监测病虫害发生的气象条件，预警可能出现的病虫害，采取相应的防治措施，减少病虫害对作物的危害，保障农产品的质量和产量。同时可以通过气象数据了解降水情况和蒸发蒸腾速率，有助于合理安排灌溉计划，避免水分过量或不足，提高灌溉效率，节约水资源。以此为据可以制订适应气候变化的策略和措施。如图 9-43 所示的智慧农场服务平台中就有农业气象数据等信息。

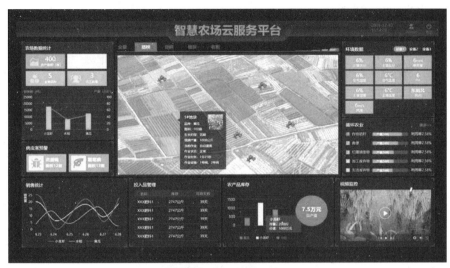

图 9-43　智慧农场服务平台

（2）案例分析

对农业气象数据分析，就要先收集一段时间内的气象数据，例如温度、风向和风速。之后需要对数据进行预处理，对收集到的数据进行清洗和处理，包括去除异常值、处理缺失值等，确保数据的准确性和完整性。最后利用统计分析方法计算气象因素的平均值、标准差，绘制气象因素图表，并进行相关性分析等。利用 requests 库和 BeautifulSoup 库实现数据获取。

在 Python 中，requests 库是一个常用的 HTTP 请求库，可以发送各种类型的 HTTP 请求，如 GET、POST、PUT、DELETE 等，与 Web 服务进行通信。用户可以通过简单的函数调用来发送请求，无需手动构建 HTTP 请求。它还可以处理服务器返回的响应数据，包括文本、JSON、二进制数据等。用户可以轻松地获取响应内容，并对其进行解析和处理。

在 Python 中，BeautifulSoup 是一个用于解析 HTML 和 XML 文档的库，它能够从网页中提取数据，帮助用户轻松地解析和处理网页内容。BeautifulSoup 提供了简单而灵活的方式来浏览、搜索和修改 HTML/XML 文档，其主要作用包括：解析 HTML/XML 文档；提取数据；遍历文档树；搜索文档与修改文档。

BeautifulSoup 广泛应用于数据采集、网页爬虫、信息提取等领域，帮助用户轻松地处理和提取网页内容。通过 BeautifulSoup，用户可以快速准确地从网页中提取所需的信息，实现自动化数据采集和处理。

（3）案例实践

① 软件环境：

Python 版本：Python 3 及以上。

运行环境：PyChaRm。

安装环境：

安装 requests 和 BeautifulSoup 库，命令如下：

pip install requests

pip install beautifulsoup4

① 程序节选

先发送 HTTP 请求获取网页内容，之后使用 BeautifulSoup 解析 HTML 页面，最后查找气象数据所在的标签，程序段如下：

```
1   import requests
2   from bs4 import BeautifulSoup
3   import openpyxl
4
5
6   def get_html(url):
7       #----模拟浏览器的头:
8       header = {'User-Agent': 'Mozilla/5.0 (X11; Linux x86-64) AppleWebKit/537.36
(KHTML, like Gecko) Chrome/60.0.3112.78 Safar1/537.36'}
9
10      #----发送申请:
11      res = requests.get(url=url, headers=header)
12
13      html = res.text
14
15      return html
16
17
18  if__name__ == '__main__':
19
20      #-----请求天气信息:
21      html_str = get_html(url='https://www.tianqishi.com/lishi/jinzhou2.html')
22
23      print(html_str)
24
25      #----解析:
26      soup = BeautifulSoup(html_str,'lxml")
27
28      t= soup.select('table > tr')
29
30      #------创建 Excel 表:
31      wb = openpyxl.Workbook()
```

将上述步骤所查找到的气象数据提取出来并以 text 格式保存下来，程序段如下：

```
61      print(t2[5].text)
62      print(t2[6].text)
63
64      #-----写入 Excel 文件:
65      sh.cell(row=i,column=1,value=t2[0].text)
66      sh.cell(row=i,column=2,value=t2[1].text)
67      sh.cell(row=i,column=3,value=t2[2].text)
68      sh.cell(row=i,column=4,value=t2[3].text)
69      sh.cell(row=i,column=5,value=t2[4].text)
```

```
70      sh.cell(row=i,column=6,value=t2[5].text)
71      sh.cell(row=i,column=7,value=t2[6].text)
72
73      #---温度分割处理:
74      t= t2[1].text
75      t= t.rstrip('℃')
76
77      arrtmp = t.split('～')
78
79      sh.cell(row=i,column=8,value=arrtmp[0])
80      sh.cell(row=i,column=9,value=arrtmp[1])
81      # print(arrtmp)
82
83      pj=(float(arrtmp[0])+ float(arrtmp[1]))/2
84      sh.cell(row=i,column=10, value=pj)
85
86      i =i+1
87
88  #----保存Excel文件:
89  wb.save('天气数据1.xlsx')
90
91  pass
```

	A	B	C	D	E	F	G	H	I	J	K
1	日期	温度	天气	风向	风速	日出	日落	低温	高温	平均温度	
2	20240315	2~17℃	晴转多云	东北风	1~3	06:07	18:02	2	17	9.5	
3	20240314	5~18℃	晴	西南风	3~4	06:09	18:01	5	18	11.5	
4	20240313	0~15℃	晴	西北风	1~3	06:10	18:00	0	15	7.5	
5	20240312	2~13℃	晴	西北风	3~4	06:12	17:59	2	13	7.5	
6	20240311	-2~11℃	多云	东北风	3~4	06:14	17:58	-2	11	4.5	
7	20240310	0~11℃	多云	西南风	3~4	06:15	17:57	0	11	5.5	
8	20240309	-3~7℃	晴	西南风	3~4	06:17	17:56	-3	7	2	
9	20240308	-4~6℃	多云转晴	西北风	1~3	06:18	17:55	-4	6	1	
10	20240307	-4~7℃	多云	西北风	1~3	06:20	17:54	-4	7	1.5	
11	20240306	-6~5℃	晴	西北风	1~3	06:22	17:52	-6	5	-0.5	
12	20240305	-4~6℃	多云转晴	北风	1~3	06:23	17:51	-4	6	1	
13	20240304	-3~6℃	多云	东南风	1~3	06:25	17:50	-3	6	1.5	
14	20240303	-6~4℃	晴	西北风	1~3	06:26	17:49	-6	4	-1	
15	20240302	-7~4℃	晴	西北风	1~3	06:28	17:48	-7	4	-1.5	
16	20240301	-10~-1℃	晴	西北风	3~4	06:30	17:47	-10	-1	-5.5	
17	20240229	-11~0℃	晴	北风	1~3	06:31	17:46	-11	0	-5.5	
18	20240228	-8~1℃	阵雪转晴	东北风	1~3	06:33	17:44	-8	1	-3.5	
19	20240227	-6~3℃	多云	西南风	3~4	06:34	17:43	-6	3	-1.5	
20	20240226	-8~2℃	多云	东北风	1~3	06:36	17:42	-8	2	-3	
21	20240225	-8~4℃	晴	北风	3~4	06:37	17:41	-8	4	-2	
22	20240224	-8~2℃	多云转晴	东北风	1~3	06:39	17:40	-8	2	-3	
23	20240223	-9~0℃	多云	东北风	1~3	06:40	17:39	-9	0	-4.5	
24	20240222	-10~-2℃	多云转晴	东北风	3~4	06:42	17:37	-10	-2	-6	
25	20240221	-11~-5℃	多云	东北风	3~4	06:43	17:36	-11	-5	-8	
26	20240220	-12~-7℃	多云	东北风	3~4	06:44	17:35	-12	-7	-9.5	
27	20240219	-13~-3℃	多云	北风	4~5	06:46	17:34	-13	-3	-8	
28	20240218	-6~5℃	小雨转小雨	西南风	1~3	06:47	17:33	-6	5	-0.5	
29	20240217	2~7℃	多云	南风	4~5	06:49	17:31	2	7	4.5	

图9-44　导出表格

注：风速单位为级，温度单位均为℃

　　运行例行程序以爬取天气信息，根据爬取的内容形成 Excel 表格并成功导出，如图 9-44 所示。

　　运行成功后，得到该网页里 90 天内的温度、天气、风向、风速、日出时间、日落时间、低温、高温和平均温度等信息数据。以日期和平均温度为横纵坐标，形成折线图，以便直接观察出平均温度的变化趋势，如图 9-45 所示。

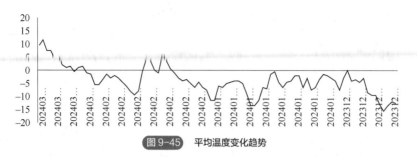

图9-45 平均温度变化趋势

 本章小结

　　智能农业机器人：是应用于农业生产的智能机器人，能够适应作物种类或环境变化，具备检测等人工智能功能。

　　智能农业机器人关键技术：线路规划和导航技术、数据集成和分析技术。

　　智能农业机器人特点：作业季节性强、作业环境复杂多变、作业对象的娇嫩和复杂性、使用对象的特殊性和价格的特殊性。

　　智能农业机器人按作业功能分类：植保机器人、收获机器人、智能播种机器人、田间管理机器人。

　　智能农业机器人按结构分类：轮式、履带式、多足式农业机器人。

　　智能农业机器人按智能化程度分类：单一任务、多功能、无人驾驶农业机器人。

　　智能农业机器人按使用场景分类：温室内使用和室外田间使用的农业机器人。

　　AI在农业领域的应用：作物播种、嫁接、喷涂、自动除草、采摘和分拣等环节。

　　采摘机器人：是自动化机械收获装备，涉及多学科领域知识，包括本体结构、传感技术、视觉图像处理等。

　　植保无人机特点：快速、高效、适应性广。

　　神经网络：神经网络研究人工神经元模型和学习算法，深度神经网络已成为机器学习的主流方法。

　　BP模型：是常用的神经网络预测方法，包含输入层、隐层和输出层。

　　M-P模型：是早期的二值神经元模型，为神经网络研究奠定了基础。

 思考题

（1）简述农业机器人的种类及应用。

（2）简述人工智能在农业方面的应用。

（3）简述农业机器人的基本原理。

 习题

（1）农业机器人按照智能化程度分类可分为（　　　　）。

扫码查看参考答案

246

　　　A．单一任务农业机器人　　　　　　B．多功能农业机器人

　　　C．多足式农业机器人　　　　　　　D．无人驾驶农业机器人

（2）农业机器人特点有（　　　）。

　　　A．作业季节性较强　　　　　　　　B．作业环境复杂多变

　　　C．作业对象的娇嫩和复杂性　　　　D．使用对象的特殊性

　　　E．价格的特殊性

（3）农业机器人可以在（　　　）等众多农业活动中替代人工。

　　　A．作物的播种　　　　　　　　　　B．作物的嫁接

　　　C．作物的喷涂　　　　　　　　　　D．自动除草

　　　E．作物的采摘　　　　　　　　　　F．作物分拣

本章拓展阅读

第 10 章

智能服务机器人

本章思维导图

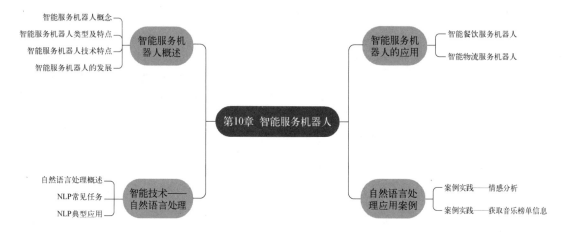

本章学习目标

> （1）了解人工智能在服务领域的应用场景；
> （2）熟悉智能服务机器人的类型和特点；
> （3）掌握自然语言处理的基本原理和应用；
> （4）了解自然语言处理常见任务。

2020 年 4 月 18 日，东莞农商银行智能服务机器人"小 D"正式上岗，如图 10-1 所示。"小 D"具备人脸识别功能，不但能主动迎宾问候，还能精准识别 VIP 客户，提供业务咨询和智能问答服务；同时"小 D"可在室内高精度自主导航，主动引导客户到相应的窗口或柜台办理相关业务；如果"小 D"遇到不懂的问题或不了解的业务时，还能主动呼叫后台客服协助解答办理。在客户等待办理业务期间，"小 D"还能唱歌跳舞等娱乐表演，给客户带来轻松畅快的服务体验。

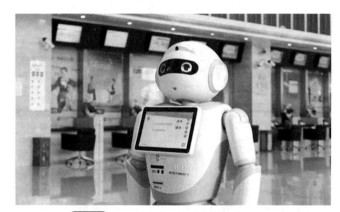

图 10-1　东莞农商银行智能服务机器人"小 D"

智能服务机器人是近年来快速发展的一种人工智能技术应用，其在各个领域的应用越来越广泛。随着人工智能的发展趋势，未来将是服务机器人的世界。在网络技术、传感技术、仿生技术、智能控制等技术的发展以及机电工程与生物医学工程等的交叉融合下，服务机器人技术发展迅猛。服务机器人由简单机电一体化装备向以生机电一体化和智能化等方向发展，由单一作业向群体协同、远程学习和网络服务等方面发展，由研制单一复杂系统向将其核心技术、核心模块嵌入先进制造相关系统中发展。

随着人口老龄化趋势的加快，人力成本的增加，再加上人们对于重复劳动意愿的降低，服务机器人替代人类从事危险、繁杂、重复的工作，就很有必要了。2019 年，全球家用服务机器人、医疗服务机器人和公共服务机器人市场规模分别为 42 亿美元、25.8 亿美元和 26.8 亿美元，其中家用服务机器人市场规模占比最高，达 44%。

本章先介绍智能服务机器人类型、特点等，然后介绍智能服务机器人行业发展现状和应用，接着讨论智能服务机器人所利用的主要技术——自然语言处理技术的基本原理，最后介绍自然语言处理技术的应用案例。

10.1 智能服务机器人概述

10.1.1 智能服务机器人概念

世界机器人大会上，一位智能家庭管家机器人现身：在小朋友阅读时，机器人可以及时发现指出读错的地方，并告诉她正确的读法；在老人到了用药时间，机器人会端来水、拿来药品，递到老人手里……一只叫"拉布拉多"的机器狗并非陪伴机器人，它是专门充当老年人另外一双手的机器人，协助搬运大件的物品或者是保证小物品的触手可及，我们可以通过手机或者平板来控制它，也可以通过语音设备来给它一个指令，它可以在家庭当中自由移动，出入各类狭窄空间。机器人小胖在世界智能大会客串"移动小管家"，如图 10-2 所示。

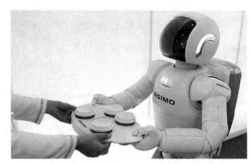

图 10-2　机器人管家

这些出现在人们日常生活，应用在清洁、护理、执勤、救援、娱乐和代替人对设备维护保养等场合的机器人，我们称为服务机器人。智能服务机器人是指具有感知、分析及处理来自外部环境的信息等智慧能力的服务机器人。那么，智能服务机器人是如何准确定义的？

智能服务机器人是机器人家族中的一个年轻成员，尚没有一个严格的定义。不同国家对智能服务机器人的认识不同。国际机器人联合会经过几年的搜集整理，给了智能服务机器人一个初步的定义：智能服务机器人是一种半自主或全自主工作的机器人，它能完成有益于人类健康的服务工作，但不包括从事生产的设备。

智能服务机器人技术集机械、电子、材料、计算机、传感器、控制等多门学科于一体，是国家高科技实力和发展水平的重要标志。国际智能服务机器人研究主要集中在德国、日本等国家，并成功将智能服务机器人应用于各个行业中。我国近些年在智能服务机器人研究方面也取得很多进展，很多机器人研发公司将研究重点转向智能服务机器人开发，如新松机器人自动化股份有限公司在智能服务机器人研究中已经取得很多成就，已经开发出三代智能服务机器人。

10.1.2 智能服务机器人类型及特点

根据不同的应用领域和功能需求，服务机器人可以分为以下几类。

① 家庭服务机器人：主要用于家庭生活中的各项服务，如打扫卫生、照料儿童、做饭等。它们通过与家庭成员的交互来满足居民的需求，提高生活质量。

② 医疗服务机器人：在医疗领域扮演着重要的角色，可以协助医生进行手术、提供患者护理、监测病情等。这些机器人的应用可以提高医疗服务的效率和准确性。

③ 商业服务机器人：主要应用于商业环境，如酒店、银行、商场等。它们可以为顾客提供导航、咨询、结账等服务，减少人力资源的需求，提升服务质量。

④ 教育服务机器人：被广泛应用于学校和培训机构。它们可以辅助教师进行教学、提供个性化的学习辅导、评估学生的学习情况等。

⑤ 军事服务机器人：主要用于军事领域，如侦察、拆弹、运输物资等。它们可以替代人工完成危险任务，保证军人的安全。

智能服务机器人可以分为专业智能服务机器人和家庭智能服务机器人。智能服务机器人的应用范围很广，主要从事维护保养、修理、运输、清洗、保安、救援、监护等工作。

家庭智能服务机器人是指通常由非专业人士操作用于执行非商业任务的智能服务机器人，例如消费级教育智能机器人、娱乐智能机器人和个人移动辅助智能机器人。家庭智能服务机器人主要市场是家务机器人，它包括吸尘、地板清洗和割草机器人，还包括娱乐和休闲机器人。

专业智能服务机器人是指用于执行商业任务的智能服务机器人，有时由通过适当培训的操作人员操作，例如企业级教育智能机器人、物流智能机器人、送餐智能机器人、接待智能机器人、巡检智能机器人和康养类智能机器人。智能交通、家庭安监、通信交流等机器人都是新兴市场。

无论是哪一类智能服务机器人，它们都具有以下几个特点：

① 智能化：智能服务机器人以人工智能为基础，具备自主学习和适应能力，可以根据环境和任务的变化做出相应的反应，并做出合理的决策。

② 交互性：智能服务机器人具备与人类进行交互的能力，可以通过语音、图像等多种方式与人进行沟通，理解人类的需求和指令，并准确地做出回应。

③ 多功能性：智能服务机器人可以完成多样化的任务，覆盖了各个领域的服务需求。它们可以同时具备多种功能，提高工作效率和灵活性。

④ 操控灵活：智能服务机器人的操控方式灵活多样，可以通过无线网络、云技术等方式进行远程控制，也可以通过自主导航和感知技术进行自主移动和操作。

10.1.3　智能服务机器人技术特点

虽然服务机器人分类较广，包含医疗服务机器人、家庭服务机器人、军事服务机器人等，但完整的服务机器人系统通常都由三个基本部分组成：移动机构、感知系统和控制系统。因此，各类服务机器人的关键技术就包括自主移动技术（包括地图创建、路径规划、自主导航）、感知技术和人机交互技术等。

智能服务机器人是一种结合人工智能技术和机器人技术的新型智能设备，具有语音识别、自然语言处理、情感识别、计算机视觉等技术。关于智能服务机器人所包含的技术主要有以下几点：

（1）语音识别技术

语音识别技术是智能服务机器人的重要技术之一。语音识别技术包括声学模型、语言模型和搜索算法等，其主要作用是识别人的语音输入并转化成机器可以理解的指令或语言。

（2）自然语言处理技术

自然语言处理技术是智能服务机器人的核心技术之一。它可以使机器人理解和处理自然语言，实现人与机器人之间的自然对话。自然语言处理技术包括语义分析、信息提取、命名实体识别、情感分析、自动问答等技术。这些技术可以帮助机器人更好地理解人的意图和需求，并做出更准确和合理的回答或决策。

（3）情感识别技术

情感识别技术是智能服务机器人的重要技术之一。它可以帮助机器人感知人的情感状态，如喜怒哀乐等，并给出回应。情感识别技术通常包括面部识别、语音情感识别等技术。这些技术可以帮助机器人更好地理解人的情感状态，从而做出更加智能化和贴心化的服务。

（4）计算机视觉技术

计算机视觉技术是智能服务机器人的重要技术之一，它可以让机器人通过摄像头或其他传感器感知周围环境，实现视觉感知和理解，从而更好地完成各种任务。计算机视觉技术包括图像处理、目标检测、图像识别、人脸识别等多种技术。其中，目标检测技术可以帮助机器人自动识别周围的物体，如杯子、餐具、衣物等，从而提供更好的服务；图像识别技术可以帮助机器人识别不同种类的物体，从而更好地完成特定任务；人脸识别技术可以帮助机器人识别人的面部特征，从而提供更加个性化的服务。

（5）机器学习技术

机器学习技术是智能服务机器人的关键技术之一。它是指通过对大量数据进行学习和训练，让机器自动从中学习模式和规律，从而具有一定的智能和自适应能力。机器学习技术包括有监督学习、无监督学习、强化学习等。通过机器学习技术，智能服务机器人可以自主进行知识积累和推理，提高其智能化水平。

（6）知识图谱技术

知识图谱技术是智能服务机器人的重要技术之一。它是指将人类知识和经验以图谱的形式进行表示和存储，为机器人提供丰富的知识和语义背景。知识图谱技术可以帮助机器人更好地理解和处理自然语言，从而做出更准确和合理的回答或决策。

（7）大数据技术

大数据技术是智能服务机器人的基础技术之一。它是指通过对大量数据的收集、存储、分析和挖掘，从中获得有价值的信息和知识。大数据技术可以为智能服务机器人提供海量的数据和知识资源，帮助机器人更好地理解和处理人的需求和行为。

10.1.4　智能服务机器人的发展

（1）国外发展状况

数据显示，世界上至少有 48 个国家在发展机器人，其中 25 个国家已涉足服务机器人开发。

在日本、北美和欧洲,迄今已有 7 种类型累计 40 余款服务机器人进入实验和半商业化应用阶段。

随着应用场景更加多元和复杂,服务机器人已经不局限于从事替代人工的基础作业范畴,而是深入参与到下游应用企业的数智化转型浪潮中,或者与家庭及公共场景的硬件设备进行联通与整合,共同构成智慧家居及产业数字化的一部分,推动整个社会向智能化生产和生活方式演进。由此可见,未来服务机器人将拥有更大的应用扩展空间,迎来新的发展契机。构建服务机器人应用生态,打造服务机器人与其他智能硬件联动的一站式数字化解决方案将愈发普遍,服务机器人的应用边界将进一步扩展。近年来,全球服务机器人市场保持较快的增长速度,根据国际机器人联盟的数据,2010 年全球专业领域服务机器人销量达 13741 台,同比增长 4%,销售额为 320 亿美元,同比增长 15%。据统计,2023 年,全球服务机器人市场规模约为 201.8 亿美元,如图 10-3 所示,其中家庭服务机器人市场占比最高。

图 10-3 全球服务机器人市场规模

另外一个方面,全球人口的老龄化带来大量的问题,例如对于老年人的看护以及医疗的问题,这些问题的解决带来大量的财政负担。由于服务机器人所具有的特点,使之能够显著地降低财政负担,因而服务机器人能够被大量地应用。智能服务机器人产业链长、带动性和辐射性强,在全球范围还处于分散发展阶段。加强服务机器人核心技术与产品的攻关,在国家重大需求与安全、改善民生福祉等方面具有重要意义;加强服务机器人前沿技术、核心部件与相关标准的研发,对于国家民生科技与战略性新兴产业发展具有重要推动作用;加强机器人感知、决策与执行等探索,对于传统产业升级换代具有重要促进作用。在全世界国家中,德国率先提出工业 4.0 概念,带动着智能服务机器人产业的快速发展。

(2)国内发展状况

我国在服务机器人研究和产品研发方面已开展了大量工作,并取得了一定的成绩,如:哈尔滨工业大学研制的导游机器人、迎宾机器人、清扫机器人等;华南理工大学研制的机器人护理床;中国科学院自动化研究所研制的智能轮椅等。

服务机器人在医疗康复、教育娱乐、家政服务、抢险救灾、公众服务、商业应用、国防等涉及经济和社会发展的各个领域取得快速的发展,并得到了越来越多的应用。世界各国高度重视服务机器人的发展,将其作为战略性新兴产业给予重点支持,具有极其重要的战略意义。据统计，2018—2022 年，我国服务机器人市场从家庭服务机器人为主导，逐渐转变至商业服务机器人占据上风，市场规模从 117.8 亿元增长至 400 亿元，公共服务、教育等领域需求已成为推动服务机器人发展的主要动力。

根据《中国制造 2025》和《机器人产业发展规划（2016-2020 年）》等政策文件，我国把机器人作为战略性新兴产业重点发展，并提出了一系列发展目标和措施。到 2020 年，我国工业机器人年销量达到 26 万台，密度达到 150 台/万人；服务机器人年销量达到 100 万台；特种机器人年销量达到 5 万台；核心零部件自给率达到 50%以上。到 2025 年，我国工业机器人年销量达到 40 万台，密度达到 200 台/万人；服务机器人年销量达到 300 万台；特种机器人年销量达到 10 万台；核心零部件自给率达到 70%以上。到 2030 年，我国工业机器人年销量达到 60 万台，密度达到 300 台/万人；服务机器人年销量达到 1000 万台；特种机器人年销量达到 20 万台；核心零部件自给率达到 90%以上。

10.2　智能服务机器人的应用

目前，我国服务机器人发展迅猛，在民生服务领域，教育、导览、配送、清洁等机器人大量应用在学校、酒店、餐厅、商场、写字楼等诸多场景，同时在载人航天、探月探火、中国天眼、青藏铁路等重大工程中机器人发挥越来越重要的作用。数据显示，2021 年全球物流机器人、酒店服务机器人、医疗机器人、商用清洁机器人以及农业机器人销量总数超过了 10 万台，同比增长 41.4%，其中酒店服务机器人增势尤为突出，同比增长了 84.7%。

随着 5G、人工智能、云计算等"新基建"按下快进键，相关技术的发展正在推动服务机器人朝着感知更灵敏、运控更精细、人机交互更智能方向不断发展。我国服务机器人产业建设已经步入正轨，尤其是《中国制造 2025》的发布，以及机器人政策红利的大力支持，再加上目前我国已经是全世界最大的机器人需求国，未来，我国服务机器人产业将驶入发展快车道。

10.2.1　智能餐饮服务机器人

在餐饮服务领域，智能服务机器人已经开始得到广泛应用。例如，在餐厅内可以设置自动点餐机器人，用户可以通过人脸识别技术进行登录，然后自主选择菜品和数量，完成支付后机器人将自动推出菜品。另外，智能餐饮服务机器人还可以利用语音识别和自然语言处理技术进行语音导航和服务，让用户享受更加便捷和智能的用餐体验，如图 10-4 所示。

图 10-4　智能餐饮服务机器人

对于大多数人来说，餐馆是享受美食和社交的场所。然而，在高峰期或工作人员不足时，服务质量就会下降，可能会影响到顾客的用餐体验。为此，一些餐厅开始引进智能餐饮服务机器人，以提高服务效率和品质。

例如，山东济南的一家机器人铁路智能餐厅，借助炒菜机器人和预制菜技术，最快 48 秒便可做出一碗面，平均 2.5 分钟炒出一盘菜，能够在最短时间内为候车时间紧张的旅客提供食物。铁路智能餐厅负责人表示，该机器人拥有 278 项国家专利，能够使炒出来的菜品口味标准化。一道菜从顾客点单，到配送上桌，最快仅需 5 分钟。有人在这个餐厅里面还拍到一台全自动智能咖啡机器人，它能双臂协同制作浓缩咖啡，还能够模仿人类冲煮咖啡动作，为顾客送上一杯手冲咖啡，如图 10-5 所示。

图 10-5 智能咖啡机器人

智能餐饮服务机器人具有语音识别、图像识别、导航和交互等多种能力。顾客只需通过语音或触摸屏幕，就能和机器人完成点菜、支付等各种交互操作，享受到更便捷和个性化的服务。同时，餐厅服务人员也能更加专注于提供最佳的菜肴和用餐环境，提高餐厅的竞争力和形象。智能餐饮服务机器人主要包括以下几种类型：

① 智能点餐机器人。智能点餐机器人是智能餐厅的第一道门槛，它能够为顾客提供全程自助点餐服务。通过触摸屏交互，顾客可以方便地浏览菜单、选择菜品、调整口味等。机器人还能够根据顾客的口味和偏好，进行个性化菜单推荐。这样一来，点餐过程更加高效快捷，不需要等待服务人员的介入，大幅缩短了等待时间，提升了顾客就餐的体验。

② 智能送餐机器人。智能送餐机器人则是餐厅业务的一大创新。它们能够将菜品高速和准确无误地送到指定的桌号。这些机器人不仅具备智能导航和避障功能，还能够通过传感器感知周围环境，确保送餐安全。它们还可以通过声音和表情等方式与顾客进行互动，增添了一份人性化的温暖和趣味。

③ 智能餐桌清洁机器人。智能餐桌清洁机器人则是解决餐厅卫生问题的好帮手。在顾客离开后，它们可以自动清理餐桌，包括收拾碗盘、擦拭桌面等。这不仅提高了工作效率，减轻了人力劳动，还能够确保餐桌的清洁卫生，为下一位顾客提供一个舒适的用餐环境。

④ 智能娱乐机器人。除了完成各种实用任务，智能餐饮服务机器人还为顾客提供了娱乐功能。有些机器人具备音乐播放和歌唱功能，能够为顾客带来愉悦的音乐享受。还有些机器人能够进行简单的舞蹈表演，给顾客带来特殊的视觉体验。这些娱乐机器人不仅为餐厅增添了一份趣味，也能够吸引更多的顾客前来就餐。

⑤ 智能人脸识别系统。智能餐饮服务机器人的产品中人脸识别系统不可或缺。通过面部识别技术，机器人能够准确识别顾客的身份，根据其历史点餐记录和口味偏好，为其提供个性化

的服务。这样一来，顾客再次光顾时，机器人能够提前准备好菜单，提升了服务的贴心程度。

机器人智能餐厅是一种新型的智能餐厅服务模式，它采用了机器人技术来提高餐厅服务效率，提升顾客的用餐体验。机器人智能餐厅的发展前景十分广阔。

首先，机器人智能餐厅能够提高服务效率。机器人可以代替人工完成上菜、菜品搭配、传菜等任务，大幅缩短了服务时间，提高了服务效率。此外，机器人还可以通过智能算法优化服务流程，提高餐厅的服务质量。

其次，机器人智能餐厅能够提升顾客的用餐体验。机器人可以根据顾客的需求快速响应，为顾客提供更加个性化的服务，比如为顾客推荐菜品、为顾客提供娱乐服务等，从而提升顾客的用餐体验。

此外，机器人智能餐厅还可以为餐厅节约人工和服务成本。

智能餐饮服务机器人的应用已经显著地改变了我们就餐的方式和体验。它们的智能、高效和趣味性为顾客带来了全新的用餐感受。它们的使用也提高了餐厅的运营效率和服务品质。我们可以期待，在不久的将来，智能餐饮服务机器人将在更多的餐饮场所中得到应用，给我们的生活带来更多的便利与享受。

10.2.2　智能物流服务机器人

2016年起，智慧物流概念在全球范围内得到广泛的提及，这使得中国政府对高端智能制造装备领域出台了许多产业支持政策，特别强调物流业需要应用智慧化技术推动智能化和自动化发展。2021年，中国政府发布了多项支持政策，包括"十四五"智能制造发展规划和"十四五"机器人产业发展规划，以促进高端智能制造装备领域的发展，推动仓储业向智能化和自动化方向发展。2022年，中国政府发布了关于印发《扎实稳住经济一揽子政策措施》的通知，进一步推动了物流仓储环节的本地化和一体化发展。

在智慧物流中，智能物流服务机器人扮演着重要角色，受到资本市场的追捧。初创的智能物流服务机器人厂商［如极智嘉（Geek+）和快仓］凭借资本的力量逐渐发展壮大。中国的物流系统集成商，如今天国际和德马集团等企业也纷纷加入智能物流服务机器人的研发领域。同时，圆通、中通等几大快递公司接连上市，推动了物流仓储行业的进一步发展。随着时间推移，智能物流服务机器人技术逐渐成熟，并在多个行业广泛应用。快递和物流作为服务业中的重要组成部分，早已升级到智能化水平。智能物流服务机器人因其速度快、误差率低、成本低等优势，成为物流领域的宠儿，如图10-6所示。

图10-6　智能物流服务机器人

以阿里巴巴的菜鸟机器人为例，它可实现自动化的仓储、拣选、运输和派发等环节，减少人力资源和时间成本。同时，该机器人还拥有双重重量检测、非规则商品拣选等智能功能，能够确保货物在运输过程中的安全和准确到达。通过智能物流服务机器人的运用，物流公司和电商企业能够更好地掌握市场节奏和客户需求，提高服务水平和盈利能力。

智能物流服务机器人是一种多用途的自动化设备，它们专为物流工作设计，能够在仓库内自主处理散装物料、搬运手提袋和包裹、卸载拖车以及在"最后一公里"的派送中起到关键作用。这些机器人的设计考虑到了它们的实际应用环境，因此通常具有较高的稳定性和适应性。一些先进的物流服务机器人甚至配备了人工智能（AI）技术，如机器视觉、深度学习和其他感知系统，使得它们能够在复杂的环境中自主导航和工作。具体来说，智能物流服务机器人的特点和功能包括：

自主导航和操作：配备多种传感技术，如激光雷达、红外感应和机器视觉，以便在高精度地图的帮助下自主规划路径并进行精确操作。

多功能性：它们能够进行货物的分拣、搬运、码垛和排序等操作，以优化仓库管理和提高工作效率。

负载能力：某些智能物流服务机器人的承载能力和搬运能力可达一定重量级，例如能够携带 16kg 物品的双足机器人 Digit，如图 10-7 所示。

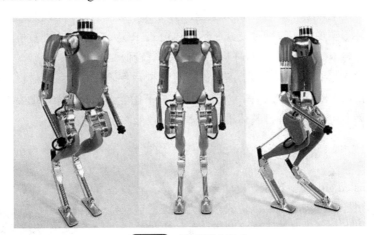

图 10-7　双足机器人 Digit

充电和续航：通常配备电池，能在短时间内充满电并持续工作数小时至一天。

安全性：在遇到障碍物或其他意外情况时，智能物流服务机器人的感知系统会自动使其停下来，确保工作人员的安全。

智能物流服务机器人的应用场景非常广泛，涵盖了电商、医药、快递、制造业等多个领域。它们能够帮助企业在物流管理方面节省成本、提高效率，并且能够减少人工错误和风险。随着技术的进步，智能物流服务机器人在未来将继续拓展其在物流行业的应用，尤其是在人工成本不断上升的情况下，它们将成为企业降本增效的关键工具之一。

根据不同的应用场景，智能物流服务机器人可分为以下几个大类，分别是 RGV、AGV、自动叉车机器人、AMR、复合机器人、四向穿梭车、料箱机器人。

（1）RGV

RGV 全称是 rail guided vehicle，即"有轨制导车辆"，又叫"有轨穿梭小车"，RGV 常用于各类高密度储存方式的立体仓库，小车通道可根据需要设计任意长，并且在搬运、移动货物时无需其他设备进入巷道，速度快、安全性高，可以有效提高仓库的运行效率，如图 10-8 所示。

图 10-8　RGV

RGV 在物流和工位制生产线上都有广泛的应用，如出/入库站台、各种缓冲站、输送机、升降机和线边工位等，按照计划和指令进行物料的输送，可以显著降低运输成本，提高运输效率。

RGV 由于是有轨行驶，其应用场合相对简单。通常可按照两种方式进行分类：一是按照功能可分为运输型 RGV 和装配型 RGV 两大类型，主要用于物料输送、车间装配等；二是根据运动方式可以分为环形轨道式和直线往复式，环形轨道式 RGV 效率高，可多车同时工作，直线往复式一般只有一台 RGV，效率相对环形轨道式 RGV 较低。

在结构上，RGV 主要由车架、驱动轮、随动轮、前后保险杠、链条输送机、通信设备、电气设备及各罩板组成。RGV 结构简单，对外界环境抗干扰能力强，对操作工要求也较宽泛，运行稳定性强，故障发生相对较少，整体维护成本相对较低，可靠性高。

（2）AGV

AGV（automated guided vehicle，自动导引车）是一种装备有电磁或光学等自动导引装置的移动机器人，是由计算机控制，并以轮式移动为特征的自动化运输工具。它自带动力或动力转换装置，能够沿规定的导引路径自动行驶，如图 10-9 所示。AGV 的主要功能是通过与仓储管理系统（WMS）和制造执行系统（MES）的结合，实现仓储的自动化搬运管理、货位柔性动态分配，并将货物从起点运送到目的地，以提高工作效率。

图 10-9　AGV

（3）自动叉车机器人

自动叉车机器人（automated forklift robots）是一种机器人系统，通过自主导航和自动操作功能，在仓库、工厂和物流中心等环境中执行货物搬运和堆垛任务。其设计目的是提高物流效率、降低劳动力成本，并提供更安全和可靠的货物管理解决方案，如图 10-10 所示。

在仓储物流领域，传统叉车依赖人工操作来进行物料搬运，但这种方式容易导致运输效率下降和货物损坏。相对而言，自动叉车机器人具备高安全性、智能化、低劳动力成本等明显优势，能快速完成装载、运输和卸载任务。常见的堆垛式智能叉车，采用舵轮系统，结构简单可靠、转弯半径小、驱动力大、稳定性高，具有高性价比。

（4）AMR

AMR 是 autonomous mobile robot 的缩写，即自主移动机器人，是集环境感知、动态决策规划、行为控制与执行等多功能于一体的综合系统。与需要依靠磁条或者二维码定位导航的移动机器人 AGV 相比，AMR 不需要依靠磁条或者二维码等进行定位导航，具备环境感知、自主决策和控制能力，可根据现场情况动态规划路径、自主避障，是目前技术前沿的移动机器人，如图 10-11 所示。

图 10-10　自动叉车机器人

图 10-11　AMR

根据调查，AMR 正逐步取代 AGV，成为各类移动智能产品中的主力。在仓储环境中，AMR 依赖 SLAM（simultaneous localization and mapping，同时定位与地图构建）系统进行定位和导航。目前，AMR 主要采用激光雷达 SLAM 和视觉传感器 SLAM（VSLAM）两种导航方式。激光雷达 SLAM 能够通过技术手段获取周围环境的精细地图，被认为是目前已知最可靠的方式。但随着科学技术的发展，VSLAM 也逐渐崭露头角，但其技术和算法方面仍需要进一步研究。

（5）复合机器人

复合机器人（如图 10-12 所示）是一种综合性的机器人系统，它结合了多种机器人技术，包括机械臂、移动底盘、传感器系统、视觉系统、控制系统等。该系统具备复杂的动作控制和高度智能的特点，能够适应多种复杂环境并完成多种任务。

图 10-12　复合机器人

复合机器人的机械结构包括一个或多个机械臂，具有高自由度和灵活性，可进行精准的机械加工、装配和拆卸等工作。移动底盘使机器人能够在地面上自由移动，提供高机动性。传感器系统包括视觉传感器、声音传感器和触觉传感器等，使机器人能够感知周围环境并获取相关信息。视觉系统结合人工智能技术，使机器人能够学习和识别复杂的物体和场景。控制系统通过计算机程序和电子设备，实现机器人的高精度运动和行为控制。

复合机器人的关键技术包括移动底盘（轮式、履带式、腿式）、地图构建（SLAM 技术）、路径规划（Dijkstra、A*算法）以及机械臂技术。复合机器人将移动底盘和机械臂集成起来，实现了移动和抓取任务的灵活性，提高了生产、生活的自动化水平，是机器人发展的重要方向。

（6）四向穿梭车

四向穿梭车是一种能够在平面内四个方向（前、后、左、右）穿梭运行的存储机器人，如图 10-13 所示。与传统的两向穿梭车相比，它具有更快的速度、更准确的定位以及相对简单的控制。根据货物类型的不同，主要分为料箱式和托盘式两种类型。

托盘式四向穿梭车主要应用在密集存储方面，尤其是冷链系统。在冷链系统，尤其是-18℃及以下的冷链系统，采用四向穿梭车进行储存，可以大幅度提升空间利用率，并可以大大改善作业区的环境，使作业人员工作更加舒适。但托盘式的四向穿梭车应用也有其局限，主要原因在于性价比。作为存储来说，automated storage and retrieval system（自动存取系统）更受企业青睐，自动化比较低的场合则采用穿梭板更加节约成本。相对于托盘式四向穿梭车的应用受限，料箱式的四向穿梭车应用非常广泛。一方面与其灵活性和柔性有关，更为重要的是电商的发展推动了拆零拣选的快速发展。

（7）料箱机器人

料箱机器人是一款全自动无人拣选、搬运机器人，由底盘、货架层和取货机构组成，可一次性搬运多个货物，提高取货效率和库容。

多层料箱机器人（如图 10-14 所示）是一种箱式仓储机器人，专门用于料箱的智能拣选和存取。它具有多料箱同时搬运的能力，承重量最高可达 300kg。

图 10-13　四向穿梭车

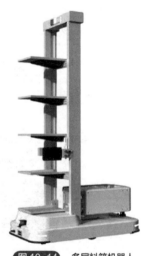

图 10-14　多层料箱机器人

多层料箱机器人具有以下优势：

① 灵活定制机器人高度：机器人高度可以根据需要在 1m 到 5.5m 之间进行灵活定制。

② 人机协同，工作效率提升：多层料箱机器人与人员协同工作，可以显著提升工作效率。

③ 业务柔性：这种机器人兼容多种尺寸的料箱和纸箱，能够适应不同的业务需求。无论是小尺寸料箱还是大尺寸纸箱，机器人都能够准确进行拣选，提高仓库物流运作的灵活性。

多层料箱机器人的引入，使得仓储和物流领域能够更高效地处理料箱存取任务。它不仅提升了工作效率，还优化了仓库空间利用和业务灵活性。通过机器人与人员的协同工作，可以实现更加智能化和高效的仓库管理。

在这些应用场景中，智能服务机器人所涉及的技术包括自然语言处理、语音识别、机器学习、计算机视觉等，这些技术的不断发展和创新，将为智能服务机器人提供更加广阔的应用空间和可能性。另外，随着智能服务机器人的不断发展和普及，其在提高服务效率和质量、减少成本和劳动力等方面也将发挥越来越重要的作用。

综上所述，智能机器人在服务业中的应用案例主要覆盖客服、餐饮和物流等多个领域。随着技术的不断更新和完善，智能服务机器人将越来越多地涌现出来，给服务业带来新的变革和创新。在未来的发展中，服务企业应注意借助智能服务机器人提高服务效率和优化用户体验，实现可持续的商业发展。

10.3　智能技术——自然语言处理

10.3.1　自然语言处理概述

（1）自然语言处理基本概念

语言是人类区别于其他动物的一个本质特征。自然语言就是我们现在人所说的语言；自然语言处理，就是想要计算机能够读懂人所说的语言。

从微观角度，自然语言处理是指从自然语言到机器内部表示形式的一个映射，通俗地说，就是自然语言与机器语言的一种转换。从宏观角度，自然语言处理是指机器能够执行人类所期望的某些与语言相关的功能，这些功能主要包括如下几方面：

① 回答问题。机器能正确地回答用自然语言输入的有关问题。

② 文摘生成。机器能产生输入文本的摘要。

③ 释义。机器能用不同的词语和句型复述输入的自然语言信息。

④ 翻译。机器能把一种自然语言翻译成另一种自然语言。

1949 年 5 月 31 日，纽约日报发表的一则新闻，报道了一种新型的电子大脑，其不仅可以进行复杂的数学运算，而且可以翻译外文，能够把俄语的句子翻译成英文。虽然这在我们现在看来很简单，但在当时，这是科学界非常兴奋的一件大事。这个具有翻译功能的电子大脑是由加州大学国家标准实验室研制的，是机器翻译在史上的首次突破。

面对众多的文字、文档、邮件、声音等，我们需要借助机器，帮我们整理、归纳、记录等。自然语言处理是计算机科学、人工智能和语言学领域的一个交叉学科，是以语言为处理对象，用计算机技术来进行分析、理解、处理的一门学科。该学科主要研究如何让计算机能够理解、处理、生成和模拟人类语言，从而实现与人类进行自然对话的能力。通过自然语言处理技术，可以实现机器翻译、问答系统、情感分析、文本摘要、舆情监测、观点提取、文本分类、问题回答、文本语义对比、语音识别、中文 OCR 等多种应用。它涵盖了从简单的文本处理到复杂的自然语言理解和生成的各个层面。

自然语言处理（natural language processing，NLP）是计算机科学领域与人工智能领域中的一个重要方向。它研究能实现人与计算机之间用自然语言进行有效通信的各种理论和方法。自然语言处理利用计算机科学、人工智能、语言学等多个领域的知识和技术，通过构建模型和算法，使计算机能够理解、分析和生成自然语言。自然语言处理的作用在于解决人机之间的语言交互障碍，使计算机能够更好地理解人类的需求和意图。

业界常说自然语言处理是人工智能学科皇冠上的明珠，足以见得自然语言处理在人工智能领域的重要位置。人工智能的发展可分为计算智能、感知智能和认知智能三个阶段。自然语言处理作为人工智能的高级阶段，要求机器能理解、会思考，要投入很多力量去做自然语言理解、语言表达、逻辑推理和自我学习。

NLP 技术已经无处不在，在提问和回答、知识工程、语言生成、语音识别、语音合成自动分词、句法分析、语法纠错、关键词提取、文本分类/聚类、文本自动摘要、信息检索、信息抽取、知识图谱、机器翻译、人机对话、机器写作、情感分析、文字识别、阅读理解、推荐系统等领域都有应用。

（2）自然语言处理发展历程

计算机技术和人工智能技术的快速发展，推动了自然语言处理研究不断进步。关于自然语言处理的研究，可以分为三个阶段，如图 10-15 所示，即 20 世纪 40～60 年代的萌芽时期、60～80 年代的复苏发展时期、80 年代后期至今的繁荣发展时期。

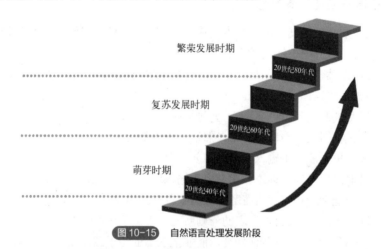

图 10-15　自然语言处理发展阶段

① 萌芽时期。自然语言处理的研究可以追溯到 20 世纪 40 年代末。1946 年第一台计算机问世，震撼了整个世界，几乎同时，英国的布斯（Booth）和美国的韦弗（Weaverw）开始了机器翻译方面的研究。当时韦弗认为："当我阅读俄文写的文章的时候，我可以说这篇文章是用英文写的，只不过它是用另外一种神奇的符号编了码而已，当我在阅读的时候，我是在解码，即

A 语言到通用语言到 B 语言。"

这种想法把机器翻译看得过于简单了，实际上机器翻译是很复杂的，单纯地利用规范的语法规则，低估了它的困难程度，再加上当时计算机处理能力低下，机器翻译工作没有取得实质的进展。

② 复苏发展时期。虽然机器翻译在早期遇到了一些挫折，但是对自然语言处理的研究却一直没有停止过，从 20 世纪 60 年代开始人机对话方面的研究取得了一定的成功。这些人机对话系统可以作为专家系统、办公自动化和信息检索等系统的自然语言人机接口，具有很大的实用价值。这期间自然语言处理系统的发展实际上可以分为两个阶段：60 年代以关键词匹配技术为主的阶段，以及 70 年代以句法-语义分析为主流技术的阶段。

20 世纪 60 年代开发的自然语言处理系统，大都没有真正意义上的语法分析，而主要依靠关键词匹配技术来识别输入句子的意义。在这些系统中事先存放了大量包含某些关键词的模式，每个模式都与一个或多个解释（又叫响应式）相对应。系统将当前输入句子与这些模式逐个匹配，一旦匹配成功便立即得到了这个句子的解释，而不再考虑句子中那些不属于关键词的成分对句子意义会有什么影响。匹配成功与否只取决于语句模式中包含的关键词及其排列次序，非关键词不能影响系统的理解。所以严格地讲，基于关键词匹配的处理系统并非真正的自然语言处理系统，它既不懂得语法，又不懂得语义，充其量只是一种近似匹配技术。这种技术的最大优点是允许输入的句子不一定要遵循规范的语法，甚至可以是文理不通的。这种分析技术的不精确性也正是这种方法的主要弱点，往往会导致分析错误。

1966 年，美国自然语言处理咨询委员会向美国科学院提交了一份报告称："尽管在机器翻译上投入了巨大的努力，但使用开发这种技术，在可预期的将来是不会成功的。"这导致了机器翻译的研究进入低潮。

在这一时期，乔姆斯基（Chomsky）提出了形式语言和形式文法的概念，他把自然语言和程序设计语言置于相同的层面，用统一的数学方法来解释和定义。乔姆斯基（图 10-16）建立的转换生成文法 TC 在学界引起了很大的轰动，形成语言理论的新领域，经典的理论和算法也被提出应用在自然语言处理领域上，出现了诸如 BASIC、FORTRAN 和 ADA 等大量的语言。

图 10-16　乔姆斯基

这一时期的几个著名系统包括 1968 年出现的 SIR 和 ELIZA 系统等。拉法勒（Raphael）在美国麻省理工学院完成的 SIR（semantic information retrieval，语义信息检索）系统，能记住用户通过英语告诉它的事实，然后对这些事实进行演绎，回答用户提出的问题；韦森鲍姆（Weizenbaum）在美国麻省理工学院设计的 ELIZA 系统，能模拟一位心理治疗医生（机器）同一位患者（用户）的谈话。

进入 20 世纪 70 年代后，自然语言处理的研究在句法-语义分析技术方面取得了重要进展，出现了若干有影响的自然语言处理系统，在语言分析的深度和难度方面比早期的系统有了长足的进步。这个时期的代表系统包括伍兹（Woods）设计的 LUNAR，它是第一个允许用普通英语同数据库对话的人机接口，用于协助地质学家查找、比较和评价阿波罗 11 号飞船带回的月球标本的化学分析数据；维诺格拉德（Winograd）设计的 SHEDLU 系统，是一个在"积木世界"中进行英语对话的自然语言处理系统，它把句法、推理、上下文和背景知识灵活地结合于一体，模拟一个能够操纵桌子上一些积木玩具的机器人手臂，用户通过人机对话方式命令机器人放置哪些积木块，系统通过屏幕给出回答并显示现场的相应情景。

③ 繁荣发展时期。20 世纪 80 年代后期，自然语言处理的应用研究广泛开展，实用化和工程化的努力使得一批商品化的自然语言人机接口和机器翻译系统出现于国际市场。在这期间，自然语言处理研究的主要特征是借鉴了许多人工智能和专家系统中的思想，引入了知识的表示和处理方法，以及领域知识和推理机制，使自然语言处理系统不再局限于单纯的语言句法和词法的研究，而与它所表示的客观世界紧密结合在一起，极大地提高了系统处理的正确性。

在研究中人们认识到仅用基于规则或者基于统计的方法，无法成功地进行自然语言处理。所以在这个基础上提出了语料库技术，以计算机语料库为基础进行语言学研究及自然语言处理的研究。20 世纪 80 年代，英国研究小组利用已带有词类标记的语料库，设计了 CLAWS 系统对语料库进行词类的自动标注，准确率达 96%。

2000 年到现在，自然语言处理技术经历了一个突飞猛进期。2006 年，以 Hinton 为首的几位科学家历经近 20 年的努力，终于成功设计出第一个多层神经网络算法——深度学习。这是一种将原始数据通过一些简单但是非线性的模型转变成更高层次、更加抽象表达的特征学习方法，一定程度上解决了人类处理"抽象概念"这个亘古难题。目前，深度学习在机器翻译、问答系统等多个自然语言处理任务中均取得了不错的成果，相关技术也被成功应用于商业化平台中。

2022 年 11 月 30 日，美国 OpenAI 发布的聊天机器人程序 ChatGPT，是人工智能技术驱动的自然语言处理工具，是自然语言处理领域的重要里程碑，也是人工智能发展史上闪亮的明星。

（3）NLP 两核心任务

自然语言处理（NLP）的两个核心任务分别是自然语言理解（NLU）和自然语言生成（NLG），如图 10-17 所示。

自然语言理解（NLU）是理解给定文本的含义，文本内每个单词的特性与结构都需要被理解。通过使用词汇和语法规则，理解每个单词的含义。NLU 就是希望机器可以和人一样，有理解他人语言的能力，可以让机器从各种自然语言的表达中区分出哪些话归属于一类，而不是仅仅依赖过于死板的关键词。

自然语言理解是所有支持机器理解文本内容的方法模型或任务的总称，即能够进行常见的文本分类、序列标注、信息抽取等任务。

自然语言生成（NLG）是从结构化数据中以可读方式自动生成文本的过程，即非语言格式的数据转换成自然语言文本，以便读者更容易地理解和使用。NLG 可以模拟人类语言和思考过程，将计算机生成的数据转换成可读性强的语言，从而满足用户对数据和信息的需求。目前自然语言生成的主要问题是数据处理难度高。

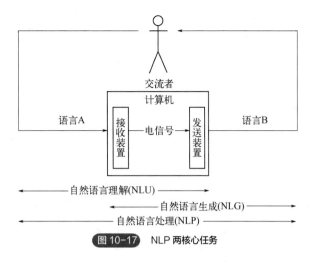

图 10-17　NLP 两核心任务

NLP=NLU+NLG，可以简单地归纳为 NLU 负责理解内容，NLG 负责生成内容。以智能音箱为例，当用户说"几点了？"，首先需要利用 NLU 技术判断用户意图，理解用户想要什么，然后利用 NLG 技术说出"现在是 6 点 50 分"。

（4）自然语言处理过程层次

在对自然语言进行处理时，通常会涉及不同层面的语言知识。一般而言，文字表达句子的层次：词素→词或词形→词组或句子。声音表达句子的层次：音素→音节→音词→音句。许多语言学家把自然语言处理分为四个层次：语音分析、语法分析、语义分析、语用分析，其中语法分析又可分为词法分析和句法分析。我们可以理解为自然语言处理过程分为五个层次：语音分析、词法分析、句法分析、语义分析和语用分析，如图 10-18 所示。

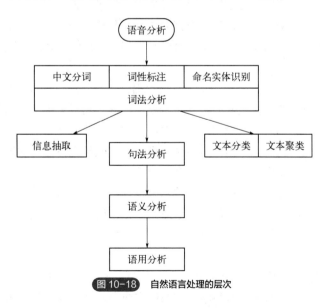

图 10-18　自然语言处理的层次

语音分析是根据音位规则，从语音中区分出一个个独立的音素，再根据音位形态规则找出一个个音节及其对应的词素或词。

265

词法分析的主要目的是找出词汇的各个词素，从中获得语言学信息。

句法分析是对句子和短语的结构进行分析，分析的目的就是找出词、短语等相互关系以及各自在句子中的作用等，并以一种层次结构来加以表达。这种层次结构可以是从属关系、直接成分关系和语法功能关系。

语义分析是通过分析找出词义结构意义及其结合意义，从而确定语言所表达的真正含义或概念。

语用分析是对语言符号与语用符号使用者之间联系的研究分析。

（5）未来发展趋势与挑战

① 未来发展趋势。

a. 更强大的语言模型：随着计算能力和数据规模的不断提高，未来的语言模型将更加强大，能够更好地理解和生成自然语言。

b. 更好的多语言支持：随着全球化的推进，自然语言处理将需要更好地支持多语言，以满足不同国家和地区的需求。

c. 更智能的人机交互：随着自然语言处理技术的不断发展，人机交互将变得更加智能，例如语音助手、智能家居等。

d. 更广泛的应用领域：自然语言处理将在更多领域得到应用，例如医疗、金融、法律等。

② 挑战。人工智能的不断进步会继续促进自然语言处理的发展，但自然语言处理需要理解语义，而语义是复杂的，难以被模型完全捕捉；自然语言中充满不确定性，例如歧义、情感等，这使得自然语言处理变得更加复杂；自然语言处理需要大量的数据和计算资源，这使得其部署在资源稀缺的环境中变得困难。这些问题也使自然语言处理面临着如下挑战：

a. 更优的算法。人工智能发展的三要素（数据、算力和算法）中，与自然语言处理研究者最相关的就是算法设计。深度学习已经在很多任务中表现出了强大的优势，但后向传播方式的合理性近期受到质疑。深度学习是通过大数据完成小任务的方法，重点在做归纳，学习效率是比较低的，而能否从小数据出发，分析出其蕴含的原理，从演绎的角度出发来完成更多任务，是未来非常值得研究的方向。

b. 语言的深度分析。尽管深度学习很大程度上提升了自然语言处理的效果，但该领域是关于语言技术的科学，而不是寻找最好的机器学习方法，核心仍然是语言学问题。未来语言中的难题还需要关注语义理解，从大规模网络数据中，通过深入的语义分析，结合语言学理论，发现语义产生与理解的规律，研究数据背后隐藏的模式，扩充和完善已有的知识模型，使语义表示更加准确。语言理解需要理性与经验的结合，理性是先验的，而经验可以扩充知识，因此需要充分利用世界知识和语言学理论指导先进技术来理解语义。分布式词向量中隐含了部分语义信息，通过词向量的不同组合方式，能够表达出更丰富的语义，但词向量的语义作用仍未完全发挥，挖掘语言中的语义表示模式，并将语义用形式化语言完整准确地表示出来让计算机理解，是将来研究的重点任务。

c. 多学科的交叉。在理解语义的问题上，需要寻找一个合适的模型。在模型的探索中，需要充分借鉴语言哲学、认知科学和脑科学领域的研究成果，从认知的角度去发现语义的产生与理解，有可能会为语言理解建立更好的模型。在科技创新的今天，多学科的交叉可以更好地促进自然语言处理的发展。

10.3.2　NLP 常见任务

NLP 指以计算机为工具解决一系列现实当中和自然语言相关的问题，机器学习、深度学习是解决这些问题的具体手段。NLP 要处理的问题纷繁复杂，而且每一个问题都要结合相应场景和具体需求来分析。不过这些问题也有相当多的共性，基于这些共性，我们将千奇百怪等待解决的 NLP 问题抽象为若干的任务，比如分词、词编码、新词发现、拼写提示、词性标注、实体抽取、关系抽取、事件抽取、实体消解、公式消解、文本分类及其翻译、自动摘要、阅读理解等。研究人员对此探索出了很多方法，解决不同技术在工作中存在的问题。NLP 常见的有分词、词编码、自动文摘、实体和实体关系识别，还有文本分类等任务。

（1）分词

在做文本处理的时候，首先要做的预处理就是分词。英文单词天然有空格隔开，容易按照空格分词，但是也有时候需要把多个单词作为一个分词，比如一些名词如 "New York"，需要作为一个词看待。而中文由于没有空格，分词就是一个需要专门去解决的问题了。无论是英文还是中文，分词的原理都是类似的。

中文分词指的是将一个汉字序列切分成一个一个单独的词。中文可以分为字、词、短语、句子、段落及文档这几个层面，很多时候通过一个字是无法表达一个含义的，至少一个词才能更好地表达一个含义，所以一般情况是以 "词"为基本单位，用 "词"组合来表示 "短语、句子、段落、文档"，至于计算机的输入是短语或句子或段落还是文档就要看具体的场景。

目前分词常用的方法有基于规则和基于机器学习或者是统计方法。现在分词这项技术非常成熟了，分词的准确率已经达到了可用的程度，也有很多第三方的库可供使用，比如 jieba（图 10-19）。现在通过很多分词软件就可以轻松实现分词，高频词汇的整理、文本分析等，我们可以比较容易地获得。

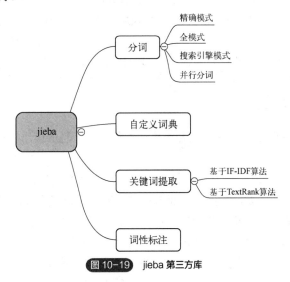

图 10-19　jieba 第三方库

（2）实体和实体关系识别

举个例子来说，我们现在要基于若干文献构建一个知识图谱，如图 10-20 所示。知识图谱的两大核心要素是实体和关系。那么首先我们面临的任务就是从这些文献当中去抽取实体和关系。实体抽取是一项常见的 NLP 任务，实现它的方法有很多种，可以分为基于实体名进行自然匹配的机械式的抽取方法，也可以使用序列预测模型对其进行抽取。预测模型又可以选用机器学习模型，比如条件随机场，或者直接动用神经网络等。具体选取哪一种方法就要看我们需要抽取的实体类型、我们所拥有的文献类型和文献量。如果现在是要从少量的专业文献，比如论文、说明书、研究报告这些文献当中去抽取一系列专业名词表示的实体，那么用自然匹配的方式可能代价最小，而且非常简单直接。如果要从海量的各类文献当中去抽取一些通用的实体，那么借助模型则可能效果更佳。

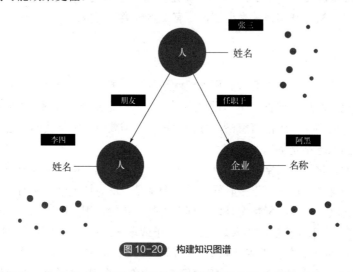

图 10-20　构建知识图谱

实体识别是指在一个文本中，识别出具体特定类别的实体，例如人名、地名、数值及专有名词等。它在信息检索、自动问答及知识图谱等领域运用得比较多。实体识别的目的就是告诉计算机这个词属于某类实体，有助于识别出用户意图。比如百度的知识图谱："×××　多大了"识别出的实体是×××（名人实体），关系是"年龄"，搜索系统可以知道用户提问的是某个名人的年龄，然后结合数据"×××　出生时间××年×月×日"以及当前日期来推算出×××的年龄，并直接把这个结果显示给用户，而不是显示候选答案的链接。

10.3.3　NLP 典型应用

随着人工智能的快速发展，NLP 在各个领域都得到了广泛的应用。以下是 NLP 在不同领域中的典型应用：

① 信息检索与文本挖掘。NLP 可以应用于信息检索和文本挖掘领域，帮助用户从大量文本数据中获取所需信息。例如，搜索引擎能够通过理解用户查询语言，提供相关的搜索结果。而在文本挖掘中，NLP 可以分析和提取文本中的关键信息、主题、情感等内容。

② 机器翻译。自动机器翻译是 NLP 的一个重要应用领域。它通过将一种自然语言翻译成另一种自然语言，为跨语言交流提供了便利。机器翻译系统需要利用 NLP 技术对句子进行分析、语法解析以及语义理解，然后生成目标语言的翻译结果。

③ 语音识别与语音合成。NLP 在语音识别和语音合成领域起到了重要的作用。语音识别技术可以将人类语音转化为文本，用于语音命令识别、语音助手等应用。而语音合成技术则可

以将文本转化为自然流畅的语音输出，为语音交互提供支持。

④ 情感分析。NLP 可以帮助分析文本中的情感倾向，对社交媒体等大量的用户生成的文本进行情感极性判断。情感分析在舆情分析、市场调研、品牌管理等领域具有广泛应用。

⑤ 问答系统。NLP 技术在问答系统中起到了关键的作用。通过对用户的问题进行理解、信息检索和推理，NLP 可以回答用户提出的问题，辅助用户获取所需的知识和信息。

⑥ 自然语言生成。自然语言生成是指让计算机能够生成符合自然语言规范的文本，这在文本摘要、机器写作、对话系统等领域中有广泛的应用。NLP 技术可以辅助计算机进行语法和语义的生成，使得生成的文本更加流畅和易读。

2021 年 12 月 6 日，北京朝阳首位 AI 主播正式入驻"北京朝阳"客户端。据悉，北京朝阳客户端此次上线的 AI 主播基于虚拟数字人技术，为了让主播语音表达自然，通过自然语言生成技术，让虚拟主播具备高拟人度的表现力和感染力。

2022 年北京冬奥会和冬残奥会期间，为帮助视障人士听得见奥运文字、帮助听障人士看得见奥运声音，科大讯飞研发的虚拟主播"冰冰"和"小晴"通过集成多语种识别、自然语言理解、机器翻译等核心技术，形成一站式视频生产和编辑服务的能力，替代真人进行全天候新闻播报。

看图说话的能力也是自然语言生成（NLG）技术的一大亮点应用。针对目标图片，自然语言生成（NLG）技术可以生成相关的图片描述，对电商领域的商品描述生成以及盲人辅助场景具有实际意义。尤其近期以来文生图片、文生视频十分火爆。

文生视频作为一种新兴的传媒形式，正以前所未有的方式影响着我们的日常生活。Sora 是 OpenAI 2024 年春节发布的一个文生视频的模型，如图 10-21 所示。文生图片模型如 DALLE，可以通过文本直接生成图片。GPT4 中集成了 DALLE 的功能，我们可以很方便地通过对话的方式来完成图片的生成。目前，在企业宣传、数字化人、科普创作、线上社交等领域都对文生视频和图片技术有所运用。

总而言之，自然语言处理在文本理解、文本生成和语音处理等方面具有广泛的应用。随着技术的不断发展，自然语言处理将为人们提供更多便利和可能性，推动人机交互的进一步深化。

图 10-21　Sora 文生视频

⑦ 聊天机器人。聊天机器人是一种计算机程序，它们能够基于人工智能、自动规则、自然语言处理（NLP）和机器学习（ML）等技术处理数据，响应各种各样的用户请求。

聊天机器人可分为以下两大类。

面向任务的（声明式）聊天机器人。指专注于执行特定任务的单一用途程序，它们基于规则、NLP 和极少量 ML 技术运行，能够针对用户查询自动做出会话式响应。同时，其交互具有高度的特定性和结构化特点，因此十分适合客户支持和服务应用，例如向客户提供强大的交互式 FAQ 服务；同时还非常适合处理常见问题，例如营业时间查询，或变量较少的简单事务处理。这类聊天机器人虽然也使用 NLP 技术为最终用户提供会话式体验，但通常只具备基本功能，是目前最常见的聊天机器人。

数据驱动和预测性（会话式）聊天机器人。通常又被称为虚拟助手或数字助手，它们比面向任务的聊天机器人更复杂、更具交互性，个性化水平也更高，不仅能够感知上下文，充分利用 NLP 和 ML 技术不断学习，还具有预测性智能和分析能力，可以根据用户档案和历史行为为用户提供个性化体验。例如，数字助手可以持续学习用户的偏好，为用户提供建议，甚至预测用户需求。此外，除了监视数据和用户意图外，它们还能主动向用户发起会话。苹果的 Siri 和亚马逊的 Alexa 便属于典型的面向消费者的数据驱动和预测性聊天机器人。

10.4 自然语言处理应用案例

10.4.1 案例实践——情感分析

（1）案例描述

当你走进餐厅、超市或酒店时，发现提供咨询、传菜等服务的是人工智能设备而不是人时，你是否会产生困惑，是否想过这些服务机器人是否具有情感，它能理解你吗？比如拨打客服电话找不到自己需要的服务入口，被智能客服带入无尽循环；在商场里想找洗手间，却在导路机器人的引导下绕行一圈；餐厅传菜机器人总在离你两步远的地方停下，让你每端一道菜都要起身一次……以当前的技术水平，服务机器人在服务过程中发生错误十分常见。我们需要在服务过程中有情感的注入，有良好的体验。

情感是人们内心对外界事物所持的肯定或否定态度的心理体现，如憎恶、喜欢、热爱等。情感分析是自动判定文本中观点持有者对某一话题所表现出的态度或情绪倾向性的过程、技术和方法，例如对文本或句子的褒贬性做出判断。情感分析是自然语言处理的一个重要应用，可以用来识别、研究和利用文本中的情感信息。在文本中，通过情感分析，来识别和提取原素材中的主观信息，即挖掘主观意见。2010 年就有学者指出，可以依靠 Twitter 公开信息的情感分析来预测股市的涨落，准确率高达 87.6%，如图 10-22 所示。

图 10-22　文本情感分析

（2）案例分析

在 Python 中，可以使用几种不同的方法来进行情感分析，包括使用预训练的机器学习模型或简单的基于规则的分类器，确定文本的情感倾向，例如喜悦、悲伤、中性或者极性。利用 Python 进行情感分析常用到许多库，SnowNLP 就是其中的一个。

SnowNLP 是一个中文的自然语言处理的 Python 库，可以方便地处理中文文本内容，支持中文分词、词性标注、情感分析、文本分类、转换成拼音等。SnowNLP 是一个 Python 写的类库，是受到了 TextBlob 的启发而写的，由于现在大部分的自然语言处理库基本是针对英文的，于是写了一个方便处理中文的类库。

（3）案例实践

① 软件环境：

Python 版本：Python 3 及以上。

运行环境：PyChaRm。

所需要的依赖包：SnowNLP。

② 程序节选：要进行情感分析的文本是："这本书很棒，这本书很差。"编写程序如图 10-23 所示。

```
1    from snownlp import SnowNLP
2
3    text = u"这本书很棒，这本书很差。"
4
5    s = SnowNLP(text)
6
7    for sentence in s.sentences:
8        print(sentence)
9
10   # s1 = SnowNLP(s.sentences[1])
11
12   s1 = SnowNLP('这本书很棒，这本书很差。')
13
14   print(s1.sentiments)
```

图 10-23　情感分析主程序

先导入我们的 SnowNLP，然后在程序中导入文本，text = u"这本书很棒，这本书很差。"，之后进行分句处理，用 SnowNLP 对我们的第一句话进行判别。结果如图 10-24 所示。

图 10-24　程序结果 1

我们通常将正面情感标为 1，负面情感标为 0，sentiments 值越接近 1，正面的情感越强烈，反之同理。更改语句为"这本书很差"，发现结果变化为 0.31，结果如图 10-25 所示。

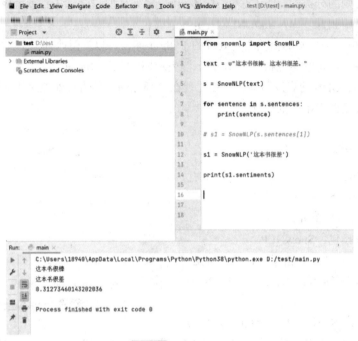

图 10-25　程序结果 2

更改文本，再进行情感分析。文本为 text = u"小红人很好，小明斤斤计较。"，再运行程序，结果如图 10-26、图 10-27 所示。

图 10-26　结果 1

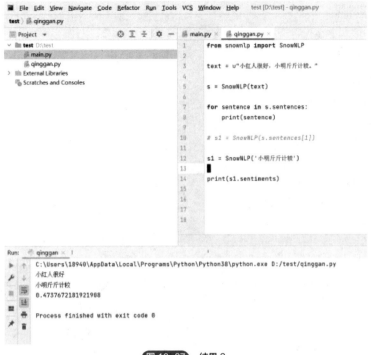

图 10-27　结果 2

10.4.2　案例实践——获取音乐榜单信息

（1）案例描述

随着信息技术的发展，音乐受众对信息的需求也呈现了多元化的状态。受众通过报纸、广播、电视、网络组成的大众传媒网，全方位、立体化地获取各自所需要的音乐信息，音乐信息在受众与多种形态媒体之间构成了互动的信息网络体系。大众为了找到自己心仪的歌曲，往往会在各大榜单中搜寻。随着网页文本信息的急剧增长，且因其非结构化特征和无序性，以及网页中充斥着大量的如广告等的无关信息，网页信息的检索问题产生极大的困难。如何在众多繁杂信息中快速搜索到想要的信息，是人工智能技术要解决的问题。自然语言处理的一个子领域是信息提取，通过信息提取将文本信息转化为结构化信息。

（2）案例分析

要获取网易云音乐榜单信息，可以使用 Python 的 requests 库来发送 HTTP 请求，获取网页内容，然后使用 BeautifulSoup 库来解析网页。

requests 库是一个 Python 的第三方库，可以通过调用来帮助我们实现自动爬取 HTML 网页页面，以及模拟人类访问服务器自动提交网络请求。requests 库只有一个核心方法，即 request 方法。而其余六个方法则是通过调用 request 方法来实现各种各样的操作。通过封装调用 request 方法加之添加其他代码，减少编程人员的代码编写量。

BeautifulSoup 库是一个可以从 HTML 或 XML 文件中提取数据的 Python 库，它能够通过你喜欢的转换器实现惯用的文档导航、查找、文档修改的方式。BeautifulSoup 会帮你节省数小时甚至数天的工作时间。

（3）案例实践

① 软件环境：

Python 版本：Python 3 及以上。

运行环境：PyChaRm。

所需要的依赖包：requests。

② 程序节选：

主程序节选 1：

```
from bs4 import BeautifulSoup
import requests
import time

headers ={
'User-Agent': 'Mozilla/5.0 (Windows NT 6.1; WOW64) AppleWebKit/537.36 (KHTML, like
Gecko) Chrome/63.0.3239.132 Safari/537.36'
}

for i in range(0,1330, 35):
print(i)
time.sleep(2)
url = 'https://music.163.com/discover/playlist/?cat=华语&order=hot&limit=35&offset='+
str(i)#修改这里即可
response =requests.get(url=url,headers=headers)
html = response.text
soup = BeautifulSoup(html,"html.parser")
# 获取包含歌单详情页网址的标签
ids = soup.select('.dec a')
# 获取包含歌单索引页信息的标签
```

主程序节选 2：

```
for j in range(len(lis)):
# 获取歌单详情页地址
url = ids[j]['href']
# 获取歌单标题
title = ids[j]['title']
# 获取歌单播放量
play = lis[j].select('.nb')[0].get_text(    )
# 获取歌单贡献者名字
user = lis[j].select('p')[1].select('a')[0].get_text(    )
# 输出歌单索引页信息
print(url,title,play, user)
#将信息写入 CSV 文件中
with open('playlist.csv','a+',encoding='utf-8-sig') as f:
f. write(url + ',' + title + ',' + play + ',' + user +'\n')
```

主程序节选 3：

```
for i in df['url']:
time.sleep(2)
url = 'https://music.163.com'+i
```

```
response =requests.get(url=url, headers=headers)
html = response.text
soup = BeautifulSoup(html,'html.parser')
# 获取歌单标题
title = soup.select('h2')[0].get_text(    ).replace(',',',')
# 获取标签
tags =[]
tags_message = soup.select('.u-tag i')
for p in tags_message:
tags.append(p.get_text(    ))
#对标签进行格式化
if len(tags)>1:
tag ='_'.join(tags)
else:
tag= tags[0]
# 获取歌单介绍
if soup.select('#album-desc-more'):
text = soup.select('#album-desc-more')[0].get_text(    ).replace('\n','').replace
(',',',')
    else:
    text='无'
```

运行结果界面如图 10-28 所示。

```
/playlist?id=8729993204 秋日华语 | 落叶下的缠绵情愫 52万 云音乐官方歌单
/playlist?id=7625413468 写词高手 | 中文说唱里的神来之笔 213万 云音乐官方歌单
/playlist?id=8716182202 华语摇滚经典 | 与时代经典激情碰撞 42万 云音乐摇滚专区
/playlist?id=8408326200 国语合辑 | 你的国语歌曲专属推荐 165万 云音乐官方歌单
/playlist?id=8905835201 2023情歌说唱 | 年度最热情歌说唱盘点 20万 云音乐说唱星球
/playlist?id=8602517203 台湾说唱 | 不一样的说唱腔调 23万 云音乐说唱星球
/playlist?id=8232519802 华语伤感女声 | 往事有伤 回忆无声 186万 云音乐官方歌单
/playlist?id=8050449327 新年快乐 | 祝你在新的一年里万事顺遂 62万 云音乐官方歌单
/playlist?id=7308142944 浪漫因子 | 可以邀请你和我一起去春天吗 771万 云音乐官方歌单
/playlist?id=9199263203 华语陷阱说唱 | 跟随808掉入说唱陷阱 51511 云音乐说唱星球
/playlist?id=8822690200 黑怕女孩 | 温柔进行 华语说唱女声集 12万 云音乐说唱星球
/playlist?id=9269468205 2020华语说唱 | 年度最热华语说唱盘点 7042 云音乐说唱星球
/playlist?id=8580356200 开车嗨唱 | 兜风唱歌 通勤路上的私人演唱会 217万 云音乐官方歌单
/playlist?id=8892375201 圣诞说唱限定 | 华语说唱陪你过浪漫冬天 31915 云音乐说唱星球
/playlist?id=8835218200 宅家听华语 | 超好听华语陪你度过居家时光 44万 云音乐官方歌单
/playlist?id=6845897480 国语珍藏 | 给你一张过去的CD 2145万 云音乐经典专区
/playlist?id=9102008202 华语Jersey Club | 心跳与鼓点的碰撞 70828 云音乐说唱星球
/playlist?id=9102080201 华语爵士说唱 | 当舒缓节奏融合随性旋律 31715 云音乐说唱星球
/playlist?id=6686195202 90年代华语 | 世纪末的不绝余音 570万 云音乐官方歌单
/playlist?id=5172410111 流行点唱机 | 2010年代华语热播 每日30首 6949万 云音乐官方歌单
/playlist?id=9355929202 2017华语说唱 | 年度最热华语说唱盘点 6658 云音乐说唱星球
/playlist?id=6703233707 华语节奏布鲁斯 | 情绪辗转反侧 雾气消散不开 1883万 云音乐官方歌单
/playlist?id=7649710244 国风说唱大赏 | 嘻哈侠客 说唱江湖 145万 云音乐国乐大赏
/playlist?id=8325650845 伤心频率 | 与你共鸣的精选华语 78万 云音乐官方歌单
/playlist?id=8729993205 忧伤秋日 | 心绪在秋风里飘扬 34万 云音乐官方歌单
/playlist?id=6686195784 2010s华语民谣 | 情浓曲却淡 简洁却不简单 1518万 云音乐官方歌单
/playlist?id=8233799987 华语伤感男声 | 说不出口的话都唱给你听 298万 云音乐官方歌单
```

图 10-28　结果

本章小结

智能服务机器人：是具有感知、分析及处理外部环境信息能力的机器人，应用于服务领域。

服务机器人类型：家庭服务机器人、医疗服务机器人、商业服务机器人、教育服务机器人、军事服务机器人。

智能服务机器人技术特点：智能化、交互性、多功能性、操控灵活。

自然语言处理（NLP）：是使计算机能够理解、分析和生成自然语言的技术。

自然语言理解（NLU）：理解文本含义。

自然语言生成（NLG）：从数据生成文本。

NLP常用任务：分词、实体抽取、情感分析等。

分词：将文本切分成独立词汇。

实体抽取：识别文本中的实体。

情感分析：判断文本的情感倾向。

NLP典型应用：信息检索与文本挖掘、机器翻译、语音识别与合成、情感分析、问答系统等。

 ## 思考题

（1）简述智能服务机器人的类型和应用。

（2）简述人工智能在服务领域的应用场景。

（3）简述自然语言处理的基本原理和应用。

 ## 习题

（1）自然语言理解的简称是（　　）。

  A．NLP   B．ANN   C．NLU   D．APL

（2）自然语言处理中的句子级别的分析技术，可以大致分为（　　）、句法分析、语义分析三个层面。

  A．词法分析 B．文法分析 C．分词   D．语言分析

（3）服务机器人系统通常由（　　）组成。

  A．移动机构 B．感知系统 C．控制系统 D．执行系统

扫码查看参考答案

本章拓展阅读

参考文献

[1] 张存吉，高兴宇，邓仕超，等. 新工科背景下智能制造工程专业建设研究[J]. 大众科技，2023, 25 (05): 95-99.

[2] 何文哲，林艳华. 智能家居一体化的市场发展思考[J]. 中国安防，2023(04): 70-73.

[3] 陈仕印. "人工智能+"如何赋能产业升级? [N]. 成都日报，2024-04-12 (006).

[4] 谢正，李浩，宋伊萍，等. 从 AIGC 到 AIGA，智能新赛道: 决策大模型[J]. 科学观察，2024, 19:1-24.

[5] 严驰. 中国人工智能治理的理论构想: 基于新加坡数字经济协定的思考[J]. 东南亚纵横，2024 (02): 68-78.

[6] 王喜文. 智能+《新一代人工智能发展规划》解读[M]. 北京: 机械工业出版社，2019.

[7] 高等学校人工智能创新行动计划[J]. 中国信息技术教育，2018 (08): 2-5.

[8] 孙晓宁，景雨田，刘思琦，等. 对话式搜索: 人智交互情境下主导未来的信息检索新范式[J]. 情报理论与实践，2024: 1-16.

[9] 郑杭彬，刘天元，郑汉垚，等. 数字孪生多模态视觉推理的神经-符号系统[J]. 计算机集成制造系统，2024,30: 1-23.

[10] 詹敏. 数实融合 创新发展 加快建设先进制造业基地和数字经济强省[J]. 政策瞭望，2024(01): 13-15.

[11] 周文，张奕涵. 中国式现代化与现代化产业体系[J]. 上海经济研究，2024 (04): 14-30.

[12] 金晓明. 过程自动化系统的发展现状与展望[J]. 化工自动化及仪表，2024, 51 (01): 1-9.

[13] 穆青风. 我国创新主体正加速 AI 专利布局[N]. 中国贸易报，2024-04-16 (006).

[14] 庆源. 基于 RNN-T 端到端方案的语音识别工程化的应用研究[D]. 南京: 南京邮电大学，2022.

[15] 卢秉恒，邵新宇，张俊，等. 离散型制造智能工厂发展战略[J]. 中国工程科学，2018, 20 (04): 44-50.

[16] 岳建设，段好运.工业机器人在机械制造自动化产线上的应用[J]. 内燃机与配件，2024 (03): 90-92.

[17] 姜富宽. 机器视觉技术在工件分拣中的应用[J]. 集成电路应用，2020, 37 (18): 12-13.

[18] 王南竹，朱梦岚，莫吾乙，等. 温室剔补苗并联机器人设计与试验分析[J]. 农业装备技术，2023, 49 (06): 20-25.

[19] 陈世奇，侯明，李鹏程. 改进 HED 网络在轴承自动测量中的应用研究[J]. 电子测量技术，2024, 47 (02): 142-149.

[20] 王叶，谢雷. 基于机器视觉的干涉条纹检测[J]. 大学物理，2021, 40 (05): 28-32, 59.

[21] 姜天童，赵宇平，赵玉凤，等. 机器视觉技术在中医智能设备中的应用分析与探讨[J]. 中国中医基础医学杂志，2024, 30 (03): 407-412.

[22] 王毅恒. 基于双目立体视觉田间特定作业环境障碍物感知机理研究[D]. 芜湖: 安徽工程大学，2020.

[23] 滕磊. 无人驾驶车辆路径规划与轨迹跟踪控制算法的研究[D]. 杭州: 浙江科技大学，2024.

[24] 董润琳，王阳阳. 人工智能与无线通信技术融合应用[J]. 通信与信息技术，2023 (S1): 90-94.

[25] 陈慧岩，熊光明，龚建伟.自动驾驶车辆理论与设计[M]. 北京: 北京理工大学出版社，2018.

[26] 王佐勋. 自动驾驶导航控制系统的设计[M]. 北京: 中国水利水电出版社，2018.

[27] 戴维·克里根. 自动驾驶: 未来出行与生活方式的大变革[M]. 谭宇墨凡，译. 北京: 机械工业出版社，2019.

[28] 孙平，唐非，张迪. 人工智能基础及应用[M]. 北京: 清华大学出版社，2022.

[29] 张斌，李亮. "数据要素×"驱动新质生产力: 内在逻辑与实现路径[J]. 当代经济管理，2024: 1-17.

[30] 李雨珠. 人工智能在医学临床上的应用与展望[J]. 临床研究，2024, 32 (01): 196-198.

[31] 赵涛. 人工智能在医疗领域应用中的机遇与挑战[J]. 中国新通信，2021, 23 (12): 158-159.

[32] 陈桂林，王观武，王康，等. KCNN: 一种神经网络轻量化方法和硬件实现架构[J]. 计算机研究与发展，2024: 1-10.

[33] 李晓敏. 外科手术中手术机器人和远程手术研究与应用进展[J]. 产业科技创新，2023, 5 (05): 66-68.

[34] 罗胜利，孟巧玲，喻洪流. 我国康复机器人技术研究与应用概况[J]. 中国康复医学杂志，2023, 38 (12): 1762-1768.

[35] 刘忠良，张坤，魏彦龙，等. 康复机器人系统的研究现状与展望[J]. 机器人外科学杂志(中英文)，2023, 4 (06): 497-506.

[36] 董敏俊，沈俊，李豪，等. 智能辅助肿瘤案例学习系统在本科生临床教学中的应用[J]. 中国高等医学教育，

2023(07)：84-86.

[37] 秦川，高翔. 基于卷积神经网络的遥感图像目标识别仿真[J]. 计算机仿真，2024, 41 (04)：274-278.

[38] 金春林，何达.人工智能在医疗健康领域的应用及挑战[J]. 卫生经济研究，2018(11)：3-6.

[39] Robin R. Murphy. 人工智能机器人学导论[M]. 杜军平，吴立成，胡金春，等译. 北京：电子工业出版社，2004.

[40] 王万森. 人工智能原理及其应用[M]. 3 版. 北京：电子工业出版社，2007.

[41] 班晓娟，罗涛，张勤. 智慧医疗助力抗击疫情[M]. 北京：中国科学技术出版社，2021.

[42] 蔡自兴，蒙祖强.人工智能基础[M]. 3 版.北京：高等教育出版社，2016.

[43] 蔡自兴. 机器人学[M]. 北京：清华大学出版社，2009.

[44] 彭彦昆. 农产品品质无损检测的人工智能技术[M]. 北京：科学出版社，2021.

[45] 王东署，朱训林. 工业机器人技术与应用[M]. 北京：中国电力出版社，2016.

[46] 蔡云鹏，徐辉任. 机器学习和人工智能技术在机器人领域的应用研究[M]. 徐州：中国矿业大学出版社，2020.

[47] 童世华，付蔚. 面向人工智能与大数据的智慧家庭技术[M]. 北京：北京航空航天大学出版社，2021.

[48] 韦鹏程，张向华，彭亚飞. 基于人工智能的知识图谱技术研究[M]. 北京：中国原子能出版社，2021.

[49] 刘继红，江平宇. 人工智能 智能制造[M]. 北京：电子工业出版社，2020.

[50] 陈继文，杨红娟，张进生. 机电产品智能化装配技术[M]. 北京：化学工业出版社，2020.

[51] 莫宏伟，徐立芳. 智能医疗影像技术[M]. 北京：电子工业出版社，2023.

[52] 谭铁牛. 人工智能:用 AI 技术打造智能化未来[M]. 北京：中国科学技术出版社，2019.

[53] 谷建阳. AI 人工智能:发展简史+技术案例+商业应用[M]. 北京：清华大学出版社，2018.

[54] 程显毅，任越美，孙丽丽. 人工智能技术及应用[M]. 北京：机械工业出版社，2020.

[55] 于世飞. 人工智能[M]. 北京：清华大学出版社，2015.

[56] 李一邨. 人工智能算法案例大全：基于 Python[M]. 北京：机械工业出版社，2023.

[57] 张学高，胡建平. 医疗健康人工智能应用案例集[M]. 北京：人民卫生出版社，2020.

[58] 李杰(Jay Lee).工业人工智能[M]. 刘宗长，高虹安，贾晓东，译. 上海：上海交通大学出版社，2019.

[59] 王万良. 人工智能及其应用[M]. 2 版. 北京：高等教育出版社，2016.

[60] 张敬衡，王珏. 智能制造技术专业英语[M]. 武汉：华中科技大学出版社，2023.

[61] 缑锦，王华珍，刘景华. 人工智能应用开发与案例分析[M]. 北京：清华大学出版社，2023.